普通高等教育"十四五"系列教材

U0179946

电路与电子技术

主　编◎陈　玲

副主编◎肖海霞　黄文慧

参　编◎胡亚娟　刘　亚　朱纯兵

电子课件

华中科技大学出版社

http://www.hustp.com

中国·武汉

内 容 简 介

本书电路部分主要讲述电路的基本概念、基本定律及简单电路的分析;直流电路及基本分析法、一般电路的时域分析法;正弦稳态电路、三相交流电路为交流电路的范畴。电子部分介绍了组成电路的常用半导体器件的特性、各种放大电路的工作原理、集成运算放大器的工作原理等模电基础知识。最后是数字电子部分,包括常见的门电路和组合逻辑电路、触发器和时序逻辑电路及存储器等内容。

本书是电路与电子技术入门教材,一方面,内容由浅入深、通俗易懂,循序渐进地将各个知识点讲解清楚,引导学生顺利学习并掌握;另一方面,为了让学生掌握每章所讲授的基本内容,在章后增加了习题,用以提高学生的学习兴趣,进而达到让学生刻苦钻研、自觉学习的目的。本书可以作为高校教学的教材,还可供工程技术人员参考。

为了方便教学,本书还配有电子课件等教学资源包,任课老师可以发邮件至 hustpeiit@163.com 索取。

图书在版编目(CIP)数据

电路与电子技术/陈玲主编. —武汉:华中科技大学出版社,2022.6
ISBN 978-7-5680-8552-6

Ⅰ.①电…　Ⅱ.①陈…　Ⅲ.①电路理论　②电子技术　Ⅳ.①TM13　②TN01

中国版本图书馆 CIP 数据核字(2022)第 154765 号

电路与电子技术
Dianlu yu Dianzi Jishu

陈　玲　主编

策划编辑:康　序
责任编辑:狄宝珠
封面设计:抱　子
责任监印:朱　玢
出版发行:华中科技大学出版社(中国·武汉)　　电话:(027)81321913
　　　　　武汉市东湖新技术开发区华工科技园　　邮编:430223
录　　排:武汉三月禾文化传播有限公司
印　　刷:武汉科源印刷设计有限公司
开　　本:787mm×1092mm　1/16
印　　张:20.25
字　　数:515 千字
版　　次:2022 年 6 月第 1 版第 1 次印刷
定　　价:58.00 元

前言

本书是根据教育部"电路与电子技术"课程教学的基本要求和本科人才培养的规格和特点，并结合现代电路与电子技术的发展趋势而编写的。

本教材的编写特点主要体现在将传统性和实用性相结合。一方面，将必要的理论基础知识系统地组织在一起，满足基础要求；另一方面，结合实用、易学的特点，将不必要的复杂理论推导摒弃，使内容精简，满足内容多学时相对少的要求。在传统理论的基础上，本书注重理论与实际的结合，加强实际应用的内容；所建立的模型来源于实际的认识规律，阐述理想元件的定义与实际器件的辩证关系，并提供一些实物图片；每章均附有习题，以帮助学生更好地掌握本章内容。

本教材结构和体系设计的特点如下：前面章节为电路知识部分：电路基本概念、基本定律及简单电路的分析为全书奠定基础；直流电路及基本分析法、一般电路的时域分析法为进一步学习电路知识打下基础；正弦稳态电路、三相交流电路为交流电路的范畴。电子部分介绍了组成电路的常用半导体器件特性分析、各种放大电路的工作原理、集成运算放大器等模电基础知识。最后是数字电子部分，包括了常见的门电路和组合逻辑电路、触发器和时序逻辑电路及存储器等数电知识，联系紧密，各成一章。

在编写时，力求突出重点，基本概念明确清晰，努力贯彻教材要少而精和理论联系实际的精神。在章末都附有一定数量的习题，帮助读者加深对课程内容的理解。在习题的选择上充分考虑其针对性、启发性和实用性，充分体现教学要求。使读者能够学、练结合，以帮助读者进一步正确消化、理解和巩固所学理论知识，增强应用能力。部分习题有一定的深度，以使读者在深入掌握课程内容的基础上扩展知识。使读者能够分层次逐步把理论与实际应用紧密结合起来，既能帮助提高读者的理解能力，又能培养读者的学习兴趣。

本书由武汉晴川学院陈玲担任主编，武汉晴川学院肖海霞和黄文慧担任副主编。全书共 12 章，其中，陈玲编写第 1、4、5、6、7、8 章，肖海霞编写第 2、3 章，黄文慧编写第 9、10、11、12 章，胡亚娟、刘亚、朱纯兵老师协助进行了资料编写的整理工作。

为了方便教学，本书还配有电子课件等教学资源包，任课老师可以发邮件至 hustpeiit@163.com 索取。

由于编者水平有限，书中难免存在不妥和错误之处，敬请使用本教材的教师、学生以及其他读者批评指正。

编　者
2022 年 2 月

目录

CONTENTS

第1章 电路基本概念、基本定律及简单电阻电路的分析

随着科学技术的飞速发展,现代电工电子设备种类日益繁多,规模和结构更是日新月异,但无论怎样设计和制造,几乎都是由各种基本电路组成的。所以,学习电路的基础知识,掌握分析电路的规律与方法,是学习电路部分的重要内容,也是进一步学习电子技术的基础。本章的重点是学习有关电路的基本概念、基本变量、基本元件特性、电路基本定律和简单电阻电路的分析。

1.1 电路和电路模型

1.1.1 电路的概念

1.电路及其组成

简单地讲,电路是电流通过的路径。实际电路通常由各种电路实体部件(如电源、电阻器、电感线圈、电容器、变压器、仪表、二极管、三极管等)组成。每一种电路实体部件具有各自不同的电磁特性和功能,按照人们的需要,把相关电路实体部件按一定方式进行组合,就构成了一个个电路。如果某个电路元器件数很多且电路结构较为复杂时,通常又把这些电路称为电网络。

手电筒电路、单个照明灯电路是实际应用中较为简单的电路,而电动机电路、雷达导航设备电路、计算机电路、电视机电路是较为复杂的电路,但不管简单还是复杂,电路的基本组成部分都离不开三个基本环节:电源、负载和中间环节。

电源是向电路提供电能的装置。它可以将其他形式的能量,如化学能、热能、机械能、原子能等转换为电能。在电路中,电源是激励,是激发和产生电流的因素。负载是取用电能的装置,其作用是把电能转换为其他形式的能(如:机械能、热能、光能等)。通常在生产与生活中经常用到的电灯、电动机、电炉、扬声器等用电设备,都是电路中的负载。中间环节在电路中起着传递电能、分配电能和控制整个电路的作用。最简单的中间环节即开关和连接导线;一个实用电路的中间环节通常还有一些保护和检测装置。复杂的中间环节可以是由许多电路元件组成的网络系统。

如图1-1所示的手电筒照明电路中,电池作电源,灯作负载,导线和开关作为中间环节将灯和电池连接起来。

2.电路的种类及功能

工程应用中的实际电路,按照功能的不同可概括为两大类:一是完成能量的传输、分配

和转换的电路,如图 1-1 所示,电池通过导线将电能传递给灯,灯将电能转化为光能和热能。这类电路的特点是大功率、大电流;二是实现对电信号的传递、变换、储存和处理的电路,如图 1-2 所示,它展现了一个扩音机的工作过程。话筒将声音的振动信号转换为电信号即相应的电压和电流,经过放大处理后,通过电路传递给扬声器,再由扬声器还原为声音。这类电路的特点是小功率、小电流。

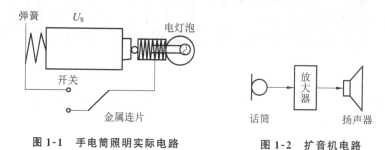

图 1-1 手电筒照明实际电路   图 1-2 扩音机电路

◆ 1.1.2 电路模型

实际电路的电磁过程是相当复杂的,难以进行有效的分析计算。在电路理论中,为了方便实际电路的分析和计算,我们通常在工程实际允许的条件下对实际电路进行模型化处理,即忽略次要因素,抓住足以反映其功能的主要电磁特性,抽象出实际电路器件的"电路模型"。

例如电阻器、灯泡、电炉等,这些电气设备接收电能并将电能转换成光能或热能,光能和热能显然不可能再回到电路中,因此我们把这种能量转换过程不可逆的电磁特性称之为耗能。这些电气设备除了具有耗能的电磁特性,当然还有其他一些电磁特性,但在研究和分析问题时,即使忽略其他那些电磁特性,也不会影响整个电路的分析和计算。因此,我们就可以用一个只具有耗能电磁特性的"电阻元件"作为它们的电路模型。

我们将实际电路器件理想化而得到的只具有某种单一电磁性质的元件,称为理想电路元件,简称为电路元件。每一种电路元件体现某种基本现象,具有某种确定的电磁性质和精确的数学定义。常用的有表示将电能转换为热能的电阻元件、表示电场性质的电容元件、表示磁场性质的电感元件及电压源元件和电流源元件等,其电路符号如图 1-3 所示。本章后面将分别讲解这些常用的电路元件。

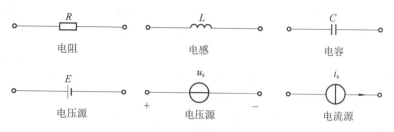

图 1-3 理想电路元件的符号

我们把由理想电路元件相互连接组成的电路称为电路模型。如图 1-1 所示,电池对外提供电压的同时,内部也有电阻消耗能量,所以电池用其电动势 E 和内阻 R_0 的串联表示;灯除了具有消耗电能的性质(电阻性)外,通电时还会产生磁场,具有电感性。但电感微弱,可忽略不计,于是可认为灯是一电阻元件,用 R_L 表示。图 1-4 是图 1-1 的电路模型。

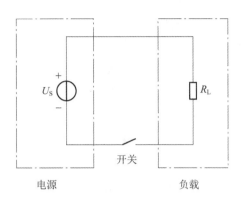

图 1-4　手电筒电路的电路模型

1.2　电流

1.2.1　电流的参考方向

1. 实际方向

电流就是电荷的流动。规定正电荷流动的方向为电流的实际方向,实际上电路中流动的是电子,因为带正电的原子核是不能移动的。但是人们仍然沿用正电荷流动的方向为电流的方向。

2. 参考方向

为了便于分析,通常假设出电流的方向,将这个假设的方向称为电流的参考方向,如图 1-5 所示。

图 1-5　电流的参考方向

3. 电流值

实际方向与参考方向相同,电流值为正值;实际方向与参考方向相反,电流值为负值。

图 1-5 中的长方框表示一个二端元件。假设流过这个元件的电流的参考方向为由 a 到 b。如果计算得到 $i>0$,说明实际电流也是从 a 流到 b;如果计算得到 $i<0$,说明实际电流从 b 流到 a(和假设相反)。

1.2.2　电流的定义

1. 电流

电流是电荷随时间的变化率,单位为安培(A)。电流定义的数学表达式为

$$i(t) = \frac{\mathrm{d}q}{\mathrm{d}t} \tag{1-1}$$

式中:q 表示电荷;t 表示时间(单位为秒,s)。

2. 直流电流

如果电荷随时间的变化率是常数,称此电流为直流(DC,direct current),则 $i(t)=I$,如图 1-6(a)所示,如电池所提供的电流为直流。

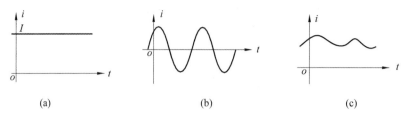

图 1-6 电流的波形

3. 正弦交流

如果电荷随时间的变化率是以正弦规律变化的,称此电流为正弦交流(AC,alternating current),简称为交流,如图 1-6(b)所示。

4. 电流的表示方法

如果电荷随时间的变化率是任意的,则可用对应的时间函数来表示这样的电流,即 $i(t)=f(t)$,如图 1-6(c)所示。

1.3 电压

1.3.1 电压的定义

1. 电压

电压等于将单位正电荷由 a 点移到 b 点电场力所做的功,单位为伏特(V)。如果电场力是时间的函数,则电压也是时间的函数,其数学表达式为

$$u_{ab}(t) = \frac{\mathrm{d}w}{\mathrm{d}q} \tag{1-2}$$

式中:w 表示能量,单位为焦耳(J);q 表示电荷,单位为库仑(C)。1 伏特表示 1 牛顿(N)的力可以将 1 库仑的电荷移动 1 米(m)。

电压也称为电位差,如果 $u_{ab}(t)>0$ 说明在 t 时刻 a 点的电位比 b 点的电位高,$u_{ab}(t)<0$ 说明 t 时刻 a 点的电位比 b 点的电位低,$u_{ab}(t)=0$ 说明 t 时刻 a 点和 b 点的电位是相等的,即等电位。

2. 直流电压及交流电压

如果电场力不随时间变化,则电场力所做的功也不随时间变化,此时的电压为常数,可表示为 $u_{ab}(t)=U$,该电压称为直流(DC)电压。当电压随时间按正弦规律变化则称为交流(AC)电压。电压也可以随时间任意变化。

1.3.2 电压的参考方向

在分析电路前,首先假设出电路中两点间电压的正方向(从高电位指向低电位),将这个假设的方向称为该电压的参考方向。如图 1-7(b)所示为电路中连接到 a、b 两点的一个二端元件,假设电压的参考方向为 u_{ab}。如果计算得到 $u_{ab}>0$,说明在 t 时刻电压的参考方向和实际方向相同;如果得到 $u_{ab}<0$,说明 t 时刻电压的参考方向和实际方向相反。为简单起见,电路中两点间的电压也可以用箭头来表示,如图 1-7(c)所示。

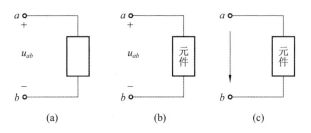

图 1-7　电压的定义与参考方向

电流和电压是电路中两个最为基本的物理量或变量。电流和电压变量既可以表示能量，也可以表示信息。在通信等用于信息传输的系统中，主要考虑电流、电压所携带的信息。在信息传输的系统中通常将电流、电压变量称为电流信号或电压信号。

1.4　功率和电能

◆ 1.4.1　电功率的定义

功率是能量随时间的变化率，即

$$p(t) = \frac{\mathrm{d}w}{\mathrm{d}t} \tag{1-3}$$

式中：$p(t)$ 表示功率，单位为瓦（W）；w 表示能量，单位为焦耳（J）；t 表示时间，单位为秒（s）。给式（1-3）的分子分母同乘 $\mathrm{d}q$，则

$$p(t) = \frac{\mathrm{d}w}{\mathrm{d}t} = \frac{\mathrm{d}w}{\mathrm{d}q} \cdot \frac{\mathrm{d}q}{\mathrm{d}t} = u(t)i(t) \tag{1-4}$$

可见，功率是电压和电流的乘积，当电压、电流是时间的函数时，功率也是时间的函数，即功率 $p(t)$ 是随时间变化的，该功率称为瞬时功率。

当电压、电流不随时间变化（DC）时，功率也不随时间变化，则 $p(t)=P=UI$ 为定值。

由电压的定义可知，u_{ab} 表示电场力将正电荷从 a 点移到 b 点，电场力在做正功。由电流的定义可知，电流 i 的方向也是正电荷流动的方向。所以，功率的表达式（1-4）中的功率为正功率，即吸收的功率。

◆ 1.4.2　电压、电流的关联参考方向

关联：如果给出电压的参考方向为 u_{ab}，即假设 a 点的电位比 b 点的电位高，正电荷从 a 流到 b；如果假设功率为正，则电流的参考方向必须由 a 到 b。对于这种电流、电压在参考方向假设上的相互制约称为关联参考方向。

不关联：如果电流、电压的参考方向不满足上述制约关系，称为不关联，则此时有

$$p(t) = -u(t)i(t) \tag{1-5}$$

此式仍然满足电场力做正功（功率为正）的思想。如图 1-8（a）中电压、电流是关联参考方向，而图 1-8（b）中电压、电流则不关联。

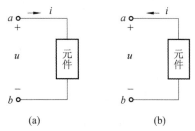

图 1-8　电压、电流的关联参考方向

由式(1-4)和式(1-5)可知,功率也有正有负,即 $p = \pm ui$。如果 $p > 0$,说明元件在吸收功率(见图1-4);如果 $p < 0$,说明元件在吸收负功率即释放(发出)功率。式(1-4)和式(1-5)是假设元件处于吸收功率的状态。

1.4.3 功率守恒与电能的计算

根据能量守恒定律,在一个完整的电路中,任一瞬时所有元件吸收功率的代数和等于零,即

$$\sum p(t) = 0 \tag{1-6}$$

由此可见,一个电路中吸收功率之和等于释放功率之和。

根据式(1-4),一个元件从 t_0 时刻到 t 时刻吸收或释放的电能为

$$w(t) = \int_{t_0}^{t} p(\xi) \, \mathrm{d}\xi = \int_{t_0}^{t} u(\xi)i(\xi)\mathrm{d}\xi \tag{1-7}$$

在实际中电能的度量单位为度,即

$$1\text{ 度} = 1 \text{ kWh} = 3.6 \times 10^6 \text{ J}$$

例 1-1 已知某二端元件的端电压为 $u(t) = 50\sin(10\pi t)$ V,流入元件的电流为 $i(t) = 2\cos(10\pi t)$ A,设电压、电流为关联参考方向,求该元件吸收瞬时功率的表达式,并求 $t = 10$ ms 和 $t = 80$ ms 时瞬时功率的值。

解 由式(1-4),有

$$p(t) = u(t)i(t) = 50\sin(20\pi t) \text{ W}$$

当 $t = 10$ ms 和 $t = 80$ ms 时

$$p(10 \times 10^{-3}) = 50\sin(20\pi \times 10 \times 10^{-3}) \text{ W} = 29.38 \text{ W}$$

$$p(80 \times 10^{-3}) = 50\sin(20\pi \times 80 \times 10^{-3}) \text{ W} = -47.59 \text{ W}$$

计算结果说明,在 $t = 10$ ms 时该元件从外界吸收功率,在 $t = 80$ ms 时该元件向外界释放功率。

1.5 电阻元件和欧姆定律

1.5.1 电阻元件与欧姆定律

1. 理想电阻

理想电阻是一个二端元件,记为 R。当电流流过材料时,材料中消耗电能的现象可以用理想电阻 R 来表示,它是从实际元件中抽象出的集总参数的电路元件模型。

2. 欧姆定律

欧姆定律(Ohm's law)表明电阻两端的电压和流过它的电流成正比,比例系数就是电阻的电阻值。

当电压、电流为关联参考方向时,在任一瞬时电阻两端电压和流过其电流之间的关系为

$$u(t) = Ri(t) \tag{1-8}$$

或

$$R = \frac{u(t)}{i(t)}\Big|_{t=t_0} \qquad (1\text{-}9)$$

式(1-9)表明,在任一时刻 t_0,电阻两端电压和电流的比值为电阻值。当电压的单位为伏(V),电流的单位为安(A),则电阻的单位为欧姆(Ω)。

◆ 1.5.2 线性电阻的伏安特性、开路与短路的概念

1. 线性电阻

在任何时刻,如果式(1-9)的比值为常数,称该电阻为线性电阻,如图 1-9 所示。

图 1-9 线性电阻的符号和伏安特性

如果电阻上电压、电流的参考方向是非关联的,则欧姆定律表达式为

$$u(t) = -Ri(t) \qquad (1\text{-}10)$$

式中负号的意思说明假设与实际相反。在分析电路时这点要特别注意。

电阻也可以用另一个参数表示,即

$$G = \frac{1}{R} \qquad (1\text{-}11)$$

式中:G 称为电导(参数),单位为 S(西门子),此时欧姆定律变为

$$i(t) = Gu(t) \qquad (1\text{-}12)$$

2. 开路

线性电阻有两种极端情况。一种是当 $R=\infty$($G=0$)时,无论电阻两端的电压多大,流过电阻的电流恒为零,该情况称为开路,其伏安特性如图 1-10(a)所示。

3. 短路

当 $R=0$($G=\infty$)时,无论流过电阻的电流多大,它两端的电压恒为零,此时称为短路,其伏安特性如图 1-10(b)所示。

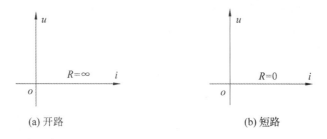

(a) 开路　　　　　　　　　　(b) 短路

图 1-10 开路和短路的伏安特性

◆ 1.5.3 电阻元件上的功率与能量

当电阻上电压和电流取为关联参考方向时,根据式(1-4)和式(1-8),有

$$p(t) = u(t)i(t) = Ri^2(t) = \frac{u^2(t)}{R} = Gu(t) = \frac{i^2(t)}{G} \tag{1-13}$$

若电阻 R(或电导 G)是正实数($R>0$,正电阻),则 $p(t)>0$,说明电阻是一个耗能元件,也是一种无源元件。如果电阻 $R<0$(负电阻),则 $p(t)<0$,则电阻耗的功率为负值,说明这种电阻向外界输出功率,可见负电阻是一种有源元件。用电子电路可以实现负电阻。除非特别声明,今后提到的电阻均为正电阻。

从 t_0 到 t 电阻元件所消耗的电能为

$$w(t) = \int_{t_0}^{t} Ri^2(\xi)\mathrm{d}\xi \geqslant 0 \tag{1-14}$$

由此可见,在任何时间段电阻从不向外界提供能量,进一步说明电阻是一种无源元件。

例 1-2 已知一个阻值为 $51\ \Omega$ 的碳膜电阻接入电源电压为 $12\ \mathrm{V}$ 的直流电源上,求流过该电阻的电流和所消耗的功率。

解 由欧姆定律可知,电流

$$i = \frac{u}{R} = \frac{12}{51}\ \mathrm{A} = 0.24\ \mathrm{A}$$

所消耗的功率为

$$p = \frac{u^2}{R} = \frac{12^2}{51}\ \mathrm{W} = 2.82\ \mathrm{W}$$

1.6 电压源和电流源

◆ 1.6.1 电压源的概念与伏安特性

如果用电压变量表示理想电源产生的能量的能力或信息的变化,则这种理想电源称为电压源元件,简称电压源。电压源为二端有源元件。

电压源两端的电压 $u(t)$ 为

$$u(t) = u_s(t) \tag{1-15}$$

电压源的符号如图 1-11(a)所示,正负号表示其参考方向。当 $u_s(t)=U_S$ 时,说明电压源的电压不随时间变化,称为直流电压源,符号如图 1-11(b)、(c)所示。

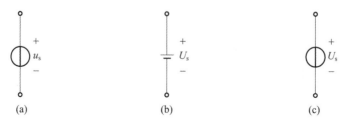

图 1-11 电压源的符号

当电压源和外电路相连时,如图 1-12 所示,电压源的电压 $u(t)=U_S$ 是不随时间变化的,电流由外电路决定。

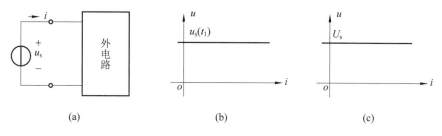

图 1-12　电压源的伏安特性

1.6.2　电流源的概念与伏安特性

如果用电流变量表示理想电源产生的能量的能力或信息的变化,则这种理想电源称为电流源元件,简称为电流源。电流源发出的电流 $i(t)$ 为

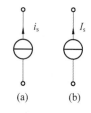

$$i(t) = i_s(t) \tag{1-16}$$

电流源的符号如图 1-13(a)所示,箭头表示其参考方向。

当 $i_s(t) = I_s$ 时,电流源的电流不随时间变化,称为直流电流源,符号如图 1-13(b)所示。电流源为二端有源元件。

图 1-13　电流源的符号

当电流源和外电路相连时,如图 1-14 所示,电流源的电流 $i(t) = I_s$ 不随时间变化,电压由外电路决定。

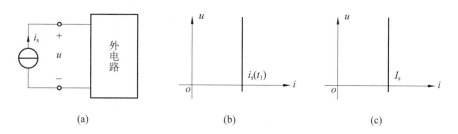

图 1-14　电流源的伏安特性

1.6.3　电压源和电流源的功率

在图 1-12(a)中,由于电压源的电压和电流的参考方向是非关联的,则电压源吸收的功率为

$$p(t) = -u_s(t)i(t) \tag{1-17}$$

电压源发出的功率为

$$p = u_s(t)i(t) \tag{1-18}$$

由于图 1-14(a)中电流源电压和电流的参考方向是非关联的,则它吸收的功率为

$$p(t) = -u(t)i_s(t) \tag{1-19}$$

则电流源发出的功率为

$$p(t) = u(t)i_s(t) \tag{1-20}$$

电压源的端电压和电流源发出的电流与电路中的其他电量无关,也就是说,电压源的电压和电流源的电流独立于电路中的其他变量,所以称它们为独立电源。由于它们能产生能量,所以又称为有源元件。

1.7 受控源

◆ 1.7.1 受控源的定义

电路中有这样一类现象,即某些变量(电压或电流)随电路中的其他变量(电压或电流)变化,或者说它们受其他变量控制,这类现象可以用理想电源元件来表示。由于这些元件的端电压或发出的电流是受其他电量控制的,所以称它们为受控源或非独立电源。

例如,在给晶体三极管和运算放大器建模时,其中的电流或电压之间就存在着控制和被控制的关系。这类控制关系可以用受控源表示。

◆ 1.7.2 四种线性受控源

理想受控源有四种类型,即电压控制的电压源(VCVS,voltage controlled voltage source)、电压控制的电流源(VCCS,voltage controlled current source)、电流控制的电压源(CCVS,current controlled voltage source)和电流控制的电流源(CCCS,current controlled current source)。它们的符号分别如图 1-15(a)、(b)、(c)、(d)所示。为了和独立源区别,受控源符号用菱形表示。

在图 1-15 中,u_1 和 i_1 是控制量,u 和 i 是被控量,μ、g、r 和 β 分别是各自受控源的控制系数。其中 μ 和 β 是无量纲的量,g 具有电导的量纲,r 具有电阻的量纲。若系数 μ、g、r 和 β 为常数,则被控量和控制量为线性关系,这类受控源称为线性受控源。若系数 μ、g、r 和 β 不是常数(如随控制量变化),则被控量和控制量为非线性关系,这类受控源称为非线性受控源。本书只考虑线性受控源。

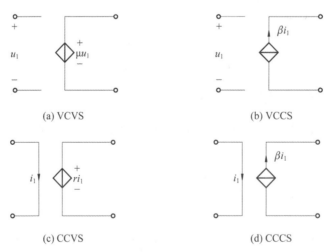

(a) VCVS (b) VCCS

(c) CCVS (d) CCCS

图 1-15　受控源的符号

由于受控源同样能给外电路提供能量,所以也称之为有源元件。

例 1-3　图 1-16 是由单个晶体三极管组成放大器的等效电路,已知 $R_1 = 1\ \text{k}\Omega$,$R_2 = 2\ \text{k}\Omega$,输入电压 $u_i(t) = 50\sin(1000\,t)$ mV,求放大器的输出电压 $u_o(t)$。

解　由图 1-16 可知

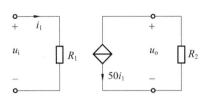

图 1-16　例 1-3 图

$$i_1(t) = u_i(t)/R_1 = [50\sin(1000t)]/(1\times10^3)\text{ mA} = 0.05\sin(1000t)\text{ mA}$$

$$u_o(t) = -50R_2i_1 = -50\times2\times10^3\times0.05\times10^{-3}\sin(1000t)\text{ V} = -5\sin(1000t)\text{ V}$$

1.8　基尔霍夫定律

本节介绍电路中最为重要的两个定律,即基尔霍夫电流定律(KCL,Kirchhoff's current law)和基尔霍夫电压定律(KVL,Kirchhoff's voltage law)。

◆ 1.8.1　支路、结点和回路的概念

1. 支路

在电路中,一个二端元件称为一条支路(branch)。流经支路的电流和支路两端电压分别称为支路电流和支路电压,它们是电路分析中最基本的电路变量。图 1-17 是由 5 个元件连接而成的电路,所以它有 5 条支路。常把多个二端元件串联的部分也称为一条支路,图 1-17 中的元件 C、D 和 E 是一条支路,因为其中流过同一电流,这样图中支路可简化为 3 条。

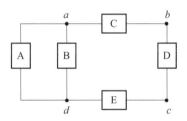

图 1-17　支路、结点和回路

2. 结点

两个或两个以上支路的连接点称为结点(node)。在图 1-17 中,连接点 a、b、c 和 d 皆为结点。如果按 3 条支路计则结点就减少到 2 个,即结点 a 和 d。

3. 回路

由支路构成的闭合路径称为回路(loop)。在图 1-17 中有 3 个闭合路径,即 A、B 元件构成一个回路,A、C、D 和 E 元件构成一个回路,B、C、D 和 E 元件也构成一个回路。

◆ 1.8.2　基尔霍夫电流定律(KCL)

1. 基本 KCL

对于集总参数电路中的任一结点,在任一瞬时,流入(或流出)该结点所有支路电流的代数和为零,即

$$\sum_{k=1}^{N} i_k(t) = 0 \tag{1-21}$$

式中:$i_k(t)$ 为流入(或流出)该结点的第 k 条支路的电流;N 为和该结点相连的支路总数。代数和为零说明如果假设流入该结点的电流为"+",则流出该结点的电流就为"−"。

例如图 1-18 所示为电路中的一个结点,设流出该结点的电流为正,流入的电流为负,则

根据 KCL 有

$$i_1 + i_2 - i_3 - i_4 = 0$$

上式可改写为

$$i_3 + i_4 = i_1 + i_2$$

可见,流入一个结点的电流等于流出该结点的电流。所以 KCL 也可以叙述为:在任一瞬时,流出一个结点的所有电流之和等于流入该结点的所有电流之和。

2. KCL 推广

在一个电路中,KCL 不仅适用于一个结点,同时也适用于一个闭合面,即在任一瞬时,流入(或流出)一个闭合面电流的代数和为零;或者说,流出一个闭合面的电流等于流入该闭合面的电流之和。这是 KCL 的推广。

例如图 1-19 所示电路中虚线框部分为一个闭合面,在该闭合面上根据 KCL,设流入该结点的电流为正,则

$$i_1 + i_2 + i_3 = 0$$

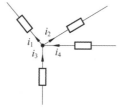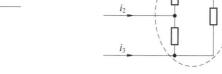

图 1-18　电路中的一个结点　　　　图 1-19　KCL 的推广

同样根据电荷守恒定律可以解释 KCL 适合于闭合面。因为在任一瞬时,闭合面中的每一元件上流出的电荷等于流入的电荷,每一元件存储的净电荷为零,所以整个闭合面内部存储的净电荷为零。

1.8.3　基尔霍夫电压定律(KVL)

1. KVL

在集总参数电路中,任一瞬时,任一回路中所有支路电压的代数和为零,即

$$\sum_{k=1}^{N} u_k(t) = 0 \tag{1-22}$$

式中:$u_k(t)$ 为回路中的第 k 条支路的支路电压;N 为回路中的支路数。当沿回路所经过支路电压的参考方向和绕行方向相同时,该电压前取"$+$"号,和绕行方向相反取"$-$"号。

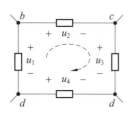

图 1-20 为某电路中的一个回路,设从 a 点出发以顺时针方向(箭头所示)沿该回路绕行一圈,因为 u_2 和 u_3 的参考方向和绕行方向相同取"$+$"号,u_1 和 u_4 的参考方向和绕行方向相反取"$-$"号,则根据 KVL 有

$$-u_1 + u_2 + u_3 - u_4 = 0$$

图 1-20　电路中的一个回路

KVL 可以解释为,任一时刻,对于电路中的任一回路而言,从该回路中的任一点出发,当绕行一圈回到出发点时,该点处的电压降为零。KVL 实质上是符合能量守恒定律的。

2. KVL 推广

KVL 还可应用于部分回路或开口回路中。如图 1-20 中求 u_{ac}，就可以在部分回路 $abca$ 中求得。

在一个电路中，KCL 是支路电流之间的线性约束关系，KVL 是支路电压之间的线性约束关系。这两个定律仅与电路中元件的连接关系有关，与元件的性质无关。也就是说，如果两个电路的元件数、元件编号以及对应的连接关系相同，则两个电路对应的 KCL 和 KVL 方程是相同的。或者说，只要两个电路的拓扑相同，KCL 和 KVL 方程就是相同的，所以说基尔霍夫定律是电路网络的拓扑约束。无论元件是线性的或非线性的、时变的或时不变的，KCL 和 KVL 总是成立的。

例 1-4 电路如图 1-21 所示，求电路中的 u_1、u_2 和 u_3。

解 图 1-21 中 l_1、l_2 和 l_3 分别表示回路 1、2 和 3，箭头表示沿各自回路的绕行方向，对 3 个回路分别列出 KVL 方程，即

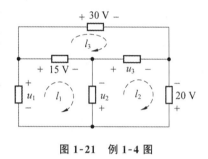

图 1-21　例 1-4 图

回路 1

$$-u_1 + 15 - u_2 = 0$$

回路 2

$$u_2 + u_3 - 20 = 0$$

回路 3

$$30 - u_3 - 15 = 0$$

由回路 3 方程，得 $u_3 = 15$ V；将 u_3 代入回路 2 方程，得 $u_2 = 5$ V；将 u_2 代入回路 1 方程，得 $u_1 = 10$ V；另外，对于由 u_1，30 V 和 20 V 支路所构成的回路同样可以应用 KVL，即

$$-u_1 + 30 - 20 = 0$$

于是，得 $u_1 = 10$ V。可见，在求 u_1 的过程中选择不同的路径，所得的结果是相同的。此结果说明：电路中任一支路上（或任意两点之间）的电压与所选的路径无关，这说明了 KVL 与路径无关的性质。

1.9　简单电阻电路的分析

◆ 1.9.1　电路等效的概念

设电小路中的某个部分可以用两端电路来表示，如图 1-22(a) 所示。图中 a、b 分别为两个端子，N(network) 表示网络。如果流出端口一端的电流 i_b 等于另一端流入的电流 i_a，则称该二端电路为一端口电路或网络，简称为一端口。图 1-22(a) 的一端口可以分为两种情况：如果内部含有独立源，称为含源一端口，用图 1-22(b) 的形式表示；如果内部不含独立源，称为无源一端口，用图 1-22(c) 的形式表示。无源一端口内部只是不含独立源，但可能含有受控源。今后称图 1-22(a)、(b)、(c) 分别为一端口 N、N_S、N_0。

设一个复杂电路可以表示成如图 1-23 所示的形式。图 1-23 中，左边为含源一端口，右边为不含独立源的一端口。设两个一端口的连接处（端口）的电压和电流分别为 u 和 i。

电路等效的概念是，可以用两个简单的（或其他的）电路分别替代左右两个一端口，替代

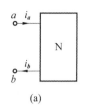 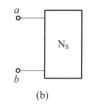 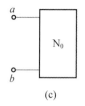

(a)　　　　　　　(b)　　　　　　　(c)

图 1-22　一端口网络及其表示

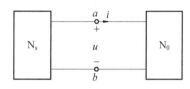

图 1-23　复杂电路的一端口表示

的原则是替代前后端口电压 u 和电流 i 的关系保持不变，即保持两个端口的伏安特性不变。注意，等效仅仅是对端口而言的。

一端口电路等效的概念也可以推广到多端电路的等效。对于一个多端电路，可以用另外一个端点个数相同的多端电路替代。替代的原则是，替代前后两个多端电路对应端子间的电压和对应端子上的电流保持不变。这就是多端电路的等效。换句话说，多端电路的等效就是只要保持多端电路对应端子间的电压和对应端子上的电流不变，一个多端电路就可以由另一个多端电路等效替代。

◆　1.9.2　无源一端口的等效电阻

一个无源一端口 N_0 包括两种情况：其一是内部仅含电阻的一端口；其二是内部除了含有电阻外，还含有受控源。对于这样的一端口可以用一个电阻等效替代。设无源一端口的电压 u 和电流 i 如图 1-24(a)所示，其中 u、i 是关联参考方向，则该无源一端口等效电阻的定义为

$$R_{eq} = \frac{u}{i} \tag{1-23}$$

当无源一端口作为电路的输入端口（有时也称为驱动点）时，等效电阻称为输入电阻 R_{in}。求取一端口的等效电阻一般有两种方法，即电压法或电流法。

1. 电压法

电压法是在端口加一个电压源 u_s，设 $u = u_s$，然后求出在该电压源作用下的电流 i，如图 1-24(b)所示。

2. 电流法

电流法是在端口加一个电流源 i_s，设 $i = i_s$，求出在该电流源作用下的电压 u，如图 1-24(c)所示。最后根据式(1-23)可以求出一端口的等效电阻或输入电阻。

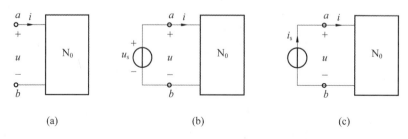

(a)　　　　　　　(b)　　　　　　　(c)

图 1-24　一端口的等效电阻

◆ **1.9.3 电阻元件的串联与并联**

1. 串联

如图 1-25(a)所示电路为 n 个电阻 $R_1, R_2, \cdots, R_k, \cdots, R_n$ 串联连接,由于电阻串联时,每个电阻中流过同一个电流,所以用电流法可以求得等效电阻。

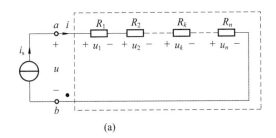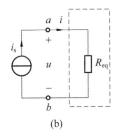

(a)   (b)

图 1-25 电阻的串联

在图 1-25(a)中,应用 KVL,即

$$u = u_1 + u_2 + \cdots + u_k + \cdots + u_n$$

因为每个电阻中的电流均为 i,根据欧姆定律,有 $u_1 = R_1 i, u_2 = R_2 i, \cdots, u_k = R_k i, \cdots, u_n = R_n i$,代入上式,得

$$u = (R_1 + R_2 + \cdots + R_k + \cdots + R_n)i$$

再利用式(1-23)和上式,得

$$R_{eq} = \frac{u}{i_S} = \frac{u}{i} = R_1 + R_2 + \cdots + R_k + \cdots + R_n = \sum_{k=1}^{n} R_k \tag{1-24}$$

电阻 R_{eq} 是 n 个电阻串联的等效电阻,即等效电阻等于所有串联电阻之和。等效后的电路如图 1-25(b)所示。显然,等效电阻大于任一个串联的电阻。

如果已知端口电压 u,可以求得每个电阻上的电压,即

$$u_k = R_k i = \frac{R_k}{R_{eq}} u, \quad k = 1, 2, \cdots, n \tag{1-25}$$

该式就是电阻串联时的分压公式。可见,当端电压确定以后,每个电阻上的电压和电阻值成正比。如果 $n=2$,即两个电阻串联,则分压公式为

$$u_1 = \frac{R_1}{R_1 + R_2} u, \qquad u_2 = \frac{R_2}{R_1 + R_2} u \tag{1-26}$$

2. 并联

n 个电阻并联连接的电路如图 1-26(a)所示,图中 $G_1, G_2, \cdots, G_k, \cdots, G_n$ 分别是 n 个并联电阻所对应的电导。电导并联时,所有电导两端的电压相同,用上述的电压法可以求得等效电导。

在图 1-26(a)中,应用 KCL,有

$$i = i_1 + i_2 + \cdots + i_k + \cdots + i_n$$

根据欧姆定律,有 $i_1 = G_1 u, i_2 = G_2 u, \cdots, i_k = G_k u, \cdots, i_n = G_n u$,代入上式,得

$$i = (G_1 + G_2 + \cdots + G_k + \cdots + G_n)u$$

利用式(1-23)和上式,得

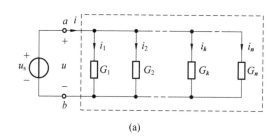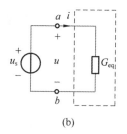

(a)　　　　　　　　　　　　　(b)

图 1-26　电阻的并联

$$G_{eq} = \frac{i}{u_S} = \frac{i}{u} = G_1 + G_2 + \cdots + G_k + \cdots + G_n = \sum_{k=1}^{n} G_k \tag{1-27}$$

电阻 G_{eq} 是 n 个电导并联的等效电导,即等效电导等于所有并联电导之和。等效后的电路如图 1-26(b)所示。可见,等效电导大于任何一个并联电导。

根据式(1-27),有

$$\frac{1}{R_{eq}} = G_{eq} = \sum_{k=1}^{n} \frac{1}{R_k} \tag{1-28}$$

可以看出,等效电阻小于任何一个并联电阻。

如果已知端口电流 i,可以求得每个电导上的电流,即

$$i_k = G_k u = \frac{G_k}{G_{eq}} i, \quad k = 1, 2, \cdots, n \tag{1-29}$$

该式是电阻并联时的分流公式。可见,当端口电流确定以后,流过每个电导(阻)的电流和电导值成正比。如果 $n=2$,即两个电阻并联,则分流公式为

$$i_1 = \frac{G_1}{G_1 + G_2} i = \frac{R_2}{R_1 + R_2} i, \quad i_2 = \frac{G_2}{G_1 + G_2} i = \frac{R_1}{R_2 + R_2} i \tag{1-30}$$

例 1-5　如图 1-27(a)所示电路,已知 $U_S = 10$ V, $R_1 = 1$ Ω, $R_2 = 2$ Ω, $R_3 = 3$ Ω, $R_4 = 6$ Ω,求电压 u_1、u_3,电流 i_1、i_3 和 i_4。

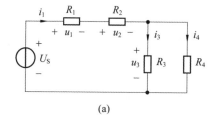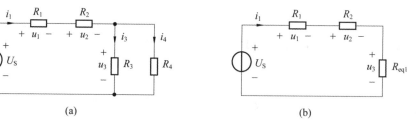

(a)　　　　　　　　　　　　　(b)

图 1-27　例 1-5 图

解　该电路既有串联又有并联,称为混联电路。设 R_3、R_4 并联的等效电阻为 R_{eq1},根据式(1-28),有

$$\frac{1}{R_{eq1}} = \frac{1}{R_3} + \frac{1}{R_4} = \left(\frac{1}{3} + \frac{1}{6}\right) S = \frac{1}{2} S$$

所以 $R_{eq1} = 2$ Ω,等效电路如图 1-27(b)所示。由分压公式(1-25),有

$$u_1 = \frac{R_1}{R_1 + R_2 + R_{eq1}} U_s = \frac{1}{1+2+2} \times 10 \text{ V} = 2 \text{ V}$$

$$u_3 = \frac{R_{eq1}}{R_1 + R_2 + R_{eq1}} U_s = \frac{2}{1+2+2} \times 10 \text{ V} = 4 \text{ V}$$

在图 1-27(b)中,根据 KVL 有

$$U_s = u_1 + u_2 + u_3 = (R_1 + R_2 + R_{eq1})i_1$$

则

$$i_1 = \frac{U_s}{R_1 + R_2 + R_{eq1}} = \frac{10}{1 + 2 + 2} \text{ A} = 2 \text{ A}$$

然后根据分流公式(1-30),有

$$i_3 = \frac{R_4}{R_3 + R_4}i_1 = \frac{6}{3 + 6} \times 2 \text{ A} = 1\frac{1}{3} \text{ A}$$

$$i_4 = \frac{R_3}{R_3 + R_4}i_1 = \frac{3}{3 + 6} \times 2 \text{ A} = \frac{2}{3} \text{ A}$$

1.9.4 电压源的串联与并联

图 1-28(a)为 n 个电压源的串联,根据 KVL 有

$$u = u_s = u_{s1} + u_{s2} + \cdots + u_{sn} = \sum_{k=1}^{n} u_{sk} \tag{1-31}$$

可见,当 n 个电压源串联时,可以用一个电压为 u_s 的电压源等效替代,等效电源如图 1-28(b)所示。注意,等效电源 u_s 是 n 个电压源电压的代数和,即如果 $u_k(k=1,2,\cdots,n)$ 与 u_s 的参考方向相同,则前面取"$+$"号,否则取"$-$"号。

电压源的并联如图 1-29 所示,注意:两个不相等的电压源是不允许并联的。

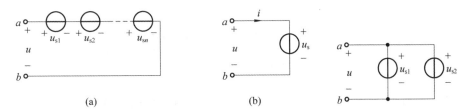

| (a) | (b) |

图 1-28　电压源的串联　　　　图 1-29　电压源的并联

1.9.5 电流源的串联与并联

首先研究电流源的并联。图 1-30(a)为 n 个电流源的并联,根据 KCL 有

$$i = i_s = i_{s1} + i_{s2} + \cdots + i_{sn} = \sum_{k=1}^{n} i_{sk} \tag{1-32}$$

可见,当 n 个电流源并联时,可以用一个电流源 i_s 等效替代,等效电源如图 1-30(b)所示。如果 $i_k(k=1,2,\cdots,n)$ 与 i_s 的参考方向一致,则前面取"$+$"号,否则取"$-$"号。

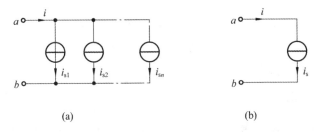

| (a) | (b) |

图 1-30　电流源的并联

电流源的串联如图 1-31 所示,但要注意,两个不相等的电流源是不允许串联的。

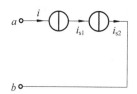

图 1-31　电流源的串联

◆ 1.9.6　电压源和电流源的串联与并联

当一个电压源和一个电流源串联时,电压源的电流就等于电流源的电流,如图 1-32(a)所示。

当一个电流源和一个电压源并联时,电流源的电压就等于电压源的电压,如图 1-32(b)所示。所以,电流源可以和电压源并联。

以上结论可以推广到受控源。

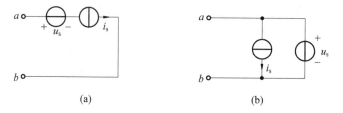

(a)　　　　　　　　　　(b)

图 1-32　电压源、电流源的串联与并联

◆ 1.9.7　实际电源模型和等效变换

如图 1-33 所示,实际电源也存在着两种模型,本节就介绍这两种模型以及它们之间的等效变换。

1. 实际电源的两种模型

1) 电压源

如果将实际电源中产生能量的部分用电压源描述,则实际电源可以用一个电压源和一个电阻的串联来表示,称为等效模型 I,如图 1-34(a)所示。图中 $u_s = u_{oc}$ 为开路电压,$R = R_s$ 为电源的内阻。

对于图 1-34(a)应用 KVL,有

$$u = u_s - R_s i \tag{1-33}$$

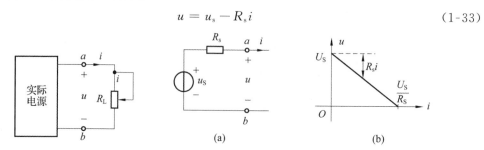

图 1-33　外接负载的实际电源　　　图 1-34　实际电源的模型 I 和伏安特性

若电源为直流电源,则 $u_s = U_s$,此时 $u = U_s - R_s i$,由此得出模型 I 的伏安特性(外特性)

如图 1-34(b)所示。可见伏安特性为一条直线,直线的斜率为 $-R$,直线和纵轴的交点为 U_s (开路电压),和横轴的交点为 $i_{sc}=U_s/R_s$(短路电流)。另外,随着电源输出电流的增加,电源的端电压随之下降直到短路为零。注意,实际中尽量避免电源短路,否则将造成电源损坏。这种模型的外特性某种程度上反映了实际电源的真实情况。

2)电流源

如果将实际电源中产生能量的部分用电流源描述,则实际电源可以用一个电流源和一个电阻的并联来表示,称为等效模型 Ⅱ。

如果从式(1-33)中解出电流 i,则

$$i = \frac{u_s}{R_s} - \frac{u}{R_s} = i_{sc} - G_s u = i_S - G_s u \tag{1-34}$$

由该式可以得出实际电源的模型 Ⅱ,如图 1-35(a)所示。可见,一个实际电源可以用一个电流源和一个电阻(电导 G_S)的并联来表示。对于直流电源,有 $i_s=i_{sc}=I_S$,$i=I_S-G_s u$,因为式(1-33)和式(1-34)在 u-i 坐标系中是同一条直线,所以模型 Ⅱ 的伏安特性和模型 Ⅰ 相同,见图 1-35(b)。

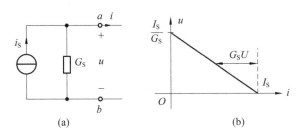

图 1-35 实际电源的模型 Ⅱ 和伏安特性

2. 两种电源模型的等效变换

因为实际电源两种模型的伏安特性完全相同,所以模型 Ⅰ 和模型 Ⅱ 在 a、b 两端是等效的,这样两个模型之间可以进行等效变换。由以上分析可知等效变换的关系为

$$i_s = G_s u_s, \quad G_s = 1/R_s \tag{1-35}$$

在进行电源模型变换时,要注意电压源和电流源的参考方向,即电流源 i_s 的参考方向是由电压源 u_s 的负极指向正极。

由于模型 Ⅰ 和模型 Ⅱ 只是在端点 a、b 处等效,所以它们之间的等效变换是对端点而言的。换句话说,电源两种模型的等效是对外的,对内则无等效可言。例如,当 a、b 端点开路时,两电源对外均不发出功率,而此时电压源 u_s 发出的功率为零,电流源 i_s 发出的功率为 I_s^2/G_s(直流情况下);反之,短路时,电压源 u_s 发出的功率为 U_s^2/R_s(直流情况),电流源 i_s 发出的功率为零。可见两种模型对内不等效。

电源两种模型等效变换的结论可以进行推广,这样可以给分析电路带来方便。

推广一:如果一个电压源 u_s 和一个任意电阻 R 串联,可以将其等效为一个电流源 i_s 和电阻 R 并联,反之亦然,等效变换关系为 $i_s=Gu_s$,$G=1/R$。

电源等效变换的方法也可以推广到含受控源的电路。

推广二:如果一个受控的电压源 u 和一个任意电阻 R 串联,可以将其等效为一个受控的电流源 i 和电阻 R 并联,反之亦然,等效变换关系为 $i=Gu$,$G=1/R$。

今后,将一个电压源和一个电阻的串联电路称为有伴的电压源,一个电流源和一个电阻

的并联电路称为有伴的电流源,所以等效变换就可以称为有伴电源之间的变换,简称为电源变换。注意,无伴电压源和电流源之间不存在变换关系。

例 1-6　用电源变换求图 1-36(a)所示电路中的电压 u。

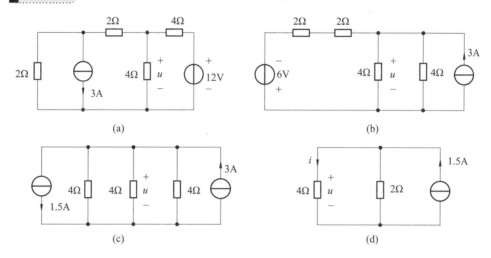

图 1-36　例 1-6 图

解　通过电源变换由图 1-36(a)依次可以得到图 1-36(b)、(c)、(d),然后根据图 1-36(d)用分流公式,有

$$i = \frac{2}{2+4} \times 1.5 \ \text{A} = 0.5 \ \text{A}, u = 4i = 4 \times 0.5 \ \text{V} = 2 \ \text{V}$$

或者

$$R_{\text{eq}} = \frac{2 \times 4}{2+4} \ \Omega = \frac{4}{3} \ \Omega, u = 1.5 \times R_{\text{eq}} = 1.5 \times \frac{4}{3} \ \text{V} = 2 \ \text{V}$$

◆　1.9.8　电阻 Y 连接和△连接电路的等效变换

实际中有这样一种电路,如图 1-37 所示的惠斯通电桥电路,它称为桥式电路。其中 R_1、R_2、R_3 和 R_4 所在的支路称为桥臂,R_5 支路称为桥支路。这种电路常被用于测量和控制电路中。若 R_5 支路中的电流为零(R_5 两端等电位),此时称为电桥平衡,平衡条件为 R_1R_3 $=R_2R_4$。如果电桥平衡,可以将 R_5 支路断开或短接,然后用串并联进行求解。若电桥不平衡,就不能用串并联的方法求解。由图 1-37 可以看出,电阻 R_1、R_4、R_5 和 R_2、R_3、R_5 为 Y 形连接(或称为星形连接),R_1、R_2、R_5 和 R_3、R_4、R_5 为△形连接(或称为三角形连接)。如果将 Y 形连接等效变换成△形连接或反之,就可以用串并联的方法求解桥式电路。本节将研究电阻为 Y 形和△形连接电路之间的等效变换关系,这种变换可简称为 Y-△变换。

图 1-38 是 Y 形和△形连接电路,其中图 1-38(a)、(b)分别为 Y 形和△形连接电路。

为了求取 Y-△的等效变换关系,根据多端电路等效的概念,即只要保持两个多端电路对应端子间的电压和对应端子上的电流不变,则一个电路就可以由另一个电路等效替换。为此,设图 1-38(a)中 3 个端子间的电压分别为 u_{12}、u_{23} 和 u_{31},流入 3 个端子的电流分别为 i_1、i_2 和 i_3;设图 1-38(b)中 3 个端子间的电压分别为 u'_{12}、u'_{23} 和 u'_{31},流入 3 个端子的电流分别为 i'_1、i'_2 和 i'_3。首先令对应端子间的电压相等,即 $u'_{12}=u_{12}$、$u'_{23}=u_{23}$ 和 $u'_{31}=u_{31}$,然后求出各端子上的电流并令它们分别对应相等,即 $i'_1=i_1$、$i'_2=i_2$ 和 $i'_3=i_3$,这样就可以得到等效变换关系。

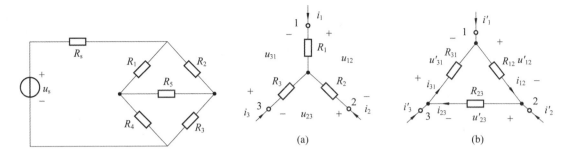

图 1-37　桥式连接电路　　　　图 1-38　Y 形和△形连接电路

对于△形连接电路,根据欧姆定律,有

$$i_{12} = \frac{u_{12}}{R_{12}}, i_{23} = \frac{u_{23}}{R_{23}}, i_{31} = \frac{u_{31}}{R_{31}}$$

再根据 KCL,有

$$i_1' = i_{12} - i_{31} = \frac{u_{12}}{R_{12}} - \frac{u_{31}}{R_{31}} \tag{1-36a}$$

$$i_2' = i_{23} - i_{12} = \frac{u_{23}}{R_{23}} - \frac{u_{12}}{R_{12}} \tag{1-36b}$$

$$i_3' = i_{31} - i_{23} = \frac{u_{31}}{R_{31}} - \frac{u_{23}}{R_{23}} \tag{1-36c}$$

对于 Y 形连接电路,根据 KCL、KVL 和欧姆定律,有

$$i_1 + i_2 + i_3 = 0$$
$$R_1 i_1 - R_2 i_2 = u_{12}$$
$$R_2 i_2 - R_3 i_3 = u_{23}$$

由此解出电流

$$i_1 = \frac{R_3 u_{12}}{R_1 R_2 + R_2 R_3 + R_3 R_1} - \frac{R_2 u_{31}}{R_1 R_2 + R_2 R_3 + R_3 R_1} \tag{1-37a}$$

$$i_2 = \frac{R_1 u_{23}}{R_1 R_2 + R_2 R_3 + R_3 R_1} - \frac{R_3 u_{12}}{R_1 R_2 + R_2 R_3 + R_3 R_1} \tag{1-37b}$$

$$i_3 = \frac{R_2 u_{31}}{R_1 R_2 + R_2 R_3 + R_3 R_1} - \frac{R_1 u_{23}}{R_1 R_2 + R_2 R_3 + R_3 R_1} \tag{1-37c}$$

根据等效的概念,令 $i_1' = i_1$、$i_2' = i_2$ 和 $i_3' = i_3$,则可以得到

$$R_{12} = \frac{R_1 R_2 + R_2 R_3 + R_3 R_1}{R_3} \tag{1-38a}$$

$$R_{23} = \frac{R_1 R_2 + R_2 R_3 + R_3 R_1}{R_1} \tag{1-38b}$$

$$R_{31} = \frac{R_1 R_2 + R_2 R_3 + R_3 R_1}{R_2} \tag{1-38c}$$

式(1-38)就是由 Y 形到△形连接的变换公式。为了帮助记忆,该式可归纳为

$$\triangle \text{ 形电阻} = \frac{\text{Y 形电阻两两乘积之和}}{\text{Y 形不相邻的电阻}}$$

下面求由△形到 Y 形连接的变换公式。将式(1-38)的 3 式相加,并在右边通分,得

$$R_{12} + R_{23} + R_{31} = \frac{(R_1 R_2 + R_2 R_3 + R_3 R_1)^2}{R_1 R_2 R_3}$$

然后由式(1-38)得 $R_1R_2+R_2R_3+R_3R_1=R_{12}R_3=R_{31}R_2$,并分别代入上式,得

$$R_1 = \frac{R_{12}R_{31}}{R_{12}+R_{23}+R_{31}} \tag{1-39a}$$

$$R_2 = \frac{R_{23}R_{12}}{R_{12}+R_{23}+R_{31}} \tag{1-39b}$$

$$R_3 = \frac{R_{31}R_{23}}{R_{12}+R_{23}+R_{31}} \tag{1-39c}$$

该式就是△形到 Y 形连接的变换公式,它们可以归纳为

$$Y\ 形电阻 = \frac{\triangle\ 形相邻电阻乘积}{\triangle\ 形电阻之和}$$

当 $R_1=R_2=R_3=R_Y$、$R_{12}=R_{23}=R_{31}=R$ 时,称 Y 形和△形电路是对称的,根据式(1-38),有

$$R_\triangle = 3R_Y, R_Y = R_\triangle/3 \tag{1-40}$$

例 1-7 电路如图 1-39(a)所示,用 Y-△变换求电路中的电流 i。

解 图 1-39(a)为桥形电路,通过 Y-△变换将 a、b、c 点所构成的△形电路变换成 Y 形电路,结果如图 1-39(b)所示。根据式(1-39),有

$$R_1 = \frac{4\times2}{2+3+4}\ \Omega = \frac{8}{9}\ \Omega, R_2 = \frac{4}{3}\ \Omega, R_3 = \frac{2}{3}\ \Omega$$

再根据串并联关系求出 $a-d$ 两端的等效电阻 $R_{ad}=4.86\ \Omega$,则

$$i = \frac{20}{5+R_{ad}} = \frac{20}{5+4.86}\ A = 2.03\ A$$

也可以先将 Y 形电路转换成△形电路,然后求解。

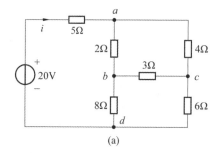
(a)

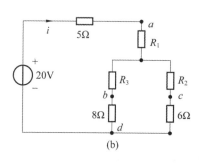
(b)

图 1-39 例 1-7 图

 本章小结

通过本章的学习,使学生掌握电路和电路模型、电流、电压、功率和电能、电阻元件和欧姆定律、电压源和电流源、基尔霍夫定律、简单电阻电路的分析,了解受控源。

本章习题

1-1　电路如题图 1-1 所示。求：(1) 电流 I_1、I_2、I_3；(2) 各个独立电源发出的功率；(3) 判断电路是否满足功率守恒？

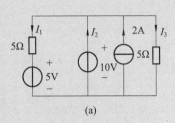 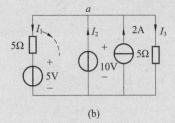

题图 1-1

1-2　题图 1-2 中各元件的电流及电压的参考方向已经给定，试计算：

(1) 三个无源元件的支路电流或电压；

(2) 各元件所吸收的功率。

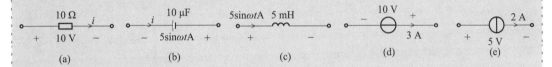

题图 1-2

1-3　试计算题图 1-3 所示各电路中的元件端电压 u 与支路电流 i，以及电路中两理想电源发出的功率，并说明哪些电源实际上是发出功率，哪些电源实际上是吸收功率。

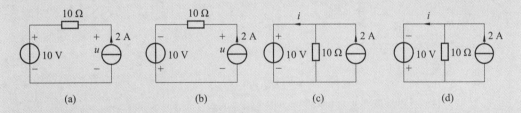

题图 1-3

1-4　一个额定功率 0.25 W，电阻值为 10 kΩ 的电阻，使用时所能允许施加的最大端电压和所能通过的最大电流分别是多少？

1-5　一个手电筒用干电池，不接负载灯泡时用内电阻可近似看作无穷大的精密电压表测得其端电压为 3 V，接通 10 Ω 灯泡电阻后测得其端电压为 2.8 V。试求：

(1) 干电池的内电阻；

(2) 干电池内部消耗的功率和实际发出的功率。

1-6　电路如题图 1-6 所示，求电流 I 和电压 U。

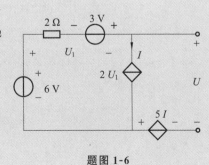

题图 1-6

1-7 电路如题图 1-7 所示,求电路中的 u 和 i,并验证功率守恒。

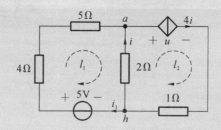

题图 **1-7**

1-8 题图 1-8 所示电路中,试求:

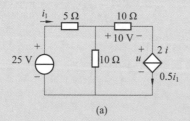 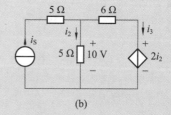

       (a)   (b)

题图 **1-8**

(1)题图 1-8(a)所示电路中电流源的端电压 u 和电阻 R 的值。

(2)题图 1-8(b)所示电路中电流源的电流值。

1-9 试利用基尔霍夫定律计算:

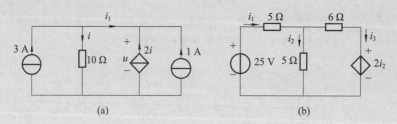

       (a)   (b)

题图 **1-9**

(1) 题图 1-9(a)所示电路中受控电流源的端电压。

(2) 题图 1-9(b)所示电路中各支路的电流。

1-10 电路如题图 1-10 所示,试求各支路电流。

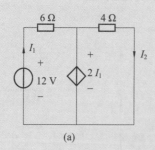 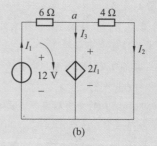

       (a)   (b)

题图 **1-10**

1-11 试求题图1-11所示电路中电流I。

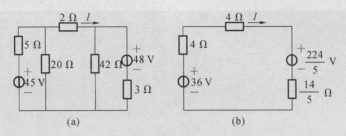

(a)   (b)

题图 1-11

1-12 试采用串并联的方法计算题图1-12所示电路的各支路电流。

1-13 试计算题图1-13所示电路的电流I。

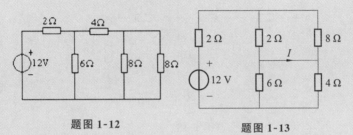

题图 1-12   **题图 1-13**

1-14 试题计算题图1-14所示电路的等效电阻。

1-15 试题计算题图1-15所示电路的等效电阻。

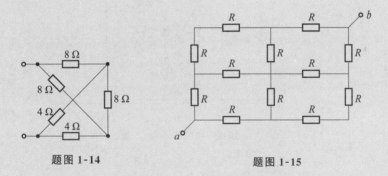

题图 1-14   **题图 1-15**

1-16 试用电源等效变换的方法计算题图1-16所示电路中与电流源并联的$4\ \Omega$电阻的电流i。

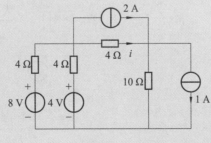

题图 1-16

1-17 试求题图1-17所示各电路的最简等效电路。

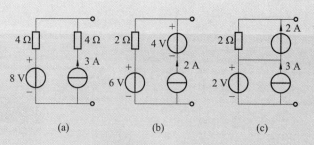

(a)   (b)   (c)

题图 1-17

1-18　试计算题图 1-18 所示含受控源电路的输入电阻。

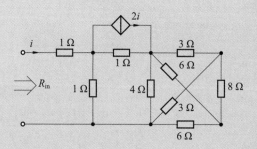

题图 1-18

1-19　试求题图 1-19 所示电路 a、b 两端右侧部分的输入电阻 R_{in} 和支路电流 i。

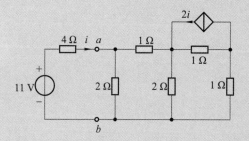

题图 1-19

1-20　试求题图 1-20 所示电路的输出电压 u_o。

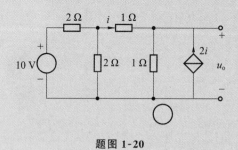

题图 1-20

第 **2** 章 直流电路及基本分析法

本章介绍了电路的拓扑关系、支路电流法、网孔电流法、回路电流法和节点分析法的应用,并介绍了线性电路、叠加定理、齐次定理、戴维南定理和最大功率传输。本章应重点掌握电路的 KCL 和 KVL 方程的独立性、电路分析方法的应用以及各种定理的内容及应用。

2.1 电路的拓扑关系

◆ 2.1.1 基本概念

1. 图(graph)

图是节点和支路的集合。支路用线段表示,支路和支路的连接点称为节点。

注意:

(1) 图中允许独立的节点存在,即没有支路和该节点相连,独立节点也称为孤立节点。

(2) 在图中,任何支路的两端必须落在节点上;如果移去一个节点,就必须把和该节点相连的所有支路均移去;移去一条支路则不影响和它相连的节点(若将和某一节点相连的所有支路均移去,则该节点就变成孤立节点)。

(3) 若一条支路和某节点相连称该支路和该节点关联,和一个节点所连的所有支路称为这些支路和该节点关联。

例如,图 2-1 中,图 G_1 有 4 个节点、6 条支路;图 G_2 中有 5 个节点 5 条支路,节点⑤是孤立节点。如果在 G_1 中移去节点④则和它关联的支路(3,5,6)均要移去,这样 G_1 就变成图 2-1(c)所示的 G_3;如果在 G_1 中分别移去支路 2、3、6(和它们关联的节点不能移去),则 G_1 就变成图 2-1(d)所示的 G_4。

2. 连通图

图 G 中任意两个节点之间至少存在一条路径,则称该图为连通图。

例如,图 2-1 中的图 G_1、G_3 和 G_4 是连通图,而图 G_2 不是连通图(因为没有一条路径可以到达节点⑤)。

3. 回路

如果一条路径的起点和终点重合,且经过的其他节点都相异,则这条闭合路径就构成图 G 的一个回路。

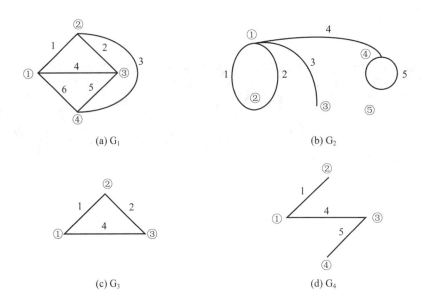

(a) G₁   (b) G₂

(c) G₃   (d) G₄

图 2-1　图的概念说明图

例如,图 2-1 中,图 G_2 中的支路 5 不是回路,图 G_3 就是一个回路,图 G_4 中没有回路,图 G_1 中支路 (1,2,4)、(4,5,6)、(2,3,5)、(1,2,5,6) 和 (1,3,6) 分别构成回路。

4. 树(tree)

树是指包含所有节点且不存在回路的连通图。其特点为:① 连通的;② 包含全部节点;③ 不包含回路。

例如,图 2-1 中的图 G_2 中不可能得到一个树 T,因为它是不连通的;图 2-1 中图 G_4 是图 G_1 的一个树,因为它包括了图 G_1 的所有节点并且是连通的,如果移去树中的任一条支路,树 T 的图就被分成两个部分。例如移去支路 1、4、5 中的任何一个,图 G_4 就被分成两个部分。

5. 树支和连支

树支:够成树的各个支路;连支:除去树支外的支路。

例如,图 2-1 中,图 G_4 是图 G_1 的一个树 T,树支为 1、4、5 支路,连支为 2、3、6 支路,树支数和连支数均为 3。在图 G_1 中,可以找到其他不同的树,如由支路 1、4、6 构成的树和由支路 2、4、5 构成的树等。

例如,图 2-1 中,选图 G_4 作为图 G_1 的一个树 T,如在 G_4 中分别补入连支 2、3 和 6,就得到 3 个不同的回路,即回路 (2,1,4)、回路 (3,5,4,1) 和回路 (6,4,5),它们都是单连支回路,所以它们是图 G_1 的基本回路(3 个)。

6. 基本回路组

连通图 G 的所有基本回路称为基本回路组,基本回路组是独立回路组。

7. 有向图

图中每条支路上都标有一个方向,则称图 G 为有向图。

2.1.2　电路模型与图的关系

将电路中的支路用图中的支路表示,电路中的节点保持不变,这样一个电路模型就可以转换成对应的图。

例如,图 2-2(a)所示的电路可以转换成图 2-2(b)所示的图 G。转换后的图 G 有 4 个节点、6 条支路。可见,由一个完整的电路所转换成的图 G 均是连通的。

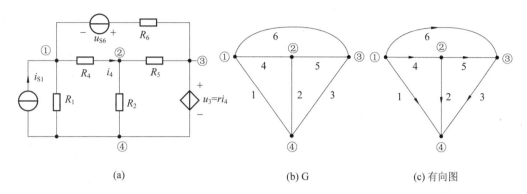

图 2-2　电路模型到图的例子

给图中的各支路赋予参考方向,就形成了有向图,如图 2-2(c)所示。有了电路的有向图以后,就可以列出图中所有节点上的 KCL 方程和所有回路的 KVL 方程。

2.2　电路的 KCL、KVL 方程的独立性

◆ 2.2.1　KCL 方程的独立性

如图 2-2(c)所示,对节点①、②、③、④分别列出 KCL 方程为

$$i_1 + i_4 + i_6 = 0$$
$$i_2 - i_4 + i_5 = 0$$
$$i_3 - i_5 - i_6 = 0$$
$$-i_1 - i_2 - i_3 = 0$$

将这 4 个方程相加,其结果为 0＝0,这说明上述 4 个 KCL 方程是非独立的(线性相关的),即任何一个方程可以由其他 3 个方程线性表示。如果在以上 4 个方程中任意去掉一个方程,例如去掉第 4 个方程,剩余 3 个方程相加的结果为 $i_1 + i_2 + i_3 \neq 0$。可见,剩余的 3 个方程彼此就是独立的。

推而广之,n 个节点的所有 KCL 方程之和为

$$\sum_{k=1}^{n} \left(\sum i \right)_k = \sum_{j=1}^{b} \left[(+i_j) + (-i_j) \right] \equiv 0$$

是非独立的(线性相关),如果在 n 个 KCL 方程中任意去掉 1 个,则剩余的 $(n-1)$ 个方程之和不等于零,即剩余的 $(n-1)$ 个方程是相互独立的。这 $(n-1)$ 个方程也是 n 个 KCL 方程中最大的线性无关方程的个数。

◆ 2.2.2　KVL 方程的独立性

一个有 n 个节点 b 条支路的连通图 G,其中的基本回路或独立回路的个数为 $[b-(n-1)]$。对于有 n 个节点 b 条支路的有向图或电路,任何树的树支数是 $(n-1)$,连支数是 $[b-(n-1)]$。如果所有回路均是单连支回路,并且和所有连支一一对应,则这些回路

就是基本回路,基本回路是彼此独立的,则基本回路对应的 KVL 方程相互之间是独立的。

设独立方程数的个数为 l,它等于连支数的个数,即 $l=b-(n-1)$。

对于有 n 个节点 b 条支路的电路,设独立回路数为 $l=[b-(n-1)]$,则

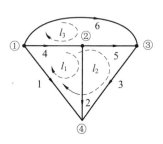

图 2-3 基本回路的 KVL 方程

$$\sum_{k=1}^{l}\left(\sum u\right)_k \neq 0$$

该式说明,将 l 个独立的 KVL 方程相加,其结果必不等于零。若电路中任意数目的回路数 $g>l$,g 个 KVL 方程之间不是彼此独立的,所以 l 是具有 n 个节点 b 条支路电路的最大线性无关的 KVL 方程个数。

例如,如图 2-3 所示,设支路 1、4、5 为树支,则连支为 2、3、6 支路,这样所有的单连支(独立)回路为 (2,1,4)、(3,1,4,5)、(6,5,4)。如图 2-3 所示,分别定义它们为回路 l_1、l_2 和 l_3,设所有回路的绕行方向均为顺时针方向,则 KVL 方程依次为

$$u_2 - u_1 + u_4 = 0 \tag{2-1a}$$

$$u_3 - u_1 + u_4 + u_5 = 0 \tag{2-1b}$$

$$u_6 - u_4 - u_5 = 0 \tag{2-1c}$$

如果再列出回路 (2,3,5) 的 KVL 方程

$$u_2 - u_3 - u_5 = 0 \tag{2-1d}$$

则上述 4 个方程是非独立的,因为根据式(2-1a)和式(2-1b)可得到式(2-1d)。

2.3 支路电流法

2.3.1 分析电路的基本思路

由前面的分析知道,对于具有 n 个节点 b 条支路的电路,可以列出 $(n-1)$ 个独立的 KCL 方程和 $[b-(n-1)]$ 个独立的 KVL 方程,支路上的 VCR 方程是 b 个,则方程总数为 $2b$ 个。利用这 $2b$ 个方程可以求出电路中 $2b$ 个响应,所以该方法也称为 $2b$ 法。

2.3.2 支路电流法

1.思路

为了减少方程数,先以 b 条支路电流为未知变量,列出 $(n-1)$ 个 KCL 方程,再用支路电流表示 $[b-(n-1)]$ 个 KVL 方程,这样就得到 b 个关于支路电流的方程,然后利用支路上的 VCR 求出 b 条支路上的电压,所以该方法称为支路电流法,简称支路法。

2.具体步骤

步骤 1:设变量,即设支路电流 $i_1, i_2, \cdots, i_b$;

步骤 2:列 $(n-1)$ 个 KCL 方程;

步骤 3:列出 $[b-(n-1)]$ 个 KVL 方程,用支路电流表示支路电压;

步骤 4:求解 b 个方程,得出支路电流 $i_1, i_2, \cdots, i_b$;

步骤 5:利用支路上的 VCR 求出 b 条支路的电压。

例如,图 2-4(a)所示电路,该电路所对应的有向图如图 2-4(b)所示,图中节点数 $n=4$,支路数 $b=6$。

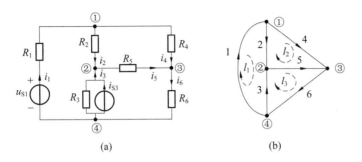

(a)　　　　　　　　　　　　　(b)

图 2-4　支路电流法

设支路电流 i_1、i_2、i_3、i_4、i_5 和 i_6,列出节点①、②和③的 KCL 方程(去掉节点④),即

$$\begin{cases} -i_1 + i_2 + i_4 = 0 \\ -i_2 - i_3 + i_5 = 0 \\ -i_4 - i_5 + i_6 = 0 \end{cases} \tag{2-2}$$

由图 2-4 可知各支路的电压分别为 u_1、u_2、u_3、u_4、u_5 和 u_6。在图 2-4(b)中选树(支路 2、3、5),连支为 1、4、6,则单连支回路分别为回路 l_1、l_2 和 l_3(如图 2-4(b)所示,绕行方向为顺时针),则 3 个独立回路方程分别为

$$\begin{cases} u_1 + u_2 - u_3 = 0 \\ u_4 - u_5 - u_2 = 0 \\ u_6 + u_3 + u_5 = 0 \end{cases} \tag{2-3}$$

根据图 2-4(a)所示的电路图,写出各支路的 VCR 方程,即

$$\begin{cases} u_1 = -u_{s1} + R_1 i_1 \\ u_2 = R_2 i_2 \\ u_3 = R_3 i_3 - R_3 i_{s3} \\ u_4 = R_4 i_4 \\ u_5 = R_5 i_5 \\ u_6 = R_6 i_6 \end{cases} \tag{2-4}$$

将式(2-4)代入式(2-3),并整理得

$$\begin{cases} R_1 i_1 + R_2 i_2 - R_3 i_3 = u_{s1} - R_3 i_{s3} \\ -R_2 i_2 + R_4 i_4 - R_5 i_5 = 0 \\ R_3 i_3 + R_5 i_5 + R_6 i_6 = R_3 i_{s3} \end{cases} \tag{2-5}$$

式(2-2)和式(2-5)就是图 2-4(a)所示电路的支路电流方程,用克莱姆法则(或矩阵方法)求解这个 6 维方程就可以得到支路电流 i_1、i_2、i_3、i_4、i_5 和 i_6。再利用式(2-4)还可求出支路的电压 u_1、u_2、u_3、u_4、u_5 和 u_6。

可以将式(2-5)归纳成如下的形式

$$\sum R_k i_k = \sum u_{sk} \tag{2-6}$$

该式左边是每个回路中所有支路电阻上电压的代数和,若第 k 个支路电流的参考方向和回路方向一致,i_k 前取正,反之取负;该式的右边是每个回路中所有支路电压源电压的代数和,若第 k 个支路电压源的参考方向和回路方向一致,u_{sk} 前取负,反之取正。

2.4 网孔电流法和回路电流法

◆ 2.4.1 基本概念

对电路所对应的图 G 而言,如果图 G 中支路和支路之间(进行变换后)除了节点以外没有交叉点,这样的图称为平面图,所对应的电路称为平面电路,否则称为非平面图或非平面电路。例如,图 2-5(a)是一个平面图,图 2-5(b)是一个非平面图。

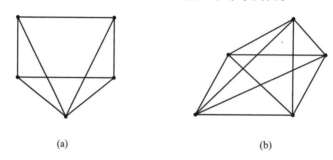

(a)   (b)

图 2-5　平面图和非平面图

◆ 2.4.2 网孔电流法

对于平面电路而言,网孔的个数等于基本回路的个数,因此,网孔上的 KVL 方程是相互独立的。

1. 网孔电流

网孔电流是指假想的沿网孔边界流动的电流。

设平面电路有 m 个网孔,网孔电流的个数就等于独立回路的个数 $[m=b-(n-1)]$,电路中所有支路电流可以用它们来表示。即网孔电流是一组独立的完备的电流变量。

2. 网孔电流方程

如图 2-4(a)所示的电路,将支路 3 经电源变换后如图 2-6(a)所示,图中 $u_{s3}=R_3i_{s3}$,图 2-6(b)是它的有向图。

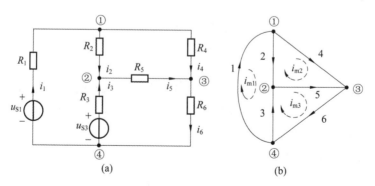

图 2-6　网孔电流法

该电路有 3 个网孔,设网孔电流分别为 i_{m1}、i_{m2}、i_{m3},如图 2-6(b)所示。根据 KCL,每个支路的电流可以用网孔电流表示,即

$$\begin{cases} i_1 = i_{m1} \\ i_2 = i_{m1} - i_{m2} \\ i_3 = i_{m3} - i_{m1}, i_4 = i_{m2} \\ i_5 = i_{m3} - i_{m2} \\ i_6 = i_{m3} \end{cases} \quad (2\text{-}7)$$

将式(2-7)代入式(2-5)中(注意 $u_{s3} = R_3 i_{s3}$)并整理得

$$\begin{cases} (R_1 + R_2 + R_3)i_{m1} - R_2 i_{m2} - R_3 i_{m3} = u_{s1} - u_{s3} \\ -R_2 i_{m1} + (R_2 + R_4 + R_5)i_{m2} - R_5 i_{m3} = 0 \\ -R_3 i_{m1} - R_5 i_{m2} + (R_3 + R_5 + R_6)i_{m3} = u_{s3} \end{cases} \quad (2\text{-}8)$$

在式(2-8)中,令 $R_{11} = R_1 + R_2 + R_3$,$R_{12} = -R_2$,$R_{13} = -R_3$,$\cdots$,等,则得到网孔电流的一般方程为

$$\begin{cases} R_{11} i_{m1} + R_{12} i_{m2} + R_{13} i_{m3} = u_{s11} \\ R_{21} i_{m1} + R_{22} i_{m2} + R_{23} i_{m3} = u_{s22} \\ R_{31} i_{m1} + R_{32} i_{m2} + R_{33} i_{m3} = u_{s33} \end{cases} \quad (2\text{-}9)$$

式中:$R_{kk}(k=1,2,3)$ 称为自阻,它是第 k 个网孔中所有电阻之和,如果网孔的绕行方向和网孔电流方向一致,则自阻总为正;$R_{jk}(j,k=1,2,3;j \neq k)$ 称为互阻,它是 j、k 两个网孔中共有的电阻,如果所有网孔电流的绕行方向一致(顺时针或逆时针),互阻总为负;在无受控源的电路中有 $R_{jk} = R_{kj}$;u_{Skk} 是第 k 个网孔中所有电压源电压的代数和。

推而广之,对于有 m 个网孔的平面电路,设网孔电流为 $i_{m1}, i_{m2}, \cdots, i_{mm}$,则网孔电流方程的一般形式为

$$\begin{cases} R_{11} i_{m1} + R_{12} i_{m2} + \cdots + R_{1m} i_{mm} = u_{s11} \\ R_{21} i_{m1} + R_{22} i_{m2} + \cdots + R_{2m} i_{mm} = u_{s22} \\ R_{m1} i_{m1} + R_{m2} i_{m2} + \cdots + R_{mm} i_{mm} = u_{smm} \end{cases} \quad (2\text{-}10)$$

式中:$R_{kk}(k=1,2,\cdots,m)$ 称为网孔 k 的自阻;$R_{jk}(j,k=1,2,\cdots,m;j \neq k)$ 称为网孔 k 和 j 的互阻;u_{Skk} 是第 k 个网孔中所有电压源电压的代数和。它们正负的取法和上述相同。

3. 应用网孔电流法的一般步骤

应用网孔电流法的具体步骤可归纳如下:

步骤 1:设变量,即网孔电流 $i_{m1}, i_{m2}, \cdots, i_{mm}$;

步骤 2:求出所有 R_{kk}、R_{jk} 和 u_{skk}(注意正负)代入式(2-10),或直接列出网孔电流方程;

步骤 3:求解得出网孔电流;

步骤 4:用网孔电流求得各支路电流或电压。

例 2-1 电路如图 2-7 所示,根据网孔电流法求电路中的 i_2、i_3。

解 设网孔电流 i_{m1}、i_{m2}、i_{m3} 如图 2-7 所示;求自阻,$R_{11} = 15\ \Omega$,$R_{22} = 20\ \Omega$,$R_{33} = 6\ \Omega$,求互阻,$R_{12} = R_{21} = -10\ \Omega$,$R_{13} = R_{31} = 0\ \Omega$,$R_{23} = R_{32} = -4\ \Omega$;求 u_{skk},$u_{s11} = (15-10)\ \text{V} = 5\ \text{V}$,$u_{s22} = 10\ \text{V}$,$u_{s33} = 5\ \text{V}$。代入式(2-10),即

$$15 i_{m1} - 10 i_{m2} = 5$$

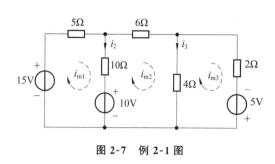

图 2-7 例 2-1 图

$$-10i_{m1} + 20i_{m2} - 4i_{m3} = 10$$
$$-4i_{m2} + 6i_{m3} = 5$$

解之得 $i_{m1} = 1.375$ A, $i_{m2} = 1.5625$ A, $i_{m3} = 1.875$ A; 根据 KCL, 有

$$i_2 = i_{m1} - i_{m2} = -0.1875 \text{ A}$$
$$i_3 = i_{m2} - i_{m3} = -0.3125 \text{ A}$$

用所计算的结果可以进行检验。例如在第 2 个网孔中根据 KVL 有

$$-10 - 10 \times (-0.1875) + 6 \times 1.5625 + 4 \times (-0.3125) = 0 \text{ V}$$

可见答案是正确的。

4. 网孔电流法特殊情况的处理

1) 含无伴电流源电路的网孔电流法

如果电路中含有无伴的电流源支路，由于电流源的端电压为未知量，处理方法是设它的端电压为 u，这样就多出一个电压变量，由于无伴电流源的电流为已知，可以增加一个电流方程（或电流约束）。

2) 含受控源电路的网孔电流法

如果电路中含有受控源支路，可先将受控源当作独立源，然后再补充受控量方程，使方程总数增加。

2.4.3 回路电流法

网孔法只适用于平面电路，而回路法既适用于平面电路也适用于非平面电路。

1. 基本回路

对于任意电路所对应的图而言，当选定树以后，由单连支确定的回路是基本回路，根据基本回路所列的 KVL 方程是相互独立的。

2. 回路电流

回路法是以回路电流 i_l 为未知变量，变量的个数等于基本回路的个数 $[l = b - (n-1)]$，即回路电流分别为 $i_{l1}, i_{l2}, \cdots, i_{ll}$。和网孔电流相同，回路电流也是一种假想电流，而每个支路上的电流同样可以用这些假想的电流表示。

例如在图 2-8 所示的有向图中，选树为支路 4、2、3，则连支为支路 1、5、6，对应的基本回路如图 2-8 所示。

设回路电流分别为 i_{l1}、i_{l2} 和 i_{l3}，由图 2-8 可知回路电流等于对应的连支电流，即 $i_1 = i_{l1}$、$i_5 = i_{l2}$、$i_6 = i_{l3}$，根据 KCL，即

$$i_3 = i_5 + i_6 = i_{l2} + i_{l3}$$
$$i_2 = -i_4 - i_5 = -i_{l1} - i_{l2} - i_{l3}$$
$$i_4 = -i_1 - i_6 = -i_{l1} - i_{l3}$$

可见，所有支路电流均可以用假设的回路电流表示。

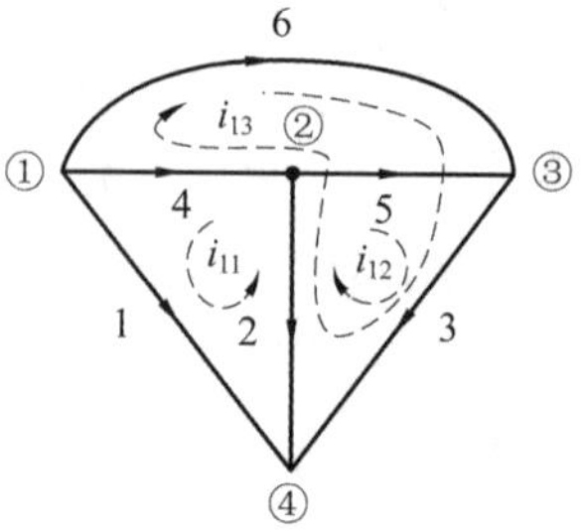

图 2-8 回路电流和支路
电流的关系

3. 回路电流的一般方程

回路电流和网孔电流不同的是网孔电流是平面电路网孔中的假想电流，而回路电流是

回路中的假想电流。可以想象两者方程的结构是相同的。对于有 n 个节点 b 条支路的电路,设回路电流为 $i_{l1},i_{l2},\cdots,i_{ll}$,$l=b-(n-1)$,将式(2-10)中的下标改成 l,即得回路电流方程的一般形式为

$$
\begin{cases}
R_{11}i_{l1}+R_{12}i_{l2}+\cdots+R_{1l}i_{ll}=u_{s11} \\
R_{21}i_{l1}+R_{22}i_{l2}+\cdots+R_{2l}i_{ll}=u_{s22} \\
R_{l1}i_{l1}+R_{l2}i_{l2}+\cdots+R_{ll}i_{ll}=u_{sll}
\end{cases}
\tag{2-11}
$$

式中:$R_{kk}(k=1,2,\cdots,l)$ 称为回路 k 的自阻,自阻 R_{kk} 总为正;$R_{jk}(j,k=1,2,\cdots,l;j\neq k)$ 称为回路 k 和 j 的互阻,互阻 R_{jk} 可正可负(当 j、k 回路的电流 i_j 和 i_k 在互阻 R_{jk} 上的方向相同时,互阻取正,反之取负),在无受控源的电路中有 $R_{jk}=R_{kj}$;u_{skk} 是第 k 个回路中所有电压源电压的代数和。u_{skk} 是第 k 个回路中所有电压源电压的代数和,如果回路绕行方向和所经过支路电压源电压方向相反,该电压源取正,反之取负。

4. 回路电流法步骤

步骤 1:在电路(或对应的图)中选树,确定连支并设回路电流 $i_{l1},_{l2},\cdots,i_{ll}$,回路电流和连支电流一一对应;

步骤 2:求出所有 R_{kk}、R_{jk} 和 u_{Skk}(注意正负),代入式(2-11)或直接列出回路电流方程;

步骤 3:求解得出回路电流;

步骤 4:用回路电流求得各支路电流或电压。

5. 特殊情况处理

对于含有无伴电流源和受控源的情况,处理方法和网孔电流法相同。

例 2-2 电路如图 2-9(a)所示,列出回路方程。

解 画出电路所对应的有向图,如图 2-9(b)所示。设树为支路 2、4、6,连支为支路 1、3、5,连支对应的回路如图 2-9(b)所示,并设回路电流变量分别为 i_{l1}、i_{l2} 和 i_{l3};自阻 $R_{11}=R_1+R_2+R_4+R_6$,$R_{22}=R_2+R_3+R_4$,$R_{33}=R_4+R_5+R_6$,互阻 $R_{12}=R_{21}=-(R_2+R_4)$、$R_{13}=R_{31}=-(R_4+R_6)$,$R_{23}=R_{32}=R_4$,$u_{S11}=u_{S1}-u_{S6}$、$u_{S22}=0$,$u_{S33}=u_{S6}$;将它们代入式(2-11)得

$$(R_1+R_2+R_4+R_6)i_{l1}-(R_2+R_4)i_{l2}-(R_4+R_6)i_{l3}=u_{S1}-u_{S6}$$
$$-(R_2+R_4)i_{l1}+(R_2+R_3+R_4)i_{l2}+R_4i_{l3}=0$$
$$-(R_4+R_6)i_{l1}+R_4i_{l2}+(R_4+R_5+R_6)i_{l3}=u_{S6}$$

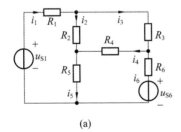

(a)

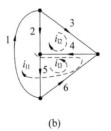

(b)

图 2-9 例 2-2 图

例 2-3 电路如图 2-10(a)所示,列出回路方程并整理。

解 画出电路所对应的有向图,如图 2-10(b)所示。设树为支路 2、6、7、8,连支为支路 1、5、3、4,回路如图 2-10(b)所示,设回路电流分别为 i_{l1}、i_{l2}、i_{l3} 和 i_{l4}。在图 2-10(a)中,支路 4

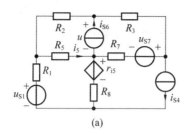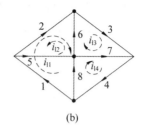

图 2-10 例 2-3 图

和 6 是无伴的电流源,由于 $i_{14}=i_{s4}$,所以设 i_{s6} 两端的电压为 u,然后才可列回路方程;支路 8 中有一个 CCVS,先将其按独立源对待。不用先求出自阻、互阻和 u_{skk},可以直接列写方程,则有

回路 1: $\qquad (R_1+R_2+R_8)i_{l1}-R_2i_{l2}+u-R_8i_{l4}=u_{s1}-ri_5$

回路 2: $\qquad -R_2i_{l1}+(R_2+R_5)i_{l2}-u=0$

回路 3: $\qquad -u+(R_3+R_7)i_{l3}-R_7i_{l4}=-u_{s7}$

回路 4: $\qquad i_{l4}=i_{s4}$

因为有无伴电流源 i_{s6},新增一个变量 u,所以增加的附加约束为

$$-i_{l1}+i_{l2}+i_{l3}=i_{s6}$$

将支路 8 的控制量 i_5 用回路电流表示,即 $i_5=i_{l2}$,代入回路 1 方程,整理得

$$(R_1+R_2+R_8)i_{l1}+(r-R_2)i_{l2}+u-R_8i_{l4}=u_{s1}$$

由该式和回路 2 式可以看出 $R_{12}\neq R_{21}$,所以在有受控源的电路中,部分互阻将不相等。可以进一步整理以上式子,即消去新增变量 u,得

$$(R_1+R_8)i_{l1}+(r+R_5)i_{l2}-R_8i_{l4}=u_{s1}$$

$$R_2i_{l1}-(R_2+R_5)i_{l2}+(R_3+R_7)i_{l3}-R_7i_{l4}=-u_{s7}$$

$$i_{l4}=i_{s4}$$

$$-i_{l1}+i_{l2}+i_{l3}=i_{s6}$$

消去新增变量 u 的过程是避开无伴电流源的过程,也可以通过电路图直接得到。

2.5 节点电压法

◆ 2.5.1 思路

对于有 n 个节点的电路,去掉任意一个节点,对剩余的 $(n-1)$ 个节点所列的 KCL 方程是彼此独立的。节点法则是以去掉的那个节点为参考点(零电位点),设剩余 $(n-1)$ 个节点到参考点的电压为变量,这些变量称为节点电压。显然,变量的个数为 $(n-1)$,即 u_{n1},u_{n2},$\cdots$,$u_{n(n-1)}$。用节点电压可以表示支路电压,进而可以表示支路电流。

◆ 2.5.2 节点电压方程

如图 2-11(a)所示电路,图 2-11(b)是对应的有向图。

选节点④为参考点,设节点①、②、③到参考点的电压,即节点电压分别为 u_{n1}、u_{n2}、u_{n3},如图 2-11(b)所示。由图 2-11(b)可知 $u_1=u_{n1}$、$u_2=u_{n2}$、$u_3=u_{n3}$,再由 KVL 得出

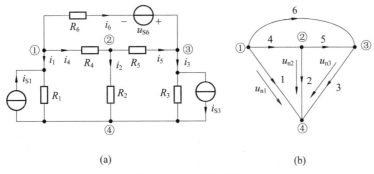

(a)   (b)

图 2-11　节点电压法

$$u_4 = u_1 - u_2 = u_{n1} - u_{n2}$$

$$u_5 = u_2 - u_3 = u_{n2} - u_{n3}$$

$$u_6 = u_1 - u_3 = u_{n1} - u_{n3}$$

可见，节点电压可以表示每条支路上的电压。根据支路的 VCR 和以上诸式，可以用节点电压表示图 2-11(a)中每条支路上的电流，即

$$\begin{cases} i_1 = \dfrac{u_1}{R_1} - i_{S1} = \dfrac{u_{n1}}{R_1} - i_{s1} \\[2mm] i_2 = \dfrac{u_2}{R_2} = \dfrac{u_{n2}}{R_2} \\[2mm] i_3 = \dfrac{u_3}{R_3} + i_{S3} = \dfrac{u_{n3}}{R_3} + i_{s3} \\[2mm] i_4 = \dfrac{u_4}{R_4} = \dfrac{u_{n1} - u_{n2}}{R_4} \\[2mm] i_5 = \dfrac{u_5}{R_5} = \dfrac{u_{n2} - u_{n3}}{R_5} \\[2mm] i_6 = \dfrac{u_6 + u_{S6}}{R_6} = \dfrac{u_{n1} - u_{n3} + u_{s6}}{R_6} \end{cases} \tag{2-12}$$

对节点①、②、③列出 KCL 方程，即

$$\begin{cases} i_1 + i_4 + i_6 = 0 \\ i_2 - i_4 + i_5 = 0 \\ i_3 - i_5 - i_6 = 0 \end{cases} \tag{2-13}$$

将式(2-12)代入式(2-13)，整理得

$$\begin{cases} (\dfrac{1}{R_1} + \dfrac{1}{R_4} + \dfrac{1}{R_6})u_{n1} - \dfrac{1}{R_4}u_{n2} - \dfrac{1}{R_6}u_{n3} = i_{S1} - \dfrac{u_{s6}}{R_6} \\[2mm] -\dfrac{1}{R_4}u_{n1} + (\dfrac{1}{R_2} + \dfrac{1}{R_4} + \dfrac{1}{R_5})u_{n2} - \dfrac{1}{R_5}u_{n3} = 0 \\[2mm] -\dfrac{1}{R_6}u_{n1} - \dfrac{1}{R_5}u_{n2} + (\dfrac{1}{R_3} + \dfrac{1}{R_5} + \dfrac{1}{R_6})u_{n3} = -i_{S3} + \dfrac{u_{s6}}{R_6} \end{cases} \tag{2-14}$$

该式就是图 2-11(a)所示电路的节点电压方程。将式(2-14)中的 1/R 写成电导的形式，则有

$$\begin{cases} (G_1 + G_4 + G_6)u_{n1} - G_4 u_{n2} - G_6 u_{n3} = i_{S1} - G_6 u_{s6} \\ -G_4 u_{n1} + (G_2 + G_4 + G_5)u_{n2} - G_5 u_{n3} = 0 \\ -G_6 u_{n1} - G_5 u_{n2} + (G_3 + G_5 + G_6)u_{n3} = -i_{s3} + G_6 u_{s6} \end{cases} \tag{2-15}$$

式中:$G_1,G_2,\cdots,G_6$ 分别是各支路的电导。在式(2-15)中分别令 $G_{11}=G_1+G_4+G_6$，$G_{12}=$ $-G_4$，$G_{13}=-G_6$，$\cdots$，等，则式(2-15)变为

$$\begin{cases} G_{11}u_{n1}+G_{12}u_{n2}+G_{13}u_{n3}=i_{s11} \\ G_{21}u_{n1}+G_{22}u_{n2}+G_{23}u_{n3}=i_{s22} \\ G_{31}u_{n1}+G_{32}u_{n2}+G_{33}u_{n3}=i_{s33} \end{cases} \qquad (2\text{-}16)$$

式中:$G_{kk}(k=1,2,3)$ 称为自导,它是第 k 个节点所连的所有电导之和,总为正;$G_{jk}(j,k=1,2,3;j\neq k)$ 称为互导,它是 j,k 两个节点之间的电导,总为负;i_{Skk} 是流入第 k 个节点所有电流源电流的代数和,流入电流取正,反之取负,注意 G_6u_{S6} 是有伴电压源支路 6 等效为有伴电流源的电流。在无受控源的电路中,有 $G_{jk}=G_{kj}$,如式(2-16)中 $G_{12}=G_{21}=-G_4$，$G_{23}=G_{32}=$ $-G_5$ 等。如果电路中有受控源,则有些互导是不相等的。

推而广之,对于有 n 个节点的电路,设节点电压为 $u_{n1},u_{n2},\cdots,u_{n(n-1)}$,则节点电压方程的一般形式为

$$\begin{cases} G_{11}u_{n1}+G_{12}u_{n2}+\cdots+G_{1(n-1)}u_{n(n-1)}=i_{S11} \\ G_{21}u_{n1}+G_{22}u_{n2}+\cdots+G_{2(n-1)}u_{n(n-1)}=i_{S11} \\ G_{(n-1)1}u_{n1}+G_{(n-1)2}u_{n2}+\cdots+G_{(n-1)(n-1)}u_{n(n-1)}=i_{s(n-1)(n-1)} \end{cases} \qquad (2\text{-}17)$$

式中:$G_{kk}[k=1,2,\cdots,(n-1)]$ 称为节点 k 的自导,总为正;$G_{jk}[j,k=1,2,\cdots,(n-1);j\neq k]$ 称为节点 k 和 j 的互导,总为负;i_{skk} 是流入第 k 个节点所有电流源电流的代数和,流入取正,反之取负。

◆ 2.5.3　节点电压法步骤

步骤 1:选参考点,设节点电压变量,即 $u_{n1},u_{n2},\cdots,u_{n(n-1)}$;
步骤 2:求出所有 G_{kk}、G_{jk} 和 i_{Skk},代入式(2-17),或直接列出节点电压方程;
步骤 3:求解得出节点电压;
步骤 4:用节点电压求解各支路电流或电压。

■ 例 2-4　电路如图 2-12 所示,列出电路的节点电压方程。

解　选节点③为参考点,设节点①、②的节点电压分别为 u_{n1}、u_{n2},将电阻写成电导的形式,直接列出节点电压方程,即

$$(G_1+G_2)u_{n1}-G_2u_{n2}=i_{s1}$$
$$-G_2u_{n1}+(G_2+G_3+G_4)u_{n2}=G_4u_{s4}$$

如果电路中含有无伴电压源支路,因为电压源的电流为未知量,处理方法是设出它的电流 i,这样就多

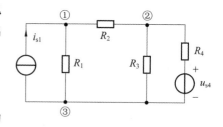

图 2-12　例 2-4 图

出一个电流变量,由于已知无伴电压源的电压,可以增加一个电压方程(或电压约束)。另外,对于电路中的受控源,将其先按独立源对待列方程,然后将控制量用节点电压变量表示,整理方程即可。下面通过例子对这两类情况加以说明。

■ 例 2-5　电路如图 2-13 所示,试用节点法求图中的电压 u。

解　选节点④为参考点,设节点①、②、③的节点电压分别为 u_{n1}、u_{n2} 和 u_{n3},设无伴电压源支路的电流为 i,则节点电压方程分别为

$$(0.5+0.2)u_{n1} - 0.2u_{n3} = 2 - i$$

$$(0.25+0.5)u_{n2} - 0.5u_{n3} = i$$

$$-0.2u_{n1} - 0.5u_{n2} + (0.2+0.5+0.5)u_{n3} = 1 - 2$$

新增电压约束方程为

$$u_{n2} - u_{n1} = 6$$

整理并消去电流 i 得

$$14u_{n1} + 15u_{n2} - 14u_{n3} = 40$$

$$2u_{n1} + 5u_{n2} - 12u_{n3} = 10$$

$$u_{n2} - u_{n1} = 6$$

解之得 $u_{n1} = 4$ V,$u_{n2} = -2$ V,$u_{n3} = -1$ V。由图 2-13 可知 $u = u_{n2} = -2$ V。

思考:在该例中如果选节点①为参考点,所列的方程是否能简单一些?

■ 例 2-6　电路如图 2-14 所示,试列出电路的节点电压方程。

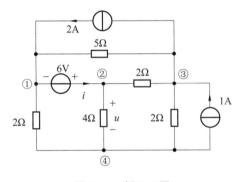

图 2-13　例 2-5 图

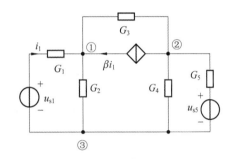

图 2-14　例 2-6 图

解　选节点③为参考点,设节点①、②的节点电压分别为 u_{n1}、u_{n2},先将受控的电流源按独立源对待,则节点电压方程为

$$(G_1+G_2+G_3)u_{n1} - G_3 u_{n2} = G_1 u_{s1} + \beta i_1$$

$$-G_3 u_{n1} + (G_3+G_4+G_5)u_{n2} = G_5 u_{s5} - \beta i_1$$

将受控源的控制量用节点电压表示,即

$$i_1 = G_1 u_{s1} - G_1 u_{n1}$$

带入节点电压方程并整理得

$$(G_1+\beta G_1+G_2+G_3)u_{n1} - G_3 u_{n2} = (1+\beta)G_1 u_{s1}$$

$$-(\beta G_1+G_3)u_{n1} + (G_3+G_4+G_5)u_{n2} = G_5 u_{S5} - \beta G_1 u_{s1}$$

可见,由于受控源的影响,互导 $G_{12} \neq G_{21}$。

2.6　线性电路

2.6.1　线性电路的概念

1. 线性元件

线性元件是指元件的集总参数值不随和它有关的物理量变化。

例如,线性电阻的阻值不随流过它的电流以及两端的电压变化,线性受控源的系数也不随控制量和被控量变化,线性电容和线性电感的值不随和其有关的物理量变化。

2. 线性电路

由线性元件和独立电源组成的电路称为线性电路。

◆ 2.6.2 线性电路方程的性质

线性电路用线性函数描述,在数学中,如果一个函数(方程)既满足齐次性又满足可加性,则称该函数是线性函数,齐次性和可加性也是线性函数的两个性质。

1. 齐次性

设任意函数

$$y = f(x) \tag{2-18}$$

若 $y = f(\alpha x) = \alpha f(x) = \alpha y$($\alpha$ 为任意实数),则称 $y = f(x)$ 满足齐次性。

例如,线性电阻 R 上的 VCR 为 $u = Ri$,若设 $u_1 = Ri_1$ 和 $i = ki_1$,则 $u = Rki_1 = ku_1$(k 为实常数),即线性电阻的欧姆定律满足齐次性。

2. 可加性

设 $y_1 = f(x_1)$ 和 $y_2 = f(x_2)$,若 $y = f(x_1 + x_2) = f(x_1) + f(x_2) = y_1 + y_2$,则称 $y = f(x)$ 满足可加性。

例如,若 $u_1 = Ri_1$ 和 $u_2 = Ri_2$,则有 $u = R(i_1 + i_2) = Ri_1 + Ri_2 = u_1 + u_2$,即欧姆定律满足可加性。

又例如,对于 KCL 方程

$$\sum_{k=1}^{N} i_k = 0$$

有 $\sum_{k=1}^{N} \alpha i_k = \alpha \sum_{k=1}^{N} i_k = 0$ 和 $\sum_{k=1}^{N} (i_{k1} + i_{k2}) = \sum_{k=1}^{N} i_{k1} + \sum_{k=1}^{N} i_{k2} = 0$,则 KCL 分别满足齐次性和可加性;又因为 $\sum_{k=1}^{N} (\alpha_1 i_{k1} + \alpha_2 i_{k2}) = \alpha_1 \sum_{k=1}^{N} i_{k1} + \alpha_2 \sum_{k=1}^{N} i_{k2} = 0$,可见 KCL 方程既满足齐次性又满足可加性,所以 KCL 方程是线性方程。同理,KVL 方程也是线性方程。

对于线性电路而言,依据 KCL 和 KVL 所列的电路方程是线性方程,因此这些方程均满足齐次性和可加性。

2.7 叠加定理

图 2-15 所示电路由两个独立源共同激励,设 3 个响应分别为 i_1、i_2 和 u_1 并求解。

以 i_1、i_2 为变量列出电路的支路电流方程为

$$\begin{cases} i_1 - i_2 + i_S = 0 \\ R_1 i_1 + R_2 i_2 = u_S \end{cases} \tag{2-19}$$

由式(2-19)解得

$$i_1 = \frac{u_S}{R_1 + R_2} - \frac{R_2 i_S}{R_1 + R_2} = i_1^{(1)} + i_1^{(2)}$$

$$i_2 = \frac{u_s}{R_1 + R_2} + \frac{R_1 i_s}{R_1 + R_2} = i_2^{(1)} + i_2^{(2)} \tag{2-20}$$

式中

$$i_1^{(1)} = i_1 \big|_{i_s = 0} = \frac{u_s}{R_1 + R_2}, \quad i_2^{(1)} = i_2 \big|_{i_s = 0} = \frac{u_s}{R_1 + R_2} \tag{2-21a}$$

$$i_1^{(2)} = i_1 \big|_{u_s = 0} = -\frac{R_2 i_s}{R_1 + R_2}, \, i_2^{(2)} = i_2 \big|_{u_s = 0} = \frac{R_1 i_s}{R_1 + R_2} \tag{2-21b}$$

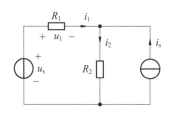

图 2-15　两个独立源激励的电路

可见，i_1 和 i_2 分别是 u_s 和 i_s 的线性组合。由式(2-20)和式(2-21)可以看出，$i_1^{(1)}$ 和 $i_2^{(1)}$ 是在图 2-15 中将电流源 i_s 置零(不起作用)时的响应，也是电压源 u_s 单独作用时的响应；$i_1^{(2)}$ 和 $i_2^{(2)}$ 是在图 2-15 中将电压源 u_s 置零(不起作用)时的响应，也是电流源 i_s 单独作用时的响应。由电压源和电流源的定义可知，电流源不起作用(置零)必须将其开路，电压源不起作用(置零)必须将其短路。所以，如果让一个独立源单独作用，就是将其他所有的独立源全部置零。对于图 2-15，分别让独立源 u_s 和 i_s 单独作用的电路如图 2-16(a)、(b)所示。

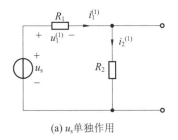

(a) u_s 单独作用

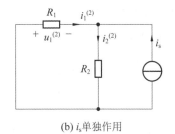

(b) i_s 单独作用

图 2-16　两个独立源分别作用的电路

由图 2-16(a)所求电流与式(2-21a)是一致的，由图 2-16(b)所求电流与式(2-21b)是一致的。由欧姆定律和式(2-20)可得

$$u_1 = \frac{R_1}{R_1 + R_2} u_s - \frac{R_1 R_2}{R_1 + R_2} i_s = u_1^{(1)} + u_1^{(2)} \tag{2-22}$$

式中：$u_1^{(1)}$ 和 $u_2^{(2)}$ 分别是 u_s 和 i_s 单独作用时的响应。由图 2-16 所得结果与式(2-22)是一致的。

1. 内容

当线性电路中有多个独立源共同作用(激励)时，其响应等于电路中每个电源独立作用时响应的代数和(线性组合)；当一个电源单独作用时，其他所有的独立源置零(即电压源短路，电流源开路)。这就是线性电路的叠加定理。

2. 作用

叠加定理实际上是通过许多简化的电路间接求解复杂电路响应的过程。

3. 注意事项

(1) 仅适用于线性电路。

(2) 叠加时，只将独立电源分别考虑，电路其他部分参数和结构都不变；电压源不作用相当于将其短路，电流源不作用相当于将其开路。

（3）只能用于计算电压、电流，而不能用于计算功率。这是因为功率的表达式是非线性方程。

例如对图 2-15 所示电路，有

$$P_2 = i_2^2 R_2 = (i_2^{(1)} + i_2^{(2)})^2 R_2 = [(i_2^{(1)})^2 + 2i_2^{(1)} i_2^{(2)} + (i_2^{(2)})^2] R_2$$
$$\neq (i_2^{(1)})^2 R_2 + (i_2^{(2)})^2 R_2$$

（4）在进行叠加时，注意各分量的参考方向与共同作用时的参考方向是否一致。

■ 例 2-7 试用叠加定理求图 2-17(a)所示电路中的 I 和 U。

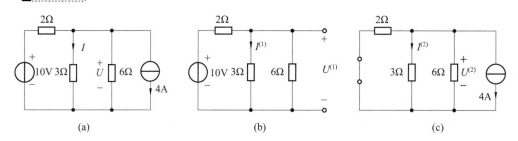

图 2-17   例 2-7 图

解   画出电压源和电流源分别作用时的电路，如图 2-17(b)和图 2-17(c)所示。对于图 2-17(b)用电阻串、并联以及分流、分压公式，有

$$I^{(1)} = \frac{10}{2 + 3 \times 6/(3+6)} \times \frac{6}{3+6} \, \text{A} = \frac{5}{2} \times \frac{2}{3} \, \text{A} = \frac{5}{3} \, \text{A}$$

$$U^{(1)} = \frac{3 \times 6/(3+6)}{2 + 3 \times 6/(3+6)} \times 10 \, \text{V} = \frac{2}{2+2} \times 10 \, \text{V} = 5 \, \text{V}$$

对于图 2-17(c)用分流公式、电阻并联以及欧姆定律，有

$$I^{(2)} = -\frac{1/3}{1/2 + 1/3 + 1/6} \times 4 \, \text{A} = -\frac{1}{3} \times 4 \, \text{A} = -\frac{4}{3} \, \text{A}$$

$$U^{(2)} = -\frac{4}{1/2 + 1/3 + 1/6} \, \text{V} = -4 \, \text{V}$$

由叠加定理有

$$I = I^{(1)} + I^{(2)} = (5/3 - 4/3) \, \text{A} = 1/3 \, \text{A}$$
$$U = U^{(1)} + U^{(2)} = (5-4) \, \text{V} = 1 \, \text{V}$$

■ 例 2-8 试用叠加定理求图 2-18(a)所示电路中的电压 u。

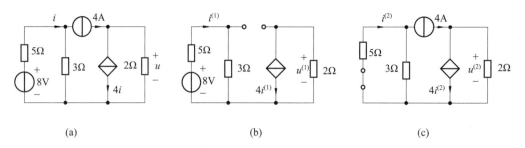

图 2-18   例 2-8 图

解   两个电源分别作用的电路如图 2-18(b)和图 2-18(c)所示。注意受控源应保留在

电路中,因为控制量改变了,所以受控源随之改变。对于图 2-18(b)有

$$u^{(1)} = -2 \times 4i^{(1)} = [-2 \times 4 \times 8/(5+3)] \text{ V} = -8 \text{ V}$$

对于图 2-18(c)有

$$u^{(2)} = 2 \times (4 - 4i^{(2)}) = (8 - 8 \times \frac{3}{5+3} \times 4) \text{ V} = (8 - 8 \times \frac{3}{8} \times 4) \text{ V} = -4 \text{ V}$$

所以

$$u = u^{(1)} + u^{(2)} = (-8 - 4) \text{ V} = -12 \text{ V}$$

2.8 替代定理

2.8.1 定理内容

在任意网络(线性或非线性)中,若某一支路的电压为 u,电流为 i,可以用电压为 u 的电压源,或电流为 i 的电流源替代,而不影响网络的其他电压和电流。

设图 2-19(a)是一个分解成两个 N_1 和 N_2(均为一端口电路)的复杂电路,令连接端口处的电压为 u_k,流过端口的电流为 i_k。如果 u_k 和 i_k 为已知,则对于 N_1 而言,可以用一个电压等于 u_k 的电压源 u_s,或者用一个电流等于 i_k 的电流源 i_s 替代 N_2,替代后 N_1 中的电压和电流均保持不变,替代后的电路如图 2-19(b)、(c)所示。同样,对于 N_2 而言,可以用 $u_s = u_k$ 的电压源或 $i_s = i_k$ 的电流源替代 N_1,替代后 N_2 中的电压和电流均保持不变。

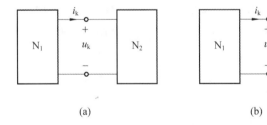
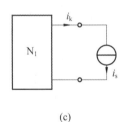

图 2-19　替代定理

2.8.2 定理证明

在两个一端口的端子 a、c 之间反方向串联两个电压源 u_S,如图 2-20 所示。如果令 $u_S = u_k$,由 KVL 有 $u_{bd} = 0$,说明 b、d 之间等电位,即可以将 b、d 两点短接,结果就得到图 2-19(b)。如果在两个一端口之间反方向并联两个电流源,并令 $i_S = i_k$,再根据 KCL 就可以证明图 2-19(c)。

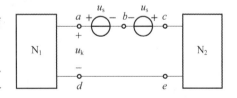

图 2-20　替代定理的证明

注意:如果 N_1 和 N_2 中有受控源,且控制量和被控量分别处在 N_1 和 N_2 之中,当替代以后控制量将丢失,则不能用替代定理。

图 2-21(a)是例 2-7 所求解的电路,应用替代定理用一个 $u_S = U$ 的电压源替代 $a-b$ 端口右边的电路,如图 2-21(b)所示。

已知 $u_{ab} = U = 1$ V,则可求出 $I = 1/3$ A。

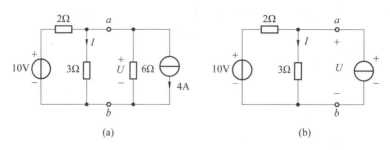

图 2-21　替代定理的应用

2.9 戴维南定理和诺顿定理

戴维南定理和诺顿定理分别给出了含源一端口 N_S 的两种等效方法。

◆ 2.9.1 戴维南定理

1. 定理内容

一个含独立电源、线性电阻和受控源的一端口（含源一端口 N_S），对外电路或端口而言可以用一个电压源和一个电阻的串联等效，该电压源的电压等于含源一端口 N_S 的开路电压，电阻等于将含源一端口内部所有独立源置零后一端口的输入电阻。

如图 2-22(a)所示，图中 u_{oc} 为它的开路电压，图 2-22(b)是将图 2-22(a)内部所有独立源置零后的无源一端口 N_0 及等效电阻 R_{eq}。根据戴维南定理，对于端口 $a-b$ 而言，图 2-22 中的 N_S 可以等效成图 2-22(c)的形式，即 N_S 等效成电压源 u_{oc} 和电阻 R_{eq} 的串联。

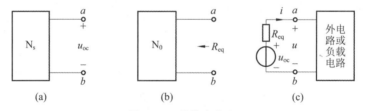

图 2-22　戴维南定理

电压源 u_{oc} 和电阻 R_{eq} 的串联电路称为 N_S 的戴维南等效电路，其中 R_{eq} 也称为戴维南等效电阻。根据等效的概念，等效前后一端口 a、b 之间的电压 u 和流过端点 a、b 上的电流 i 不变，即对外电路或负载电路来说等效前后的电压、电流保持不变。可见，这种等效称为对外等效。

2. 证明

戴维南定理可用替代定理和叠加定理证明。在图 2-22 所示的电路中，设电流 i 已知，根据替代定理用 $i_s=i$ 的电流源替代图中的外电路或负载电路，替代后的电路如图 2-23(a)所示，然后对图 2-23(a)应用叠加定理。设 i_s 不作用（断开），只有 N_S 中全部的独立源作用，所得电路如图 2-23(b)所示；设 N_S 中全部的独立源不作用，只有 i_s 单独作用，所得电路如图 2-23(c)所示。根据叠加定理，图 2-23 中的 i 和 u 分别为

$$i = i^{(1)} + i^{(2)} = 0 + i_s = i_s \tag{2-23}$$

$$u = u^{(1)} + u^{(2)} = u_{oc} - R_{eq}i \tag{2-24}$$

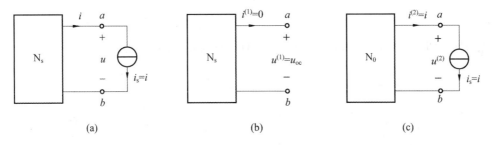

图 2-23　戴维南定理的证明

式(2-24)中的 u_{oc} 为 N_s 的开路电压，R_{eq} 为 N_s 的无源端口等效电阻。同时由图 2-23(c)也可以得出式(2-24)，故戴维南定理得证。

■ 例 2-9 电路如图 2-24 所示，已知 $u_s = 36\text{ V}, i_s = 2\text{ A}, R_1 = R_2 = 10\ \Omega, R_3 = 3\ \Omega, R_3 = 12\ \Omega$，求电路中的电流 i_4。

解 该例中，只求一条支路上的电流，则以 R_4 为外电路用戴维南定理求解。在图 2-24 中将 R_4 支路断开得图 2-25(a)所示电路，可以求出开路电压 u_{oc}，即由图 2-25(a) 应用支路电流法和欧姆定律，有

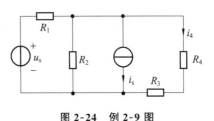

图 2-24　例 2-9 图

$$(R_1 + R_2)i_1 - R_2 i_s = u_s$$
$$i_2 = i_1 - i_s$$
$$u_{oc} = R_2 i_2$$

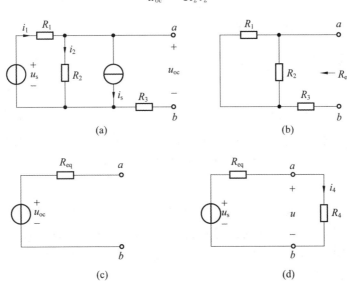

图 2-25　例 2-9 求解图

代入数据得 $u_{oc} = 8\text{ V}$。将图 2-25(a)中所有的独立源置零得图 2-25(b)所示电路，可求出无源电路的端口等效电阻为

$$R_{eq} = R_3 + (R_1 \times R_2)/(R_1 + R_2) = 8\ \Omega$$

由此可得戴维南等效电路如图 2-25(c)所示，则图 2-25 可以简化为图 2-25(d)所示电路，故得

$$i_4 = \frac{u_{oc}}{R_{eq} + R_4} = 0.4 \text{ A}$$

例 2-10 求图 2-26(a)所示含源一端口的戴维南等效电路。

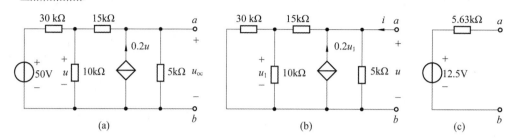

图 2-26 例 2-10 图

解 首先利用节点电压法求 u_{oc}，由图 2-26(a)可得

$$(\frac{1}{30} + \frac{1}{10} + \frac{1}{15})u_{n1} - \frac{1}{15}u_{n2} = \frac{50}{30}$$

$$-\frac{1}{15}u_{n1} + (\frac{1}{15} + \frac{1}{5})u_{n2} = 0.2u$$

$$u_{n1} = u$$

$$u_{oc} = u_{n2}$$

解得 $u_{oc} = 12.5$ V。

用外加电压法求图 2-26(a)所示电路的无源等效电阻，电路如图 2-26(b)所示，则

$$i = [\frac{1}{5} + \frac{1}{15 + 30 \times 10/(30 + 10)} - 0.2 \times \frac{30 \times 10/(30 + 10)}{15 + 30 \times 10/(30 + 10)}]u$$

得 $R_{eq} = u/i = 5.63$ kΩ。戴维南等效电路如图 2-26(c)所示。

2.9.2 诺顿定理

1. 定理内容

一个含独立电源、线性电阻和受控源的一端口 N_S，对外电路或端口而言可以用一个电流源和一个电导(或电阻)的并联等效，该电流源的电流等于 N_S 的端口短路电流，电导(或电阻)等于含源一端口内部所有独立源置零后的端口输入电导(或电阻)。

2. 解释

如图 2-27(a)所示，含源的一端口 N_S 的戴维南等效电路如图 2-27(b)所示，再根据电源模型的等效变换可知，图 2-27(b)可以等效变换成图 2-27(c)所示的形式。图 2-27(c)所示电路称为 N_S 的诺顿等效电路，其中 i_{sc} 是 N_S 的端口短路电流，G_{eq} 是 N_S 的无源等效电导。诺顿等效电路和戴维南等效电路的关系为

$$G_{eq} = 1/R_{eq}, \quad i_{sc} = u_{oc}/R_{eq} \tag{2-25}$$

可见，在诺顿和戴维南等效电路中，只有 u_{oc}、i_{sc} 和 R_{eq}(或 G_{eq})3 个参数是独立的。由式(2-25)可得出

$$R_{eq} = u_{oc}/i_{sc} \tag{2-26}$$

因此，只要分别求出 N_S 的 u_{oc} 和 i_{sc}，就可以利用该式求出 N_S 的无源等效电阻。

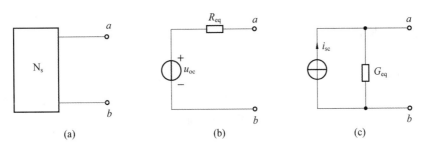

图 2-27 诺顿定理

例 2-11 电路如图 2-28(a)所示,求诺顿等效电路和戴维南等效电路。

解 此例的目的是求出诺顿和戴维南等效电路参数 u_{oc}、i_{sc} 和 R_{eq}。根据图 2-28(a),利用 KCL、KVL 和欧姆定律,有

$$i_1 = 2 - i$$
$$i_2 = i + 4$$
$$-4i_1 + 6i + 2i_1 + 2i_2 = 0$$
$$u_{oc} = 2i_2$$

解得 $u_{oc} = 7.2\ V$。根据图 2-28(c),利用 KCL 和 KVL 有

$$i_{sc} = 4 + i$$
$$i_1 = 2 - i$$
$$-4i_1 + 6i + 2i_1 = 0$$

解得 $i_{sc} = 4.5\ A$。由式(2-26)得 $R_{eq} = u_{oc}/i_{sc} = (7.2/4.5)\ \Omega = 1.6\ \Omega$,$G_{eq} = 0.625\ S$。诺顿等效电路和戴维南等效电路分别如图 2-28(b)和图 2-28(d)所示。

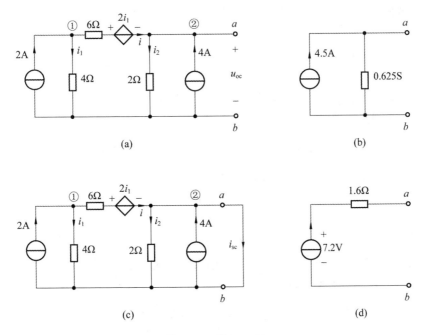

图 2-28 例 2-11 图

2.10 最大功率传输

问题:含源一端口能将多大的功率传输给负载?

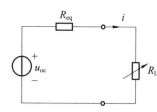

图 2-29 最大功率传输

一般来说,含源一端口内部的结构和参数是不变的,而外接负载是可变的,那么当负载变到何值时它可以获得最大功率?

由戴维南定理可知,含源一端口可以等效为一个电压源和电阻的串联,设外接负载 R_L 是可变的,电路如图 2-29 所示,负载 R_L 所获得的功率为

$$p = i^2 R_L = (\frac{u_{oc}}{R_{eq} + R_L})^2 R_L \tag{2-27}$$

对于一个给定的含源一端口电路,其戴维南等效参数 u_{oc} 和 R_{eq} 是不变的,由式(2-27)可见,当 R_L 变化时,一端口传输给负载的功率 p 将随之变化。令 $dp/dR_L = 0$ 可以得出最大功率传输的条件,即

$$\frac{dp}{dR_L} = u_{oc}^2 \left[\frac{(R_{eq} + R_L)^2 - 2R_L(R_{eq} + R_L)}{(R_{eq} + R_L)^4} \right] = 0$$

整理得

$$R_L = R_{eq} \tag{2-28}$$

即,当 $R_L = R_{eq}$ 时,负载上可以获得最大功率。将式(2-28)代入式(2-27)得负载 R_L 所获的最大功率为

$$p_{max} = \frac{u_{oc}^2}{4R_{eq}} \tag{2-29}$$

如果用诺顿定理等效含源一端口,用类似的方法可以得出,当负载电导 $G_L = G_{eq}$ 时,负载上可以获得的最大功率为

$$p_{max} = \frac{i_{sc}^2}{4G_{eq}} \tag{2-30}$$

例 2-12 电路如图 2-30(a)所示,求 R_L 为何值时它可以获得最大功率。

解 先求出戴维南等效电路,然后求出最大功率 p_{max}。由图 2-30(b)得

$$R_{eq} = (5 + 4 + \frac{9 \times 18}{9 + 18}) \ \Omega = 15 \ \Omega$$

根据图 2-30(c),利用回路法和 KVL,有

$$(9 + 18)i_1 + 18i_2 = 15$$
$$i_2 = 2$$
$$u_{oc} = 4i_2 + 18(i_1 + i_2)$$

解得 $u_{oc} = 30$ V,于是图 2-30(a)的戴维南等效电路如图 2-30(d)所示,当 $R_L = R_{eq} = 15 \ \Omega$ 时负载可以获得最大功率,则

$$p_{max} = \frac{u_{oc}^2}{4R_{eq}} = \frac{30^2}{4 \times 15} \ W = 15 \ W$$

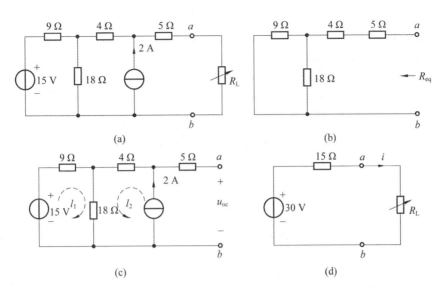

(a)

(b)

(c)

(d)

图 2-30 例 2-12 图

本章小结

本章讨论了电路分析的基本方法，以及相关的电路定理，这些定理可以使电路的分析简单化。

KCL 和 KVL 是分析电路的基础，对于具有 n 个结点 b 条支路的电路，可以列出 $(n-1)$ 个独立的 KCL 方程和 $[b-(n-1)]$ 个的独立的 KVL 方程。

用支路法可以求出给定电路所有的支路电流，进而可以求出所有的支路电压。

用回路法(或网孔法)可以求出所有独立回路(或网孔)电流，从而可以间接地求出所有支路的电流和电压。

用节点法可以求出 $(n-1)$ 个节点到参考点的电压，从而可以间接地求出所有支路的电压和电流。

叠加定理：可将多个独立源共同激励的电路简化成多个独立源单独激励的电路，从而使电路的分析简单化。

齐性定理：可以用来求解只有激励变化，结构和参数均不变条件下的电路响应。

戴维南定理：可以将含源的一端口电路进行等效简化，从而使含源一端口外部电路的求解简化。

本章习题

2-1　画出题图 2-1 所示电路的图，说明它们的节点数和支路数分别是多少。分别在它们的图中选一个树。

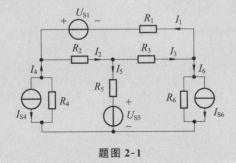

题图 2-1

2-2　试用支路电流法求题图 2-2 所示电路中各支路电流。

2-3　试求题图 2-3 所示电路中电压 U。

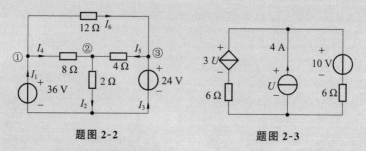

题图 2-2　　　　题图 2-3

2-4　试用网孔电流法求题图 2-4 所示电路中各支路电流和两个电源输出的功率。

2-5　试用回路电流法求题图 2-5 所示电路中各支路电流。

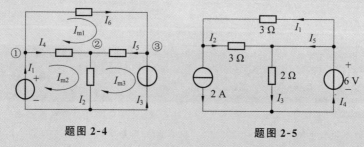

题图 2-4　　　　题图 2-5

2-6　试用回路电流法求题图 2-6 所示电路中支路电流 I_1、I_2、I_3 和两个电源输出的功率。

2-7　试用节点电压法求题图 2-7 所示电路中各支路电流。

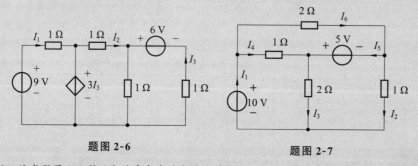

题图 2-6　　　　题图 2-7

2-8　试求题图 2-8 所示电路中各支路电流和受控电流源两端电压 U_1。

2-9　试用节点电压法求题图 2-9 所示电路中的节点电压 u_1、u_2 及两个独立电源发出的功率。

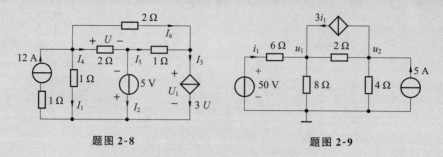

题图 2-8　　　　题图 2-9

2-10 试用叠加定理求题图 2-10 所示电路中各支路电流和两个电源发出的功率。

2-11 试用叠加定理求题图 2-11 所示电路中的电流 I。

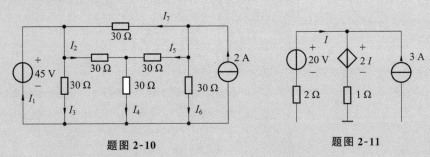

题图 2-10   题图 2-11

2-12 试求题图 2-12 所示电路中的电压 U。

2-13 在题图 2-13 所示电路中,当 $U_S=10$ V、$I_S=2$ A 时,$I=5$ A;当 $U_S=0$ V、$I_S=2$ A 时,$I=2$ A;当 $U_s=20$ V、$I_S=0$ A 时,电流 I 为多少?

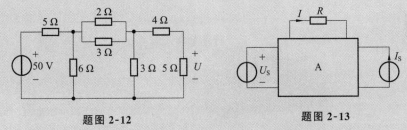

题图 2-12   题图 2-13

2-14 题图 2-14 所示电路中,当有源一端口网络开路时,用高内阻电压表测得其开路电压为 50 V,当接上一只 40 Ω 的电阻 R,用电流表 A 测得的电流为 0.5 A。若把 R 换成 20 Ω,求这时电流表的读数。

2-15 求题图 2-15 所示电路的戴维南等效电路。

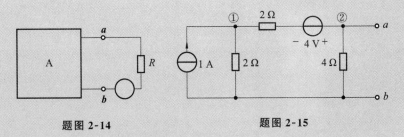

题图 2-14   题图 2-15

2-16 求题图 2-16 所示电路中电阻 R 的端电压 U 和流过的电流 I。已知 $R=10$ Ω。

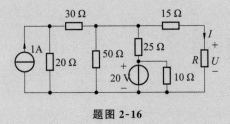

题图 2-16

2-17 求题图 2-17 所示电路的戴维南等效电路。

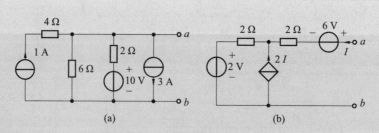

题图 2-17

2-18   求题图 2-18 所示电路中电阻 R 的值分别为 10 Ω、20 Ω、40 Ω 三种情况时流过电阻 R 的电流 I。

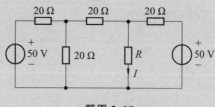

题图 2-18

第 3 章 一般电路的时域分析法

本章介绍了动态电路与换路定则、一阶电路的零输入响应、一阶电路的零状态响应、一阶电路的全响应与三要素法。本章应重点掌握动态电路方程的建立及初始条件的确定和一阶电路求解的三要素法。

3.1 动态电路的方程及其初始条件

◆ 3.1.1 动态电路

含有动态元件电容和电感的电路称为动态电路。由于动态元件是储能元件,其 VCR 是对时间变量 t 的微分和积分关系,因此动态电路的特点是:当电路状态发生改变时(换路)需要经历一个变化过程才能达到新的稳定状态。这个变化过程称为电路的过渡过程。所谓"稳态"是电路的响应不发生变化(值不变或变化规律不变)。换路的原因:电路结构的改变(对电路进行某些控制操作,如接通、断开电源或信号源;某些子电路的接入或断开等;故障也会改变电路的结构)给电路加入了额外的激励干扰;电路元件参数的变化(外部环境如温度等的变化)。为了分析方便,一般规定换路是在 $t=0$ 时刻发生的,同时认为换路是不需要时间的,即换路是在瞬间完成的。为了进一步描述换路前后的状态,换路前的瞬间用 $t=0_-$ 表示,换路后的瞬间用 $t=0_+$ 表示。

由上面分析可以看出,当图 3-1(a)所示电路进行换路后,电路在瞬间完成从一种稳态到达另一种新稳态的转换,所以电路中没有过渡过程。将换路后不发生过渡过程的电路称为静态电路。图 3-1(a)不发生过渡过程的原因是电路中除电源元件外只含有电阻元件。因为电阻元件上的 VCR 是比例关系,电阻电路换路后不会产生过渡过程,所以称电阻为静态元件,电阻电路称为静态电路。静态电路换路后不发生过渡过程。因为描述电阻电路的方程是线性代数方程,所以由线性代数方程描述的电路为静态电路。

图 3-1(b)所示的电路则不同,因为图 3-1(b)所示电路中有动态元件电容,换路后有过渡过程。含有动态元件的电路称为动态电路,动态电路换路后会产生过渡过程,或者说,发生过渡过程的原因是电路中含有动态元件。由于动态元件的 VCR 是微分或积分关系,所以由动态元件组成的电路换路后不可能瞬间进入稳态。就是说,含有动态元件的电路由一种稳态进入另一种稳态是需要时间(过渡)的。电容和电感都是动态元件,由它们组成的电路(动态电路)会发生过渡过程。

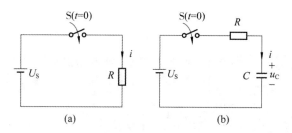

图 3-1 稳态响应和过渡过程

3.1.2 动态电路的方程

分析动态电路,首先要建立描述电路的方程。动态电路方程的建立包括两部分内容:一是应用基尔霍夫定律,二是应用电感和电容的微分或积分的基本特性关系式。

3.1.3 电路初始条件的确定

求解微分方程时,解答中的常数需要根据初始条件来确定。由于电路中常以电容电压或电感电流作为变量,因此,相应的微分方程的初始条件为电容电压或电感电流的初始值。

若把电路发生换路的时刻记为 $t=0$ 时刻,换路前一瞬间记为 0_-,换路后一瞬间记为 0_+,则初始条件为 $t=0_+$ 时 u、i 及其各阶导数的值。

1. 电容电压和电感电流的初始条件

$$u_C(0_+) = u_C(0_-) + \int_{0_-}^{0_+} i(\xi)\mathrm{d}(\xi), i_L(0_+) = i_L(0_-) + \frac{1}{L}\int_{0_-}^{0_+} u(\xi)\mathrm{d}(\xi)$$

由于电容电压和电感电流是时间的连续函数,所以上两式中的积分项为零,从而有:

$$\begin{cases} u_C(0_+) = u_C(0_-) \\ i_L(0_+) = i_L(0_-) \end{cases}, \begin{cases} q(0_+) = q(0_-) \\ \Psi(0_+) = \Psi(0_-) \end{cases}$$

以上式子称为换路定则,它表明:

(1) 换路瞬间,若电容电流保持为有限值,则电容电压(电荷)在换路前后保持不变,这是电荷守恒的体现。

(2) 换路瞬间,若电感电压保持为有限值,则电感电流(磁链)在换路前后保持不变。这是磁链守恒的体现。

需要明确的是:

(1) 电容电流和电感电压为有限值是换路定则成立的条件。

(2) 换路定则反映了能量不能跃变的事实。

2. 电路初始值的确定

根据换路定则可以由电路的 $u_C(0_-)$ 和 $i_L(0_-)$ 确定 $u_C(0_+)$ 和 $i_L(0_+)$ 时刻的值,电路中其他电流和电压在 $t=0_+$ 时刻的值可以通过 0_+ 等效电路求得。求初始值的具体步骤是:

(1) 由换路前 $t=0_-$ 时刻的电路(一般为稳定状态)求 $u_C(0_-)$ 或 $i_L(0_-)$;

(2) 由换路定则得 $u_C(0_+)$ 和 $i_L(0_+)$;

(3) 画 $t=0_+$ 时刻的等效电路:电容用电压源替代,电感用电流源替代(取 0_+ 时刻值,方向与原假定的电容电压、电感电流方向相同);

(4) 由 0_+ 电路求所需各变量的 0_+ 值。

研究动态电路的目的是求换路后的响应,即求 $t \geqslant 0_+$ 时微分方程的解。因为微分方程的变量通常是 u_C 和 i_L,当求出它们以后,其他变量(非状态变量)可以根据 KCL 和(或)KVL 求出。在求解 u_C 和 i_L 时,首先要知道 $u_C(0_+)$ 和 $i_L(0_+)$,如果知道 $u_C(0_-)$ 和 $i_L(0_-)$,由换路定则可以求出它们。其他非状态变量的初始条件可以通过状态变量的初始条件求出。

■ 例 3-1 如图 3-2(a)所示电路,已知 U_S 为直流电源,设 $t<0$ 时电路已达到稳态,试求初始条件 $u_C(0_+)$、$i_L(0_+)$、$i_C(0_+)$、$u_L(0_+)$、$u_{R1}(0_+)$ 和 $u_{R2}(0_+)$。

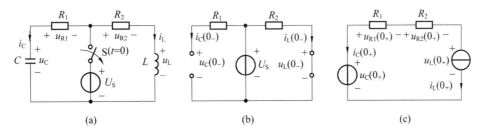

(a)　　　　　　　　　(b)　　　　　　　　　(c)

图 3-2 例 3-1 图

解 首先计算 $u_C(0_-)$ 和 $i_L(0_-)$,再由此求出 $u_C(0_+)$ 和 $i_L(0_+)$,进而求出非状态变量初始条件。因为在 $t<0$ 时电路已达稳态,且 U_S 为直流,可知电容电压和电感电流均为直流,根据 $i_C = \mathrm{d}u_C/\mathrm{d}t$ 和 $u_L = \mathrm{d}i_L/\mathrm{d}t$ 得 $i_C(0_-) = 0$ 和 $u_L(0_-) = 0$,所以在 $t = 0_-$ 时刻电容相当于开路、电感相当于短路,则 0_- 时刻的等效电路如图 3-2(b)所示,由图 3-2(b)可得

$$u_C(0_-) = U_S, i_L(0_-) = U_S/R_2$$

根据换路定则有 $u_C(0_+) = u_C(0_-) = U_S$ 和 $i_L(0_+) = i_L(0_-) = U_S/R_2$,即在 $t = 0_+$ 时刻电容相当于电压源,电感相当于电流源,则 0_+ 时刻的等效电路如图 3-2(c)所示。根据图 3-2(c)得

$$i_C(0_+) = -i_L(0_+) = -U_S/R_2$$

$$u_{R1}(0_+) = R_1 i_L(0_+) = R_1 U_S/R_2$$

$$u_{R2}(0_+) = R_2 i_L(0_+) = U_S$$

$$u_L(0_+) = u_C(0_+) - u_{R1}(0_+) - u_{R2}(0_+) = -u_{R1}(0_+) = -R_1 U_S/R_2$$

由该例可以看出,虽然电容电压和电感电流不能发生跃变,但电容电流和电感电压在换路时发生了跃变。可见,电容电流和电感电压是可以发生跃变的。

3.2 一阶电路的零输入响应

◆ 3.2.1 零输入响应

所谓零输入响应就是动态电路在没有外加激励时的响应。电路的响应仅仅是由动态元件的初始储能引起的,也就是说,是由非零初始状态引起的。如果初始状态为零,电路也没有外加输入,则电路的响应为零。

首先研究 RC 电路的零输入响应。图 3-3(a)所示为 RC 电路,换路前电容已充电,并设 $u_C(0_-) = U_0$,开关 S 在 $t = 0$ 时闭合,则电路在 0 时刻换路。换路后,即 $t \geqslant 0_+$ 时的电路如图 3-3(b)所示。

由图 3-3(b),根据 KVL,得

$$u_R - u_C = 0$$

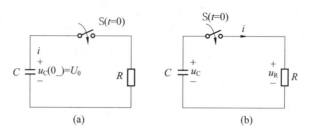

图 3-3 零输入 RC 电路

选状态变量 u_C 为方程变量,再由 $u_R = Ri$ 和 $i = -C\dfrac{\mathrm{d}u_C}{\mathrm{d}t}$,代入上式得

$$RC\frac{\mathrm{d}u_C}{\mathrm{d}t} + u_C = 0, t \geqslant 0_+ \tag{3-1}$$

因为 R、C 为常数,所以该式是一阶线性齐次常微分方程。可见含一个储能元件的电路可以用一阶微分方程描述,所以 RC 电路是一阶电路。

由微分方程解的形式可知,线性齐次常微分方程的通解为 $u_C = Ae^{pt}$,代入式(3-1)可得对应的特征方程为

$$RCp + 1 = 0$$

即特征根为

$$p = -1/RC$$

通解为

$$u_C = Ae^{-\frac{t}{RC}}$$

根据换路定则和初始条件有 $u_C(0_+) = u_C(0_-) = U_0$,代入上式得积分常数 $A = u_C(0_+) = U_0$。

于是式(3-1)的通解为

$$u_C = u_C(0_+)e^{-\frac{t}{RC}} = U_0 e^{-\frac{t}{RC}} \tag{3-2}$$

电路中的电流为

$$i = -C\frac{\mathrm{d}u_C}{\mathrm{d}t} = \frac{U_0}{R}e^{-\frac{t}{RC}} \tag{3-3}$$

由式(3-2)和式(3-3)可以看出,电容上的电压 u_C 和电路中的电流 i 都是按同样的指数规律衰减的,其变化曲线如图 3-4 所示。

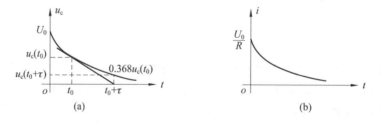

图 3-4 RC 电路的零输入响应

u_C 和 i 衰减的快慢取决于电路特征方程的特征根 $p = -1/RC$,即取决于电路参数 R 和 C 的乘积。当 R 的单位取 Ω,C 的单位取 F 时,有欧·法=欧·库/伏=欧·安·秒/伏=秒,所以 RC 的量纲为时间,并令 $\tau = RC$,称 τ 为时间常数。引入 τ 以后,u_C 和 i 可以表示为

$$u_C = u_C(0_+)e^{-\frac{t}{\tau}} = U_0 e^{-\frac{t}{\tau}} \tag{3-4}$$

$$i = \frac{U_0}{R} e^{-\frac{t}{\tau}} \tag{3-5}$$

时间常数 τ 是一个重要的量,一阶电路过渡过程的进程取决于它的大小。以电容电压为例,在任一时刻 t_0,$u_C = u_C(t_0)$,当经过一个时间常数 τ 后有

$$u_C(t_0 + \tau) = U_0 e^{-(t_0+\tau)/\tau} = e^{-1} U_0 e^{-t_0/\tau} = 0.368 u_C(t_0)$$

可见,从任一时刻 t_0 开始经过一个 τ 后,电压衰减到原来值的 36.8%,见图 3-4(a)。从理论上讲,当 $t = \infty$ 时过渡过程结束,即电容电压和电流才能衰减到零。经过计算得,当 $t = 3\tau$ 时,$u_C(3\tau) = e^{-3} U_0 = 0.0498 U_0$;$t = 4\tau$、$5\tau$ 时,$u_C(4\tau) = 0.0183 U_0$,$u_C(5\tau) = 0.0067 U_0$。所以,一般认为换路后经过 $3\tau \sim 5\tau$ 后过渡过程就告结束。

可以证明,u_C 在 t_0 处的切线和时间轴的交点为 $t_0 + \tau$,见图 3-4(a)。这一结果说明,从任一时刻 t_0 开始,如果衰减沿切线进行,则经过时间 τ 它将衰减到零。

在整个过渡过程中,由于电容电压按指数规律一直衰减到零,所以电容通过电阻进行放电,电容中的初始储能——电场能($CU_0^2/2$)全部由电阻消耗并转换成热能,即

$$W_R = \int_0^\infty i^2(t) R \mathrm{d}t = \int_0^\infty (\frac{U_0}{R} e^{-\frac{t}{RC}})^2 R \mathrm{d}t$$

$$= -\frac{1}{2} CU_0^2 \, e^{-\frac{2t}{RC}} \Big|_0^\infty = \frac{1}{2} CU_0^2$$

例 3-2 图 3-5(a)所示电路已达稳态,已知 $U_S = 10$ V,$R_1 = 6$ Ω,$R_2 = 4$ Ω,$C = 0.5$ F,在 $t = 0$ 时打开开关 S,试求 $t \geqslant 0$ 时的电流 i。

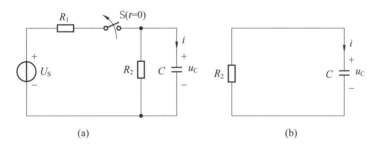

(a)   (b)

图 3-5 例 3-2 图

解 由式(3-4)知,只要知道 RC 电路的初值 $u_C(0_+)$ 和时间常数 τ 就可以求出电容两端的电压,进而求出电流。

首先求 $u_C(0_+)$。已知换路前电路已达稳态,则

$$u_C(0_-) = \frac{R_2}{R_1 + R_2} U_S = \frac{4 \times 10}{6 + 4} \text{ V} = 4 \text{ V}$$

换路后 $t \geqslant 0_+$ 时的电路如图 3-5(b)所示,根据换路定则有

$$u_C(0_+) = u_C(0_-) = 4 \text{ V}$$

再求时间常数,$\tau = R_2 C = 4 \times 0.5 \text{ s} = 2 \text{ s}$,代入式(3-4),得

$$u_C(t) = u_C(0_+) e^{-\frac{t}{\tau}} = 4 e^{-0.5t} \text{ V}$$

则电流 i 为

$$i(t) = C \frac{\mathrm{d}u_C}{\mathrm{d}t} = 0.5 \times 4 \times (-0.5) e^{-0.5t} \text{ A} = -e^{-0.5t} \text{ A}$$

或者用 $i = -u_C/R_2$ 同样可以得出此结果。

◆ 3.2.2 *RL* 电路的零输入响应

如图 3-6(a)所示电路,在 $t=0$ 时刻将开关 S 由位置 1 合到位置 2,换路后的电路如图 3-6(b)所示。由图 3-6(a)可知 $i_L(0_-)=I_S$,图 3-6(b)是 *RL* 零输入电路,根据 KVL,有

$$u_R - u_L = 0$$

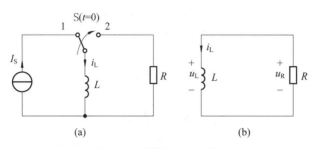

图 **3-6** 零输入 *RL* 电路

选状态变量 i_L 为方程变量,再由 $u_R=-Ri_L$ 和 $u_L=L\dfrac{\mathrm{d}i_L}{\mathrm{d}t}$,代入上式,得

$$\frac{L}{R}\frac{\mathrm{d}i_L}{\mathrm{d}t} + i_L = 0, t \geqslant 0_+ \tag{3-6}$$

式中:R、L 为常数,和式(3-1)相同,该式也是一阶线性齐次常微分方程,所以图 3-6(b)称为 *RL* 一阶电路。

式(3-6)对应的特征方程为

$$\frac{L}{R}p + 1 = 0$$

特征根为

$$p = -R/L$$

通解为

$$i_L = Ae^{-\frac{R}{L}t}$$

根据换路定则和初始条件有 $i_L(0_+)=i_L(0_-)=I_S$,代入上式得积分常数 $A=i_L(0_+)=I_S$,所以式(3-6)的通解为

$$i_L = i_L(0_+)e^{-\frac{R}{L}t} = I_S e^{-\frac{t}{\tau}} \tag{3-7}$$

式中:$\tau=L/R$,称为时间常数。当 R 的单位取 Ω 时,L 的单位取 H 时,有亨/欧=(伏·秒/安)/欧=秒,可见 L/R 的量纲也为秒。

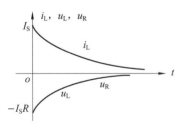

图 **3-7** *RL* 电路的零输入响应

电感和电阻两端的电压为

$$u_L = u_R = L\frac{\mathrm{d}i_L}{\mathrm{d}t} = -RI_S e^{-\frac{t}{\tau}} \tag{3-8}$$

i_L、u_L 和 u_R 随时间变化的曲线如图 3-7 所示,它们都是按同样的指数规律衰减的,衰减的快慢取决于时间常数 τ,即取决于电路参数 R 和 L。

换路以后电阻吸收的能量为

$$W_R = \int_0^\infty i_L^2(t)R\mathrm{d}t = \int_0^\infty (I_S e^{-\frac{R}{L}t})^2 R\mathrm{d}t = -\frac{1}{2}LI_S^2 e^{-\frac{2R}{L}t}\Big|_0^\infty = \frac{1}{2}LI_S^2$$

可见,在整个过渡过程中,电感的初始储能——磁场能($LI_S^2/2$)全部由电阻消耗了。

例 3-3 已知图 3-8(a)所示电路已达稳态,已知 $I_\mathrm{S}=5$ A,$R_1=6$ Ω,$R_2=3$ Ω,$L=1$ H,在 $t=0$ 时合上开关 S,试求 $t\geqslant0$ 时的电流 i。

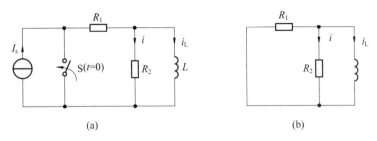

图 3-8 例 3-3 图

解 对于零输入 RL 电路,只要知道电路的初值 $i_\mathrm{L}(0_+)$ 和时间常数 τ 就可以求出电感中的电流,然后再求出电流 i。

换路前电路已达稳态,则

$$i_\mathrm{L}(0_-)=I_\mathrm{S}=5 \text{ A}$$

$t\geqslant0_+$ 后的电路如图 3-8(b)所示,根据换路定则,有

$$i_\mathrm{L}(0_+)=i_\mathrm{L}(0_-)=5 \text{ A}$$

图 3-8(b)所示电路是零输入 RL 电路,和电感两端相连的等效电阻为

$$R_\mathrm{eq}=\frac{R_1 R_2}{R_1+R_2}=\frac{6\times3}{6+3} \text{ Ω}=2 \text{ Ω}$$

所以时间常数 $\tau=L/R_\mathrm{eq}=(1/2)$ s$=0.5$ s,代入式(3-7),得

$$i_\mathrm{L}(t)=i_\mathrm{L}(0_+)\mathrm{e}^{-\frac{t}{\tau}}=5\mathrm{e}^{-2t} \text{ A}$$

有两种方法可以求出图 3-8(a)中的电流 i。方法一用分流公式,即

$$i(t)=-\frac{R_1}{R_1+R_2}i_\mathrm{L}(t)=-\frac{6}{6+3}\times5\mathrm{e}^{-2t} \text{ A}=-\frac{10}{3}\mathrm{e}^{-2t} \text{ A}$$

方法二是先求出 u_L,再求出电流 i,即

$$u_\mathrm{L}(t)=L\frac{\mathrm{d}i_\mathrm{L}}{\mathrm{d}t}=1\times5\times(-2)\mathrm{e}^{-2t} \text{ V}=-10\mathrm{e}^{-2t} \text{ V}$$

$$i(t)=\frac{u_\mathrm{L}}{R_2}=-\frac{10}{3}\mathrm{e}^{-2t} \text{ A}$$

小结:

(1)一阶电路的零输入响应是由储能元件的初值引起的响应,都是由初始值衰减为零的指数衰减函数,其一般表达式可以写为:$y(t)=y(0^+)\mathrm{e}^{-\frac{t}{\tau}}$。

(2)零输入响应的衰减快慢取决于时间常数 τ,其中 RC 电路 $\tau=RC$,RL 电路 $\tau=\dfrac{L}{R}$,R 为与动态元件相连的一端口电路的等效电阻。

(3)同一电路中所有响应具有相同的时间常数。

(4)一阶电路的零输入响应和初始值成正比,称为零输入线性。

用经典法求解一阶电路零输入响应的步骤如下:

(1)根据基尔霍夫定律和元件特性列出换路后的电路微分方程,该方程为一阶线性齐次常微分方程;

（2）由特征方程求出特征根；

（3）根据初始值确定积分常数从而得到方程的解。

3.3 一阶电路的零状态响应

对于动态电路而言，反映动态元件储能大小的量称为状态变量，将状态变量在某一时刻的值称为状态。所谓零状态就是动态电路在换路时储能元件上的储能为零，即动态电路的零状态分别为 $u_C(0_-)=0$ V 和 $i_L(0_-)=0$ A。零状态响应就是在零状态下由外加激励所引起的响应。

图 3-9(a) 为 RC 串联电路，已知 $u_C(0_-)=0$ V，在 $t=0$ 时将开关 S 闭合，则电路在 0 时刻换路。根据 KVL，在 $t \geqslant 0_+$ 时，有

$$u_R + u_C = U_S$$

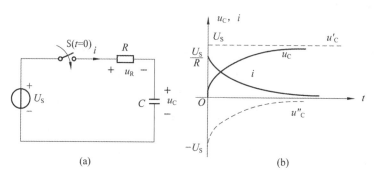

图 3-9 *RC* 电路的零状态响应

选 u_C 为方程变量，再由 $u_R = Ri$ 和 $i = C\dfrac{\mathrm{d}u_C}{\mathrm{d}t}$，代入上式，得

$$RC\frac{\mathrm{d}u_C}{\mathrm{d}t} + u_C = U_s, t \geqslant 0_+ \tag{3-9}$$

该式是一阶线性非齐次常微分方程。由数学知识可知，非齐次常微分方程的解由两部分构成，即

$$u_C = u'_C + u''_C$$

式中：u'_C 是非齐次方程的特解；u''_C 是对应齐次方程的通解。

用解非齐次方程的待定系数法，令 $u'_C = K$，代入式(3-9)，得

$$u'_C = K = U_s$$

式(3-9)对应齐次方程的通解为

$$u''_C = A\mathrm{e}^{-\frac{t}{\tau}}$$

式中：$\tau = RC$ 为时间常数。于是有

$$u_C = u'_C + u''_C = U_s + A\mathrm{e}^{-\frac{t}{\tau}}$$

根据初始条件有 $u_C(0_+) = u_C(0_-) = 0$，代入上式得 $A = -U_s$，即得式(3-9)的解为

$$u_C = U_s - U_s\mathrm{e}^{-\frac{t}{\tau}} = U_s(1 - \mathrm{e}^{-\frac{t}{\tau}}) \tag{3-10}$$

电路中的电流为

$$i = C\frac{\mathrm{d}u_C}{\mathrm{d}t} = \frac{U_s}{R}\mathrm{e}^{-\frac{t}{\tau}} \tag{3-11}$$

u_C 和 i 的变化曲线如图 3-9(b)所示,同时图中也给出了 u'_C 和 u''_C。

由图 3-9(b)可见,当 $t \to \infty$ 时,$u_C(t) = U_s$,$i(t) = 0$,电压和电流不再变化,电容相当于开路。此时电路达到了稳定状态,简称为稳态。对于式(3-9)的解而言,它由两个部分构成,即特解和齐次方程的通解。可见特解 $u'_C = U_s$ 是电路达到稳定状态时的响应,所以称为稳态响应。又知稳态分量和外加激励有关,所以又称为强制响应。齐次方程的通解 u''_C 取决于对应齐次方程的特征根而与外加激励无关,所以称其为自由响应。由于自由响应随时间按指数规律衰减而趋于零,所以又称其为暂态响应。因此,换路以后电路中的响应 u_C 等于强制响应和自由响应之和,或者说,等于稳态响应和暂态响应之和。对于电流 i 来说,强制响应(或稳态响应)为 0;自由响应(或暂态响应)为指数衰减形式,见式(3-11)。

对于图 3-9(a)所示的电路,换路以后的过程实际上是直流电源通过电阻给电容充电的过程。在整个充电过程中,电源提供的能量一部分被电阻消耗了,而另一部分以电场能的形式储存在电容中。由于电容上的电压最终等于电源电压,所以当充电完毕电容上所储存的电场能为 $CU_s^2/2$。电阻消耗的能量为

$$W_R = \int_0^\infty i^2(t) R dt = \int_0^\infty (\frac{U_s}{R} e^{-\frac{t}{RC}})^2 R dt = -\frac{1}{2} C U_s^2 \ e^{-\frac{2t}{RC}} \Big|_0^\infty = \frac{1}{2} C U_s^2$$

可见,在整个充电过程中电阻所消耗的能量和电容最终储存的电场能相等,即电源所提供的能量只有一半变成电场能存于电容中,所以电容的充电效率只有 50%。

在图 3-9(a)所示的电路中,若将电容换成电感则电路如图 3-10(a)所示。已知零状态,即 $i_L(0_-) = 0$ A。换路后,根据 KVL,有

$$u_R + u_L = U_s$$

选 i_L 为变量,由 $u_R = R i_L$ 和 $u_L = L \frac{di_L}{dt}$,代入上式,得

$$L \frac{di_L}{dt} + R i_L = U_s, t \geqslant 0_+ \tag{3-12}$$

该式是一阶线性非齐次常微分方程,其解的结构为

$$i_L = i'_L + i''_L$$

式中:i'_L 是特解;i''_L 是齐次方程的通解。可得特解和齐次方程的通解分别为

$$i'_L = \frac{U_s}{R}, \quad i''_L = A e^{-\frac{t}{\tau}}$$

式中:$\tau = L/R$ 为时间常数。于是有

$$i_L = i'_L + i''_L = \frac{U_s}{R} + A e^{-\frac{t}{\tau}}$$

根据零状态有 $i_L(0_+) = i_L(0_-) = 0$,代入上式得 $A = -U_s/R$,即得式(3-12)的解为

$$i_L = \frac{U_s}{R} - \frac{U_s}{R} e^{-\frac{t}{\tau}} = \frac{U_s}{R}(1 - e^{-\frac{t}{\tau}}) \tag{3-13}$$

电感和电阻两端的电压分别为

$$u_L = L \frac{di_L}{dt} = U_s e^{-\frac{t}{\tau}} \tag{3-14}$$

$$u_R = R i_L = U_s(1 - e^{-\frac{t}{\tau}}) \tag{3-15}$$

i_L、u_L 和 u_R 的变化曲线如图 3-10(b)所示。

例 3-4 如图 3-11(a)所示电路,在 $t = 0$ 时合上开关 S,已知 $i_L(0_-) = 0$ A,试求 t

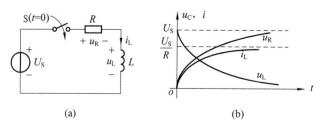

图 3-10　**RL 电路的零状态响应**

$\geqslant 0$ 时的电流 i_1。

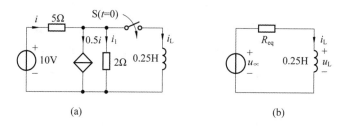

图 3-11　例 3-4 图

解　换路后应用戴维南定理求得等效电路如图 3-11(b)所示，其中 $u_{oc} = 3.75$ V，$R_{eq} = 1.25$ Ω，得时间常数为

$$\tau = \frac{L}{R_{eq}} = \frac{0.25}{1.25} \text{ s} = 0.2\text{s}$$

代入式(3-13)，得

$$i_L = \frac{U_{oc}}{R_{eq}}(1 - e^{-\frac{t}{\tau}}) = 3(1 - e^{-5t}) \text{ A}$$

$$u_L = L\frac{\mathrm{d}i_L}{\mathrm{d}t} = 0.25 \times 3 \times (-1) \times (-5)e^{-5t} \text{ V} = 3.75e^{-5t} \text{ V}$$

换路后 2 Ω 电阻上的电压就是电感电压 u_L，则

$$i_1 = \frac{u_L}{2} = 1.875e^{-5t} \text{ A}$$

3.4　一阶电路的全响应

◆ 3.4.1　全响应

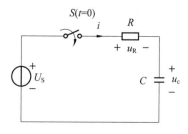

图 3-12　一阶电路的全响应

如图 3-12 所示电路，换路后直流电压源被接到 RC 串联电路中，即非零输入；又已知 $u_C(0_-) = U_0$，即非零状态。根据 KVL，有

$$RC\frac{\mathrm{d}u_C}{\mathrm{d}t} + u_C = U_s, t \geqslant 0_+ \qquad (3\text{-}16)$$

方程解的结构为

$$u_C = u'_C + u''_C$$

其中特解和齐次方程的通解分别为

$$u'_c = U_s, \quad u''_c = Ae^{-\frac{t}{\tau}}$$

$\tau = RC$ 为时间常数,则

$$u_c = u'_c + u''_c = U_s + Ae^{-\frac{t}{\tau}}$$

根据初始条件有 $u_c(0_+) = u_c(0_-) = U_0$,代入上式得积分常数

$$A = U_0 - U_s$$

即得式(3-16)的解,即全响应为

$$u_c = U_s + (U_0 - U_s)e^{-\frac{t}{\tau}} \tag{3-17}$$

该式右边的第一项为电路达到稳态时的响应,所以称为稳态响应;右边的第二项随着时间逐步衰减到零,所以为暂态响应。可见全响应可以表示为

$$\text{全响应} = \text{稳态响应} + \text{暂态响应}$$

或者

$$\text{全响应} = \text{强制响应} + \text{自由响应}$$

式(3-17)可以改写为

$$u_c = U_0 e^{-\frac{t}{\tau}} + U_s(1 - e^{-\frac{t}{\tau}}) \tag{3-18}$$

式(3-18)右边的第一项为电路的零输入响应,右边的第二项为电路的零状态响应。则全响应又可以表示为

$$\text{全响应} = \text{零输入响应} + \text{零状态响应}$$

由此可见,电路的全响应是零输入响应和零状态响应的叠加,这是由线性电路的性质所决定的。

将全响应分解成稳态响应(强制响应)和暂态响应(自由响应),或者零输入响应和零状态响应,是从不同的角度来分析全响应的构成,便于进一步地理解动态电路的全响应。

一阶电路的全响应是指换路后电路的初始状态不为零,同时又有外加激励源作用时电路中产生的响应。

◆ 3.4.2　三要素法分析一阶电路

一阶电路的数学模型是一阶微分方程:

$$a\frac{\mathrm{d}f}{\mathrm{d}t} + bf = c$$

其解为稳态分量加暂态分量,即解的一般形式为

$$f(t) = f(\infty) + A e^{-\frac{t}{\tau}}$$

$t = 0^+$ 时有

$$f(0^+) = f(\infty)|0^+ + A$$

则积分常数

$$A = f(0^+) - f(\infty)|0^+$$

代入方程得

$$f(t) = f(\infty) + (f(0^+) - f(\infty)|0^+) e^{-\frac{t}{\tau}}$$

注意直流激励时

$$f(\infty)|0^+ = f(\infty)$$

以上式子表明分析一阶电路问题可以转为求解电路的初值 $f(0^+)$、稳态值 $f(\infty)$ 及时

间常数 τ 三个要素的问题。求解方法为：

①$f(0^+)$：用 $t \to \infty$ 的稳态电路求解；

②$f(\infty)$：用 0^+ 时刻等效电路求解；

③时间常数 τ：求出等效电阻，则电容电路有 $\tau = RC$，电感电路有 $\tau = \dfrac{L}{R}$。

例 3-5   如图 3-13(a)所示电路原已处于稳定状态，$t=0$ 时开关 S 闭合，试求电路在 $t=0_+$ 时刻各储能元件上的电压、电流值。

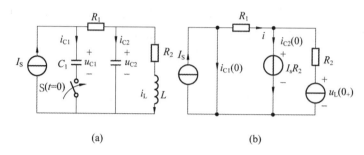

(a)   (b)

图 3-13   例 3-5 图

解   先确定电路在 $t=0_-$ 时刻的电容电压和电感电流值。$t=0_+$ 时有

$$i_L(0_-) = I_S, u_{C1}(0_-) = 0, u_{C2}(0_-) = R_2 I_S$$

由电路初始条件得

$$u_{C1}(0_+) = u_{C1}(0_-) = 0$$

$$u_{C2}(0_+) = u_{C2}(0_-) = R_2 I_S$$

$$i_L(0_+) = i_L(0_-) = I_S$$

所以电路对应的等效电路如图 3-13(b)所示，则

$$u_L(0_+) = -R_2 I_S + R_2 I_S = 0$$

$$i_{C1}(0_+) = I_S + \frac{R_2 I_S}{R_1}$$

$$i_{C2}(0_+) = -I_S - \frac{R_2 I_S}{R_1}$$

例 3-6   如图 3-14(a)所示电路原来已处于稳定状态，已知 $C=3~\mu F$，$R_1 = R_2 = 1$ kΩ，$R_3 = R_4 = 2$ kΩ，$u_{S1} = 12$ V，$u_{S2} = 6$ V，当 $t=0$ 时闭合开关 S，试求电容电压 $u_C(t)$。

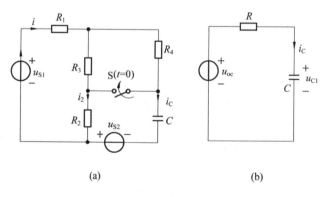

(a)   (b)

图 3-14   例 3-6 图

解 当 $t = 0_-$ 时，$u_C(0_-) = (\frac{3}{4} \times 12 - 6)$ V $= 3$ V，因此。

$$u_C(0_+) = u_C(0_-) = 3 \text{ V}$$

当 $t = 0$ 时，开关合上后（电路换路后），经过无穷长的时间电路达到新的稳态，从动态元件两端看进去，可将电路用戴维南定理等效，如图 3-14(b) 所示，其开路电压为

$$u_C(\infty) = u_{oc} = (\frac{12 \times 1000}{3 \times 1000} - 6) \text{ V} = -2 \text{ V}$$

等效电阻 $R = \frac{2}{3}$ kΩ，所以时间常数 $\tau = RC = 2 \ \mu s$。

应用三要素法，有

$$u(t) = u_C(\infty) + [u(0^+) - u_C(\infty)|0^+] e^{-\frac{t}{\tau}} = -2 + 5 e^{-500t} \text{ V}$$

那么其他要求的电流要回到原电路中去求，因此：

$$i_C(t) = C \frac{\mathrm{d} u_C}{\mathrm{d} t} = (-7.5 \times e^{-500t}) \times 10^{-3} \text{A}$$

$$i_2(t) = (4 + 5 e^{-500t}) \times 10^{-3} \text{A}$$

$$i(t) = (4 + 2.5 e^{-500t}) \times 10^{-3} \text{A}$$

本章小结

通过本章的学习，使学生掌握动态电路方程的确定及初始条件的确定，掌握一阶电路的零输入响应、零状态响应和全响应的概念及求解，掌握一阶电路求解的三要素法。

本章习题

3-1 题图 3-1 所示电路原已处于稳定状态，$t = 0$ 时开关 S 闭合，试求电路在 $t = 0_+$ 时刻各储能元件上的电压、电流值。

3-2 题图 3-2 所示电路原已达稳态，$t = 0$ 时合上开关 S，求电感电流 i_L。

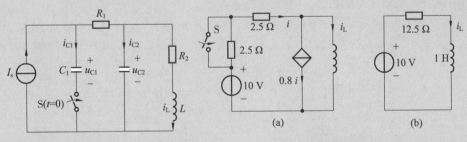

题图 3-1 　　　　　　　　　　　题图 3-2

3-3 题图 3-3 所示电路原已处于稳定状态。已知 $U_S = 20$ V，$R_1 = R_2 = 5 \ \Omega$，$L = 2$ H，$C = 1$ F。求：

(1) 开关闭合后瞬间（$t = 0_+$）各支路电流和各元件上的电压；

(2) 开关闭合后电路达到新的稳态时（$t = \infty$），各支路电流和各元件上的电压。

3-4 题图 3-4 所示电路原已处于稳定状态。已知 $I_S=5$ A,$R_1=10$ Ω,$R_2=5$ Ω,$L_1=2$ H,$L_2=1$ H,$C=0.5$ F。求：

(1) 开关闭合后瞬间($t=0_+$)各支路电流和各元件上的电压；

(2) 开关闭合后电路达到新的稳态时($t=\infty$)各支路电流和各元件上的电压。

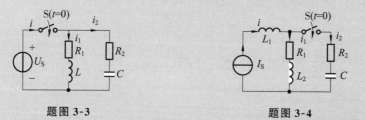

题图 3-3   题图 3-4

3-5 题图 3-5 所示电路原已处于稳定状态。已知 $I_S=10$ mA,$R_1=3000$ Ω,$R_2=6000$ Ω,$R_3=2000$ Ω,$C=2.5$ μF。求开关 S 在 $t=0$ 时闭合后电容电压 u_C 和电流 i,并画出它们随时间变化的曲线。

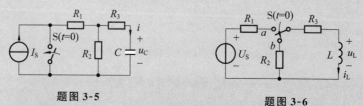

题图 3-5   题图 3-6

3-6 题图 3-6 所示电路开关与触点 a 接通并已处于稳定状态。已知 $U_S=100$ V,$R_1=10$ Ω,$R_2=200$ Ω,$R_3=40$ Ω,$L=10$ H。开关 S 在 $t=0$ 时由触点 a 合向触点 b,求电感电流 i_L 和电压 u_L。

3-7 一组高压电容从高压电网上切除,在切除瞬间电容的电压为 3600 V。脱离电网后电容经本身泄漏电阻放电,经过 20 分钟,它的电压降低为 950 V。求：

(1) 再经过 20 分钟,它的电压降低为多少？

(2) 如果电容量为 40 μF,电容器的绝缘电阻是多少？

(3) 经过多少时间电容电压降为 36 V？

(4) 如果电容器从电网上切除后经 0.2 Ω 的电阻放电,放电的最大电流为多少？放电过程需多长时间(设 $t=5\tau$ 时电路达到稳态)？

3-8 题图 3-8 所示电路原已处于稳定状态。已知 $U_S=100$ V,$R_1=R_2=R_3=100$ Ω,$C=10$ μF。试求开关 S 在 $t=0$ 时断开后电容电压 u_C 和流过 R_2 的电流 i_2。

3-9 题图 3-9 所示电路中,已知线圈电阻 $R=0.5$ Ω,电感 $L=0.5$ mH。线圈额定工作电流 $I=4$ A。现要求开关 S 闭合后在 2 ms 内达到额定电流,求串联电阻 R_1 和电源电压 U_S(设 $t=5\tau$ 时电路达到稳态)。

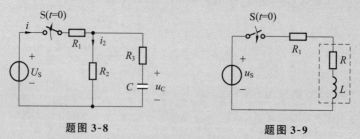

题图 3-8   题图 3-9

3-10 题图 3-10 所示电路原已处于稳定状态。已知 $I_S=50$ mA,$R_1=10$ Ω,$R_2=20$ Ω,$C=5$ μF,$L=15$ mH。试求开关 S 在 $t=0$ 时断开后开关电压 u_S 的表示式。

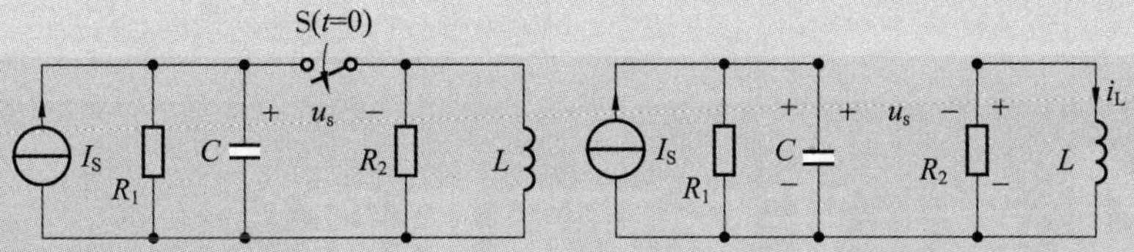

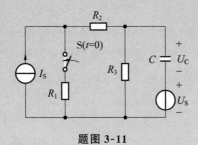

题图 3-10

3-11 如题图 3-11 所示电路原已处于稳定状态。已知 $I_S = 1\ \text{mA}$，$R_1 = 10\ \text{k}\Omega$，$R_2 = 10\ \text{k}\Omega$，$R_3 = 20\ \text{k}\Omega$，$C = 10\ \mu\text{F}$，$U_S = 10\ \text{V}$。试求开关 S 在 $t = 0$ 时闭合后电容电压 u_C 的表示式。

题图 3-11

第4章 正弦交流电路

在生产和生活的各个领域中,大量使用的都是正弦交流电,因为交流电和直流电比较有它的优点:第一,能用变压器改变电压,便于输送和使用;第二,交流电机比相同功率的直流电机结构简单、工作可靠、经济性好;第三,可以应用整流装置,将交流电变换成所需的直流电。因此,交流电得到广泛的应用。通常,把电压、电流均随时间按正弦规律变化的电路称为正弦交流电路。本章着重介绍正弦交流电路的基本概念和分析计算方法。

4.1 正弦交流电路的基本概念

如果电路中所含的电源都是交流电源,则称该电路为交流电路(AC circuits)。交流电压源的电压以及交流电流源的电流都随时间做周期性的变化,如果这一变化方式是按正弦规律变化的,则称为正弦交流电源。

在线性电路中,如果激励是正弦量,则电路中各支路电压和电流的稳态响应将是同频率的正弦量。如果电路中有多个激励且都是同一频率的正弦量,则根据线性电路的叠加性质,电路中的全部稳态响应将是同一频率的正弦量,处于这种稳定状态的电路称为正弦稳态电路,又可称为正弦交流电路。

◆ 4.1.1 正弦量及其三要素

随时间按正弦规律变化的电压和电流称为正弦电压和正弦电流。在工程上常把正弦电流归之为交流(alternating current 简写为 AC)。在电路分析中把正弦电流、正弦电压统称为正弦量。对正弦量的数学描述,可以采用正弦函数,也可以采用余弦函数。本书采用正弦函数。

正弦量随时间变化,对应每一时刻的数值称为瞬时值,分别用 u、i 和 e 等来表示。以电流为例,依据正弦量的概念,设某支路中正弦电流 i 在选定参考方向下的瞬时值表达式为

$$i(t) = I_m \sin(\omega t + \varphi) \tag{4-1}$$

式(4-1)中的三个常数 I_m、ω 和 φ 分别为振幅(幅值)、角频率和初相位,称为正弦量的三要素。其波形如图 4-1 所示。

1. 振幅(幅值)

正弦量瞬时值中的最大值,叫振幅,也叫峰值。用大写字母带下标"m"表示,如 U_m、I_m 等。图 4-1 所示正弦交流电的波形图中的 I_m 便是电压的振幅值,振幅为正值。

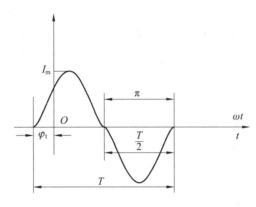

图 4-1　交流电的波形

2. 角频率 ω

（1）周期和频率。

周期是指正弦量变化一个循环所需要的时间，用 T 来表示；正弦量每秒内变化的次数称为频率 f，它的单位是赫兹（Hz）。频率是周期的倒数，即

$$f = \frac{1}{T} \tag{4-2}$$

在我国和大多数国家都采用 50 Hz 作为电力标准频率，习惯上称为工频。

（2）角频率是指交流电在 1 s 内变化的电角度，单位为 rad/s。若交流电 1 s 内变化了 f 次，则角频率与频率的关系式为

$$\omega = 2\pi f = \frac{2\pi}{T} \tag{4-3}$$

（3）周期、频率和角频率从不同的角度反映了同一个问题：正弦量随时间变化的快慢程度。

一周期内，辐角：

$$\omega T = 2\pi \Rightarrow \omega = \frac{2\pi}{T} = 2\pi f$$

工频为 50 Hz 的情况下：

$$\omega = 2\pi f = 100\pi = 314 \text{ rad/s}$$

可见，T、f、ω 都反映了正弦量变化的快慢，只要知道其中之一，则其余两个均可求出。

■ **例 4-1** 已知工频 $f = 50$ Hz，试求其周期及角频率。

解 周期为

$$f = \frac{1}{T} = \frac{1}{50} \text{ s} = 0.02 \text{ s}$$

$$\omega = 2\pi f = 2\pi \times 50 \text{ rad/s} = 314 \text{ rad/s}$$

3. 初相位

一般情况下，若以电枢绕组处在 $\alpha_1 = \theta = \varphi$（这里的 θ 也可以用 φ 表示）的位置为计时起点，如图 4-2（a）所示，即 t 时刻线圈所在平面与中性面之间有一夹角 φ，则电枢旋转而产生的感应电动势为

$$e = E_m \sin(\omega t + \theta) = E_m \sin(\omega t + \varphi) \tag{4-4}$$

图 4-2(b)为其波形图。上式中的 $\omega t + \theta$ 是反映正弦量变化进程的电角度,可根据 $\omega t + \varphi$ 确定任一时刻交流电的瞬时值,把这个电角度称为正弦量的"相位"或"相位角",把 $t = 0$ 时刻正弦量的相位叫作"初相",用字母"φ"表示,规定 $|\varphi|$ 不超过 π 弧度。

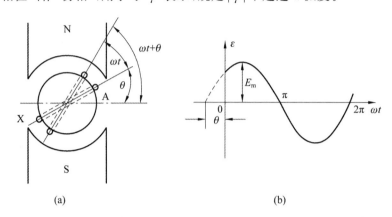

(a)   (b)

图 4-2 初相不为零的正弦波形

由于正弦量一个周期中瞬时值出现两次为零的情况,我们规定由负值向正值变化之间的一个零点叫作正弦量的"零值",则正弦量的初相便是由正弦量的零值到计时起点 $t = 0$ 之间的电角度。图 4-3 给出了几种不同计时起点的正弦电流的解析式和波形图。由波形图可以看出,若正弦量以零值为计时起点,则初相 $\varphi = 0$;若零值在坐标原点左侧,则初相 φ 为正;若零值在坐标原点右侧,则初相 φ 为负。

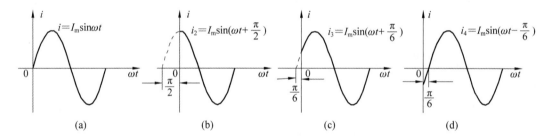

(a)   (b)   (c)   (d)

图 4-3 几种不同计时起点的正弦电流波形

知道了正弦量的三要素,便可以确定出正弦量的解析式,用小写字母表示。常用正弦量交流电的函数表达式为

$$e = E_m \sin(\omega t + \theta_e) = E_m \sin(\omega t + \varphi_e)$$
$$u = U_m \sin(\omega t + \theta_u) = U_m \sin(\omega t + \varphi_u)$$
$$i = I_m \sin(\omega t + \theta_i) = I_m \sin(\omega t + \varphi_i) \qquad (4-5)$$

本章出现的初相位用 θ 或者 φ 表示均可以。

■ **例 4-2** 在选定的参考方向下,已知两正弦量的解析式为 $u = 200\sin(1000t + 200°)$ V,$i = -5\sin(314t + 30°)$ A,试求两个正弦量的三要素。

解 (1) $u = 200\sin(1000t + 200°)$ V $= 200\sin(1000t - 160°)$ V,所以电压的振幅值 $U_m = 200$ V,角频率 $\omega = 1000$ rad/s,初相 $\theta_i = -160°$。

(2) $i = -5\sin(314t + 30°)$ A $= 5\sin(314t + 30° + 180°)$ A $= 5\sin(314t - 150°)$ A,所以电流的振幅值 $I_m = 5$ A,角频率 $\omega = 314$ rad/s,初相 $\varphi_i = -150°$。

■ **例 4-3** 已知选定参考方向下正弦量的波形图如图 4-4 所示,试写出正弦量的解析式。

解

$$u_1 = 200\sin(\omega t + \frac{\pi}{3}) \text{ V}$$

$$u_2 = 200\sin(\omega t - \frac{\pi}{6}) \text{ V}$$

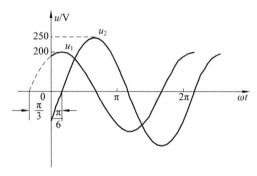

图 4-4　例 4-3 图

◆ **4.1.2　相位差**

两个同频率正弦量的相位之差,称为相位差,用字母"φ"表示。

令两个正弦量为

$$u_1 = U_{m1}\sin(\omega t + \varphi_1)$$
$$u_2 = U_{m2}\sin(\omega t + \varphi_2)$$

它们的相位差为

$$\varphi_{12} = (\omega t + \varphi_1) - (\omega t + \varphi_1) = \varphi_1 - \varphi_2$$

下面分别加以讨论:

(1)$\varphi_{12} = \varphi_1 - \varphi_2 > 0$ 且 $|\varphi_{12}| \leqslant \pi$ 弧度,如图 4-5(a)所示,u_1 达到零值或幅值后,u_2 需经过一段时间才能达到零值或幅值。因此,u_1 超前于 u_2,或 u_2 滞后于 u_1。u_1 超前于 u_2 的角度为 φ_{12}。

(2)$\varphi_{12} = \varphi_1 - \varphi_2 < 0$ 且 $|\varphi_{12}| \leqslant \pi$ 弧度,u_1 滞后于 u_2,或 u_2 超前于 u_1。

(3) $\varphi_{12} = \varphi_1 - \varphi_2 = 0$,称这两个正弦量同相,如图 4-5(b)所示。

(4) $\varphi_{12} = \varphi_1 - \varphi_2 = \pi$,称这两个正弦量反相,如图 4-5(c)所示。

(5) $\varphi_{12} = \varphi_1 - \varphi_2 = \frac{\pi}{2}$,称这两个正弦量正交,如图 4-5(d)所示。

▌例 4-4　已知 $u = 200\sqrt{2}\sin(\omega t + 235°)$ V,$i = 10\sqrt{2}\sin(\omega t + 45°)$ A,求 u 和 i 的初相及两者间的相位关系。

解

$$u = 200\sqrt{2}\sin(\omega t + 235°) \text{ V} = 200\sqrt{2}\sin(\omega t - 125°) \text{ V}$$

所以电压 u 的初相角为 $-125°$,电流 i 的初相角为 $45°$。

$$\varphi_{ui} = \varphi_u - \varphi_i = -125° - 45° = -170° < 0$$

表明电压 u 滞后于电流 i 170°。

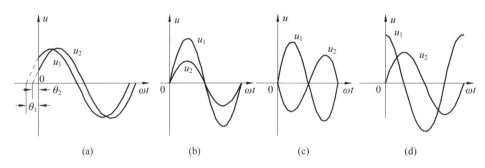

图 4-5 同频率正弦量的几种相位关系

例 4-5 分别写出图 4-6 中各电流 i_1、i_2 的相位差,并说明 i_1 与 i_2 的相位关系。

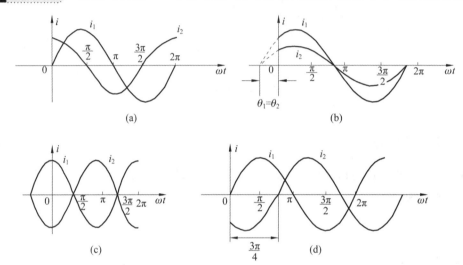

图 4-6 例 4-5 图

解 由图 4-6(a)可知 $\varphi_1 = 0°$,$\varphi_2 = 90°$,$\varphi_{12} = \varphi_1 - \varphi_2 = 0° - 90° = -90° < 0$,表明 i_1 滞后于 i_2 90°。

由图 4-6(b)可知 $\varphi_1 = \varphi_2$,$\varphi_{12} = \varphi_1 - \varphi_2 = 0°$,表明两者同相。

由图 4-6(c)可知 $\varphi_{12} = \varphi_1 - \varphi_2 = \pi$,表明两者反相。

由图 4-6(d)可知 $\varphi_1 = 0°$,$\varphi_2 = -\dfrac{3\pi}{4}$,$\varphi_{12} = \varphi_1 - \varphi_2 = 0° - \left(-\dfrac{3\pi}{4}\right) = \dfrac{3\pi}{4}$,表明 i_1 超前于 i_2 $\dfrac{3\pi}{4}$ 弧度。

例 4-6 已知 $u_1 = 220\sqrt{2}\sin(\omega t + 120°)$ V,$u_2 = 220\sqrt{2}\sin(\omega t - 90°)$ V,试分析两者的相位关系。

解 u_1 的初相为 $\theta_1 = 120°$,u_2 的初相为 $\theta_2 = -90°$,u_1 和 u_2 的相位差为

$$\varphi_{12} = \varphi_1 - \varphi_2 = 120° - (-90°) = 210°$$

考虑到 $|\varphi| \leqslant \pi$,故可以将 $\varphi_{12} = 210°$ 表示为 $\varphi_{12} = -360° + 210° = -150° < 0$,表明 u_1 滞后于 u_2 150°。

◆ 4.1.3 有效值

前面已介绍了正弦量的瞬时值和最大值,它们都不能确切反映在转换能量方向的效果,

为此,引入有效值。

1. 有效值的定义

在相等时间里,如果交流电 i 与某一强度直流电 I 通过同一电阻 R 所产生的热量相等,那么这一交流电的有效值就等于这个直流电流 I。如图 4-7 所示,有效值用大写字母表示,如 I、U 等。

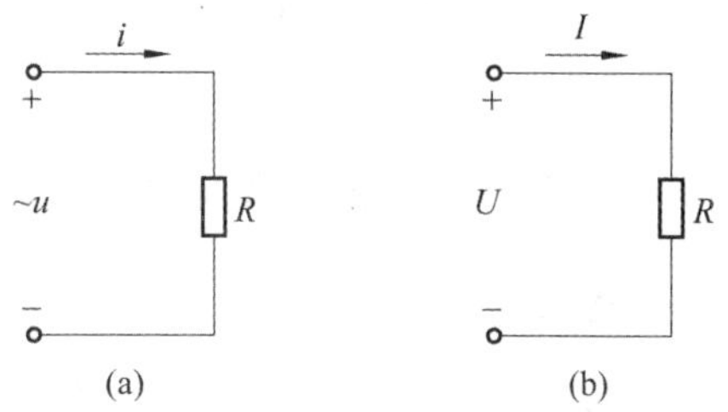

(a)   (b)

图 4-7　交流电的有效值

直流电在一个周期 T 内所产生的热量为

$$Q = I^2 RT$$

交流电在一个周期 T 内所产生的热量为

$$Q_i = \int_0^T i^2 R \mathrm{d}t$$

按有效值的定义有

$$Q_i = \int_0^T i^2 R \mathrm{d}t = I^2 RT$$

2. 有效值的计算

当电阻 R 上通以正弦交流电流 $i = I_m \sin \omega t$ 时,由有效值的定义可知

$$I = \sqrt{\frac{1}{T} \int_0^T I_m^2 \sin^2 \omega t \, \mathrm{d}t} = \sqrt{\frac{I_m^2}{T} \int_0^T \frac{1 - \cos 2\omega t}{2} \mathrm{d}t} = \sqrt{\frac{I_m^2}{2T} \left(\int_0^T \mathrm{d}t - \int_0^T \cos 2\omega t \, \mathrm{d}t \right)}$$

$$= \sqrt{\frac{I_m^2}{2T}(T - 0)}$$

即:

$$I = \frac{I_m}{\sqrt{2}} = 0.707 I_m \tag{4-6}$$

同理:

$$U = \sqrt{\frac{1}{T} \int_0^T u^2 \mathrm{d}t} \quad U = \frac{U_{m}}{\sqrt{2}} = 0.707 U_m \tag{4-7}$$

3. 正弦交流电有效值

$$I = \frac{I_m}{\sqrt{2}} U = \frac{U_m}{\sqrt{2}} E = \frac{E_m}{\sqrt{2}} \tag{4-8}$$

这样,只要知道有效值,再乘以 $\sqrt{2}$ 就可以得到它的振幅值。如我们日常所说的照明用电电压为 220 V,其最大值为

$$U_m = 220 \sqrt{2} \text{ V} \approx 311 \text{ V}$$

在电子技术中所说的交流电及仪表所测值均为有效值,例如:市电 220 V/380 V,电气铭牌标出的额定电压、电流,交流电压、电流表的读数等,均指有效值。

■ 例 4-7　一正弦电压的初相为 60°,有效值为 100 V,试求它的解析式。

解　因为 $U = 100$ V,所以其最大值为 $100\sqrt{2}$ V,则电压的解析式为

$$u = 100\sqrt{2}\sin(\omega t + 60°) \text{ V}$$

正弦量的相量表示法

◆ ### 4.2.1　复数及四则运算

1. 复数

在数学中常用 $A=a+\mathrm{i}b$ 表示复数。其中 a 为实部，b 为虚部，$i=\sqrt{-1}$ 称为虚单位。在电工技术中，为区别于电流的符号，虚单位常用 j 表示。

若已知一个复数的实部和虚部，那么这个复数便可确定。

我们取一直角坐标系，其横轴称为实轴，纵轴称为虚轴，这两个坐标轴所在的平面称为复平面。这样，每一个复数在复平面上都可找到唯一的点与之对应，而复平面上每一点也都对应着唯一的复数。如复数 $A=4+\mathrm{j}3$，所对应的点即为图 4-8(a)上的 A 点。

复数还可以用复平面上的一个矢量来表示。复数 $A=a+\mathrm{j}b$ 可以用一个从原点 O 到 P 点的矢量来表示，如图 4-8(b)所示，这种矢量称为复矢量。矢量的长度 r 为复数的模，即

$$r=\mid A\mid=\sqrt{a^2+b^2} \tag{4-9}$$

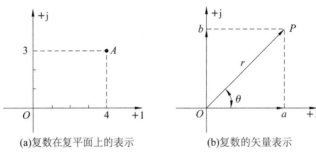

(a)复数在复平面上的表示　　(b)复数的矢量表示

图 4-8　复数的表示

矢量和实轴正方向的夹角 θ 称为复数 A 的辐角，即

$$\varphi=\arctan\frac{b}{a}\,(\varphi\leqslant 2\pi) \tag{4-10}$$

不难看出，复数 A 的模$\mid A\mid$在实轴上的投影就是复数 A 的实部，在虚轴上的投影就是复数 A 的虚部，即

$$a=r\cos\varphi$$
$$b=r\sin\varphi \tag{4-11}$$

2. 复数的四种形式

（1）复数的代数形式

$$A=a+\mathrm{j}b$$

（2）复数的三角形式

$$A=r\cos\varphi+\mathrm{j}r\sin\varphi$$

（3）复数的指数形式

$$A=r\mathrm{e}^{\mathrm{j}\varphi}$$

（4）复数的极坐标形式

$$A=r\angle\varphi$$

代数式与极坐标式是常用的,要求读者对它们的换算应十分熟练。

例 4-8 写出复数 $A_1=4-j3$,$A_2=-3+j4$ 的极坐标形式。

解 A_1 的模为

$$r_1 = \sqrt{4^2+(-3)^2} = 5$$

辐角为

$$\varphi_1 = \arctan\frac{-3}{4} = -36.9°(在第四象限)$$

则 A_1 的极坐标形式为

$$A_1 = 5\angle-36.9°$$

A_2 的模为

$$r_2 = \sqrt{(-3)^2+4^2} = 5$$

辐角为

$$\varphi_2 = \arctan\frac{4}{-3} = 126.9°(在第二象限)$$

则 A_2 的极坐标形式为

$$A_1 = 5\angle126.9°$$

例 4-9 写出复数 $A=100\angle30°$ 的三角形式和代数形式。

解 三角形式为

$$A = 100\cos 30° + j100\sin 30°$$

代数形式为

$$A = 100\cos 30° + j100\sin 30° = 86.6 + j50$$

3. 复数的四则运算

(1) 复数的加减法。

如图 4-9 所示,设

$$A_1 = a_1 + jb_1 = r_1\angle\varphi_1$$
$$A_2 = a_2 + jb_2 = r_2\angle\varphi_2$$

则

$$A_1 \pm A_2 = (a_1 \pm a_2) + j(b_1 \pm b_2)$$

(2) 复数的乘除法。

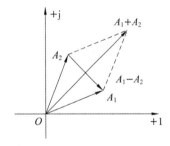

图 4-9 复数相加减矢量图

$$AB = r_1\angle\varphi_1 r_2\angle\varphi_2 = r_1 r_2\angle\varphi_1 + \varphi_2$$
$$\frac{A}{B} = \frac{r_1\angle\varphi_1}{r_2\angle\varphi_2} = \frac{r_1}{r_2}\angle\varphi_1 - \varphi_2$$

例 4-10 求复数 $A=8+j6$,$B=6-j8$ 之和 $A+B$ 及积 AB。

解

$$A + B = (8+j6) + (6-j8) = 14 - j2$$
$$AB = (8+j6)\times(6-j8) = 10\angle36.9°\times10\angle-53.1° = 100\angle-16.2°$$

◆ **4.2.2 正弦量的相量表示法**

给出一个正弦量 $u=U_m\sin(\omega t+\theta)$,在复平面上作一矢量(如图 4-10 所示),满足:

（1）矢量的长度按比例等于振幅值 U_m；

（2）矢量和横轴正方向之间的夹角等于初相角 θ；

（3）矢量以角速度 ω 绕坐标原点逆时针方向旋转。当 $t=0$ 时，该矢量在纵轴上的投影 $O'a=U_m\sin\theta$。

经过一定时间 t_1，矢量从 OA 转到 OB，这时矢量在纵轴上的投影为 $U_m\sin(\omega t_1+\theta)$，等于 t_1 时刻正弦量的瞬时值 $O'b$。由此可见，上述旋转矢量既能反映正弦量的三要素，又能通过它在纵轴上的投影确定正弦量的瞬时值，所以复平面上一个旋转矢量可以完整地表示一个正弦量。

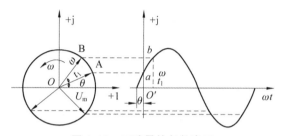

图 4-10　正弦量的复数表示

复平面上的矢量与复数是一一对应的，用复数 $U_m e^{j\theta}$ 来表示复数的起始位置，再乘以旋转因子 $e^{j\omega t}$ 便为上述旋转矢量，即

$$U_m e^{j\theta}\cdot e^{j\omega t}=U_m e^{j(\omega t+\theta)}=U_m\cos(\omega t+\theta)+jU_m\sin(\omega t+\theta)$$

该矢量的虚部即为正弦量的解析式，由于复数本身并不是正弦函数，因此用复数对应地表示一个正弦量并不意味着两者相等。

在正弦交流电路中，由于角频率 ω 常为一定值，各电压和电流都是同频率的正弦量，这样，便可用起始位置的矢量来表示正弦量，即把旋转因子 $e^{j\omega t}$ 省去，而用复数 $U_m e^{j\theta}$ 对应地表示一个正弦量。

又因为我们常用到正弦量的有效值，所以我们也常用 $U e^{j\theta}$ 来表示一个正弦量，把模等于正弦量的有效值（振幅值），幅角等于正弦量初相的复数称为该正弦量的相量，常用正弦量的大写符号顶上加一圆点"$\cdot$"来表示。本书中说的相量的模都指有效值，以 $\dot{U}$、$\dot{I}$ 等表示，如

$$\dot{U}=U\angle\theta \tag{4-12}$$

正弦量的相量和复数一样，可以在复平面上用矢量表示。画在复平面上表示相量的图形称为相量图。显然，只有同频率的多个正弦量对应的相量画在同一复平面上才有意义。

只有同频率的正弦量才能相互运算，运算方法按复数的运算规则进行。把用相量表示正弦量进行正弦交流电路运算的方法称为相量法。

综上所述，一个正弦量具有幅值、频率和相位三个特征。这些特征可以用一些方法表示出来，具体有以下三种表示方法。

（1）三角函数：$u=\sin(\omega t+\theta)=U_m\sin(\omega t+\varphi)$。

为了符号一致性，本章节后面初相位统一用 φ 表示。

（2）波形图。

（3）相量。相量表示方法可分为相量图和复数式两种，其中复数式表示方法又可以分为三角函数式、代数式、极坐标式和指数式。

用相量表示正弦量，会使正弦量的分析大为简化。

例 4-11 已知同频率的正弦量的解析式分别为：$i=10\sin(\omega t+30°)$；$u=220\sqrt{2}\sin(\omega t-45°)$，式求电流和电压的相量 $\dot{U}$、$\dot{I}$，并绘出相量图。

解 由解析式可得

$$\dot{U}=\frac{220\sqrt{2}}{\sqrt{2}}\angle-45°\text{ V}=220\angle\ 45°\text{ V}$$

$$\dot{I}=\frac{10}{\sqrt{2}}\angle30°\text{ A}=5\sqrt{2}\angle30°\text{ A}$$

相量图如图 4-11 所示。

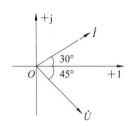

图 4-11　例 4-11 图

例 4-12 已知工频条件下，两正弦量的相量分别为 $\dot{U}_1=10\sqrt{2}\angle60°\text{ V}$，$\dot{U}_2=20\sqrt{2}\angle-30°\text{ V}$，试求两正弦电压的解析式。

解 由于

$$\omega=2\pi f=2\pi\times50\text{ rad/s}=100\pi\text{ rad/s}$$

故

$$\dot{U}_1=10\sqrt{2}\text{ V}\quad\varphi=60°\quad u_1=\sqrt{2}U_1\sin(\omega t+\varphi_1)=20\sin(100\pi t+60°)\text{ V}$$

$$\dot{U}_2=20\sqrt{2}\text{ V}\quad\varphi=-30°\quad u_2=\sqrt{2}U_2\sin(\omega t+\varphi_2)=40\sin(100\pi t-30°)\text{ V}$$

4.3　单一参数的正弦交流电路

电阻元件、电感元件及电容元件是交流电路的基本元件，日常生活中的交流电路都是由这三种元件组合而成。为了分析这种电路，我们先分析单元件上电压与电流的关系，以及能量的转换和储存。

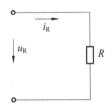

图 4-12　纯电阻电路

◆ 4.3.1 纯电阻电路

如图 4-12 所示，当线性电阻 R 两端加上正弦电压 u_R 时，电阻中便有电流 i_R 通过。在任一瞬间，电压 u_R 和电流 i_R 的瞬时值仍服从欧姆定律。在图 4-12 所示电压和电流为关联参考方向时，便可得到交流电路中电阻元件的下列关系式。

1. 电阻元件上电流和电压之间的瞬时关系

$$i_R=\frac{u_R}{R}$$

2. 电阻元件上电流和电压之间的大小关系

若

$$u_R=U_{Rm}\sin(\omega t+\varphi)\tag{4-13}$$

则

$$i_R=\frac{u_R}{R}=\frac{U_{Rm}\sin(\omega t+\varphi)}{R}=I_{Rm}\sin(\omega t+\varphi)\tag{4-14}$$

其中

$$I_{Rm}=\frac{U_{Rm}}{R}\text{ 或 }U_{Rm}=I_{Rm}R\tag{4-15}$$

$$I_R = \frac{U_R}{R} \quad 或 \quad U_R = I_R R \tag{4-16}$$

3. 电阻元件上电流和电压之间的相位关系

因电阻是纯实数,在电压和电流为关联参考方向时,电流和电压同相。图 4-13(a)所示是电阻元件上电流和电压的波形图。

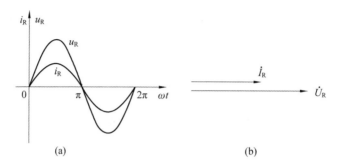

图 4-13　电阻元件上电流与电压之间的关系

4. 电阻元件上电压与电流的相量关系

关联参考方向下,若

$$i_R = I_{Rm} \sin(\omega t + \varphi)$$

令初相位 $\varphi = 0°$ 则

$$\dot{I}_R = I_r \angle 0°$$
$$u_R = U_{Rm} \sin(\omega t + \varphi)$$

所以有

$$\dot{U}_R = \dot{I}_R R \tag{4-17}$$

式(4-17)就是电阻元件上电压与电流的相量关系,也就是相量形式的欧姆定律。图 4-13(b)是电阻元件上电流和电压的相量图,两者是同相关系。

5. 电阻元件的功率

交流电路中,任一瞬间,元件上电压的瞬时值与电流的瞬时值的乘积叫作该元件的瞬时功率,用小写字母 p 表示,即

$$p = ui \tag{4-18}$$

电阻元件通过正弦交流电时,在关联参考方向下,瞬时功率为

$$\begin{aligned}
p_R = ui &= U_m \sin\omega t \cdot I_m \sin\omega t = U_m I_m \sin^2\omega t \\
&= \frac{U_m I_m}{2}(1 - \cos 2\omega t) \\
&= UI(1 - \cos 2\omega t)
\end{aligned} \tag{4-19}$$

图 4-14 画出了电阻元件的瞬时功率曲线。由上式和功率曲线可知,电阻元件的瞬时功率以电源频率的两倍作周期性变化。在电压和电流为关联参考方向时,在任一瞬间,电压与电流同号,所以瞬时功率恒为正值,即 $p_R \geqslant 0$,这表明电阻元件是一个耗能元件,任一瞬间均从电源接收功率。

工程上都是计算瞬时功率的平均值,即平均功率,用大写字母 P 表示。周期性交流电路中的平均功率就是其瞬时功率在一个周期内的平均值,即

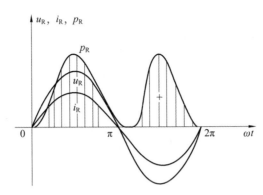

图 4-14　电阻元件的功率曲线

$$P = \frac{\int_0^T p\,\mathrm{d}t}{T} \tag{4-20}$$

正弦交流电路中电阻元件的平均功率为

$$P = \frac{\int_0^T p\,\mathrm{d}t}{T} = \frac{\int_0^T UI(1-\cos 2\omega t)\,\mathrm{d}t}{T} = UI \tag{4-21}$$

因 $I=U/R$ 或 $U=IR$，代入上式可得

$$P = UI = I^2 R = \frac{U^2}{R} \tag{4-22}$$

功率的单位为瓦(W)，工程上也常用千瓦(kW)，两者的换算关系为 1 kW＝1000 W。

由于平均功率反映了电阻元件实际消耗电能的情况，因此又称有功功率。习惯上常把"平均"或"有功"两字省略，简称功率。例如，60 W 的灯泡、1000 W 的电炉等，瓦数都是指平均功率。

例 4-13　一电阻 $R=100\ \Omega$，R 两端的电压 $u=100\sqrt{2}\sin(\omega t-30°)$ V，求：

(1) 通过电阻 R 的电流 I_R 和 i_R；

(2) 电阻 R 接收的功率 P_R。

解　(1) 因为

$$i_R = \frac{u_R}{R} = \frac{100\sqrt{2}\sin(\omega t-30°)}{100} = \sqrt{2}\sin(\omega t-30°)$$

所以

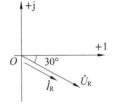

$$I_R = \frac{\sqrt{2}}{\sqrt{2}}\ \mathrm{A} = 1\ \mathrm{A}$$

图 4-15　例 4-13 相量图

(2) $P=UI=100×1$ W＝100 W 或 $P=I^2R=1^2×100$ W＝100 W。

(3) 相量图如图 4-15 所示。

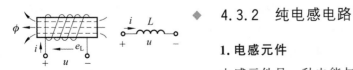

图 4-16　电感线圈与电感元件符号

4.3.2　纯电感电路

1. 电感元件

电感元件是一种电能与磁场能可以相互转换的理想元件。空心线圈的电阻很小，可以忽略不计，这样的线圈可以认为是一个理想的电感元件，如图 4-16 所示。

当通过电感元件的电流发生变化时,在电感元件两端将产生自感电动势,根据电磁感应定律可知,自感电动势与电流的变化率成正比,即

$$e_L = -L\frac{di}{dt} \qquad\qquad (4-23)$$

式中:负号表示电流增大时($di/dt>0$),感应电动势 e_L 为负值;反之($di/dt<0$),感应电动势 e_L 为正值。L 为线圈的电感(也称自感系数),单位为亨(H)。亨这个单位使用中有时太大,经常用的还有毫亨和微亨,它们的换算关系如下:$1\ H = 10^3\ mH = 10^6\ \mu H$。

根据基尔霍夫电压定律(KVL),电感元件两端的电压 u 与自感电动势 e_L 应满足

$$u = -e_L = L\frac{di}{dt} \qquad\qquad (4-24)$$

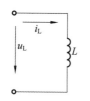

图 4-17　纯电感电路

2. 纯电感元件上电流和电压之间的瞬时关系

由式(4-24)可知,在图 4-17 所示的关联参考方向下,有

$$u_L = L\frac{di}{dt} \qquad\qquad (4-25)$$

式(4-25)是电感元件上电压和电流的瞬时关系式,两者是微分关系,而不是正比关系

3. 纯电感元件上电流和电压之间的大小关系

设

$$i_L = I_{Lm}\sin(\omega t + \varphi_i)$$

代入式(4-23)得

$$u_L = L\frac{d[I_{Lm}\sin(\omega t + \varphi_i)]}{dt} = \omega L I_{Lm}\cos(\omega t + A\varphi_i) = \omega L I_{Lm}\sin(\omega t + \varphi_i + 90°)$$

所以

$$u_L = \omega L I_{Lm}\sin(\omega t + \varphi_i + 90°) = U_{Lm}\sin(\omega t + \varphi_u) \qquad\qquad (4-26)$$

式中

$$U_{Lm} = \omega L I_{Lm} \qquad\qquad (4-27)$$

两边同除以 $\sqrt{2}$ 便得有效值关系:

$$U_L = \omega L I_L = I_L X_L \quad\text{或}\quad I_L = \frac{U_L}{X_L} = \frac{U_L}{\omega L} \qquad\qquad (4-28)$$

其中

$$X_L = \omega L = 2\pi f L \qquad\qquad (4-29)$$

X_L 称为感抗,当 ω 的单位为 $1/s$,L 的单位为 H 时,X_L 的单位为 Ω。

感抗是用来表示电感线圈对电流的阻碍作用的一个物理量。在电压一定的条件下,ωL 越大,电路中的电流越小。式(4-29)表明感抗 X_L 与电源的频率(角频率)成正比。电源频率越高,感抗越大,表示电感对电流的阻碍作用越大。反之,频率越低,线圈的感抗也就越小。对直流电来说,频率 $f=0$,感抗也就为零。电感元件在直流电路中相当于短路。

4. 纯电感元件上电流和电压之间的相位关系

由式(4-26)便可得出电感元件上电压和电流的相位关系为

$$\varphi_u = \varphi_i + 90° \qquad\qquad (4-30)$$

即电感元件上电压较电流超前90°,或者说,电流滞后电压90°。图 4-18 给出了电流和电压

的波形图。

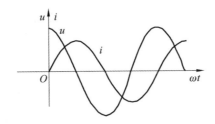

图 4-18　电感元件上电流和电压的波形图

5. 纯电感元件上电流和电压之间的相量关系

关联参考方向下,流过电感的电流为

$$i_L = I_{Lm}\sin(\omega t + \varphi_i)$$

对应的相量为

$$\dot{I}_L = I_L\angle\varphi_i$$

电感元件两端的电压为

$$u_L = \omega L I_{Lm}\sin(\omega t + \varphi_i + 90°) = U_{Lm}\sin(\omega t + \varphi_u)$$

对应的相量为

$$\dot{U}_L = U_L\angle\varphi_u = I_L X_L\angle\varphi_i + 90° = jI_L\omega L\angle\varphi_i$$

所以

$$\dot{U}_L = j\dot{I}_L\omega L = j\dot{I}_L X_L$$

引入电感的复阻抗为

$$Z_L = \frac{\dot{U}}{\dot{I}} = jX_L = j\omega L \tag{4-31}$$

电流与电压的相量图如图 4-19 所示。

6. 电感元件的功率

1) 瞬时功率

设通过电感元件的电流为

$$i_L = I_m\sin\omega t$$

则

$$p_L = ui = U_m I_m\sin\omega t\sin(\omega t + 90°) = U_m I_m\sin\omega t\cos\omega t = \frac{U_m I_m}{2}\sin 2\omega t = UI\sin 2\omega t$$

上式表明,电感元件的瞬时功率 p 也随时间按正弦规律变化,其频率为电流频率 ω 的两倍。图 4-20 给出了其功率曲线图。

2) 平均功率

$$P = \frac{1}{T}\int_0^T p\,dt = \frac{1}{T}\int_0^T UI\sin 2\omega t\,dt = 0 \tag{4-32}$$

由图 4-20 可看到,在第一及第三个 1/4 周期内,瞬时功率为正值,电感元件从电源吸收功率;在第二及第四个 1/4 周期内,瞬时功率为负值,电感元件释放功率。在一个周期内,吸收功率和释放功率是相等的,即平均功率为零。这说明电感元件不是耗能元件,而是储能元件。

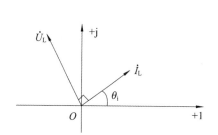

图 4-19　电感元件电流和电压的相量图

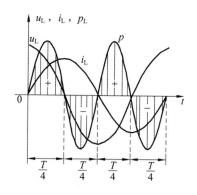

图 4-20　电感元件的功率曲线

3）无功功率

我们把电感元件上电压的有效值和电流的有效值的乘积叫作电感元件的无功功率，用 Q_L 表示。

$$Q_L = UI = I^2 X_L = \frac{U^2}{X_L} \tag{4-33}$$

$Q_L > 0$，表明电感元件是接收无功功率的，无功功率的单位为 Var、kVar。

例 4-14　已知一个电感 $L = 2$ H，接在 $u_L = 220\sqrt{2}\sin(\omega t - 60°)$ V 的电源上，求：

（1）X_L；

（2）通过电感的电流 i_L；

（3）电感上的无功功率 Q_L。

解　（1）
$$X_L = \omega L = 314 \times 2 \ \Omega = 628 \ \Omega$$

（2）
$$\dot{I}_L = \frac{\dot{U}_L}{jX_L} = \frac{\dot{U}_L}{j\omega L} = \frac{220\angle -60°}{j628} \ A = 0.35\angle -150° \ A$$

$$i_L = 0.35\sqrt{2}\sin(\omega t - 150°) \ A$$

（3）
$$Q_L = UI = 220 \times 0.35 \ Var = 77 \ Var$$

4.3.3　纯电容电路

1. 电容元件

1）电容元件是储能元件

实际电容器是由两块金属极板及极板之间填充的绝缘材料（空气、云母、绝缘纸、塑料薄膜、陶瓷等）组成的器件。若在电容器的两端加上电源之后，金属极板上分别聚集等量异号的电荷。电压 u 越高，聚集的电荷量 q 越大，在极板之间介质中产生的电场越强，所储存的电场能量也越多，所以电容器是一种能够储存电场能量的器件。

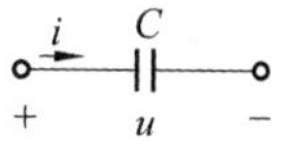

理想电容元件简称为电容元件，它是在实际的电容器忽略了其漏电阻和电感时，将其抽象为只具有储存电场能量功能的电容元件。电容元件用符号 C 表示，它在电路中的符号如图 4-21 所示。

图 4-21　电容元件符号

2）电容量

当电容器储存的电荷为 q，两端电压为 u 时，则 q 与 u 的比值称为电容元件的电容量，即

$$C = \frac{q}{u} \qquad (4\text{-}34)$$

电容 C 的单位是法拉,简称法,用 F 表示。由于法拉的单位太大,工程上一般采用微法(μF)或皮法(pF),它们之间的换算关系如下:

$$1\text{F} = 10^{6}\,\mu\text{F} = 10^{12}\,\text{pF}$$

当电容两端的电压 u 随时间变化时,极板上的电荷 q 也要随之改变,电路中便出现了电荷的定向移动,即有了电流,根据电流的定义,将式(4-34)代入 $i = \mathrm{d}q/\mathrm{d}t$ 中,即可得电容电压与电流的关系式

$$i = \frac{\mathrm{d}q}{\mathrm{d}t} = C\frac{\mathrm{d}u}{\mathrm{d}t} \qquad (4\text{-}35)$$

式(4-35)说明在任何时刻电容电流与电压的变化率成正比。

2. 纯电容元件上电流和电压之间的瞬时关系

由式(4-35)可知,在图 4-22 所示的关联参考方向下,有

$$i_{\mathrm{C}} = C\frac{\mathrm{d}u}{\mathrm{d}t} \qquad (4\text{-}36)$$

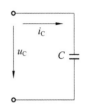

由式(4-36)可知,电容元件上电压和电流的瞬时关系也是微分关系。

图 4-22 纯电容电路

3. 纯电容元件上电流和电压之间的大小关系

设

$$u_{\mathrm{C}} = U_{\mathrm{Cm}}\sin(\omega t + \varphi_{\mathrm{u}})$$

则

$$i_{\mathrm{C}} = C\frac{\mathrm{d}u}{\mathrm{d}t} = C\frac{\mathrm{d}[U_{\mathrm{Cm}}\sin(\omega t + \varphi_{\mathrm{u}})]}{\mathrm{d}t} = \omega C U_{\mathrm{Cm}}\cos(\omega t + \mathrm{A}\varphi_{\mathrm{u}})$$

$$= \omega C U_{\mathrm{Cm}}\sin(\omega t + \varphi_{\mathrm{u}} + 90°) = I_{\mathrm{Cm}}\sin(\omega t + \varphi_{\mathrm{i}}) \qquad (4\text{-}37)$$

其中

$$I_{\mathrm{Cm}} = \omega C U_{\mathrm{Cm}} \qquad (4\text{-}38)$$

两边同除以 $\sqrt{2}$ 可得有效值关系:

$$I_{\mathrm{C}} = \omega C U_{\mathrm{C}} = \frac{U_{\mathrm{C}}}{\dfrac{1}{\omega \mathrm{C}}} = \frac{U_{\mathrm{C}}}{X_{\mathrm{C}}} \qquad (4\text{-}39)$$

其中

$$X_{\mathrm{C}} = \frac{1}{\omega C} = \frac{1}{2\pi f C} \qquad (4\text{-}40)$$

X_{C} 称为容抗,当 ω 的单位为 1/s,C 的单位为 F 时,X_{C} 的单位为 Ω。容抗表示电容在充、放电过程中对电流的一种阻碍作用。在一定的电压下,容抗越大,电路中的电流越小。

由式(4-40)可看出,容抗与电源的频率(角频率)成反比。在直流电路中电容元件的容抗为无穷大,相当于开路。

4. 纯电容元件上电流和电压之间的相位关系

由式(4-37)可得出电容元件上电压和电流的相位关系,即

$$\varphi_{\mathrm{i}} = \varphi_{\mathrm{u}} + 90°$$

即电容元件上电流较电压超前 $90°$，或电压滞后于电流 $90°$。图 4-23 给出了电流和电压的波形图。

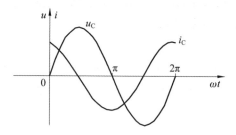

图 4-23　电容元件上电流和电压的波形图

5. 纯电容元件上电流和电压之间的相量关系

在关联参考方向下，选定电容两端的电压为

$$u_C = U_{Cm} \sin(\omega t + \varphi_u)$$

对应的相量为

$$\dot{U}_C = U_C \angle \varphi_u$$

通过电容上的电流为

$$i_C = \omega C U_{Cm} \sin(\omega t + \varphi_u + 90°) = I_{Cm} \sin(\omega t + \varphi_i)$$

对应的相量为

$$\dot{I}_C = I_C \angle \varphi_i = \frac{U_C}{X_C} \angle \varphi_u + 90° = jU_C\omega C \angle \varphi_u = j\omega C \dot{U}_C$$

所以

$$\dot{I}_C = -\frac{\dot{U}_C}{jX_C} = -\frac{\dot{U}_C}{j\frac{1}{\omega C}} = j\frac{\dot{U}_C}{X_C} = j\frac{\dot{U}_C}{\frac{1}{\omega C}} \text{ 或} \dot{U}_C = -j\frac{1}{\omega C}\dot{I}_C = -jX_C\dot{I}_C$$

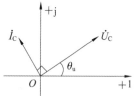

图 4-24　电容元件上电流
和电压的相量图

引入电容的复阻抗

$$Z_C = \frac{\dot{U}}{\dot{I}} = -jX_C = -j\frac{1}{\omega C} \qquad (4\text{-}41)$$

相量图如图 4-24 所示。

6. 电容元件的功率

1）瞬时功率

设通过电容元件的电压为

$$u_C = U_m \sin\omega t$$

则在电压和电流取关联参考方向时，电容元件上的瞬时功率为

$$p = ui = U_m I_m \sin\omega t \sin(\omega t + 90°)$$

$$= U_m I_m \sin\omega t \cos\omega t = \frac{U_m I_m}{2}\sin 2\omega t$$

$$= UI \sin 2\omega t \qquad (4\text{-}42)$$

由式(4-42)可知，电容元件上的瞬时功率也是随时间而变化的正弦函数，其频率为电流频率的两倍。图 4-25 给出了其功率曲线图。

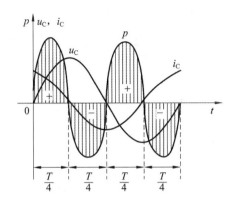

图 4-25　电容元件的功率曲线

2）平均功率

$$P = \frac{1}{T}\int_0^T p\,\mathrm{d}t = \frac{1}{T}\int_0^T UI\sin2\omega t\,\mathrm{d}t = 0 \qquad (4\text{-}43)$$

与电感元件一样，电容元件也不是耗能元件，而是储能元件。

3）无功功率

我们把电容元件上电压的有效值与电流的有效值乘积的负值，称为电容元件的无功功率，用 Q_C 表示。即

$$Q = -UI = -I^2 X_C = -\frac{U^2}{X_C} \qquad (4\text{-}44)$$

$Q_C < 0$ 表示电容元件是发出无功功率的，Q_C 和 Q_L 一样，无功功率的单位为 Var、kVar。即电容元件无功功率取负值，而电感无功功率取正值，以示区别。

例 4-15　一电容 $C = 100\ \mu\mathrm{F}$，接于 $u_L = 220\sqrt{2}\sin(1000t - 45°)\ \mathrm{V}$ 的电源上。求：（1）流过电容的电流 i_C；（2）电容元件的有功功率 P_C 和无功功率 Q_C；（3）电容中储存的最大电场能量 W_{Cm}；（4）绘电流和电压的相量图。

解　（1）

$$X_C = \frac{1}{\omega C} = \frac{1}{1000 \times 100 \times 10^{-6}}\Omega = 10\ \Omega$$

$$\dot{U}_C = 220\angle-45°\ \mathrm{V}$$

$$\dot{I}_C = -\frac{\dot{U}_C}{\mathrm{j}X_C} = \frac{220\angle-45°}{10\angle-90°}\ \mathrm{A} = 22\angle45°\mathrm{A}$$

所以

$$i_C = 22\sqrt{2}\sin(1000t + 45°)\mathrm{A}$$

（2）

$$P_C = 0\ \mathrm{W}$$

$$Q = -UI = -220 \times 22\ \mathrm{Var} = -4840\ \mathrm{Var}$$

（3）

$$W_{Cm} = \frac{1}{2}CU_{Cm}^2 = \frac{1}{2} \times 100 \times 10^{-6} \times (220\sqrt{2})^2\ \mathrm{J} = 4.84\ \mathrm{J}$$

（4）相量图如图 4-26 所示。

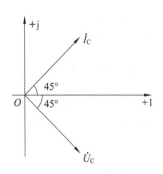

图 4-26　例 4-15 图

表 4-1 所示为各元件上电压与电流的比较。

表 4-1　各元件上电压与电流的比较

电　路	电压和电流的大小关系	相位关系	阻　抗	功　率	相量关系
	$U=IR$ $I=\dfrac{U}{R}$		电阻 R	$P=UI=I^2R=\dfrac{U^2}{R}$	$\dot{U}=\dot{I}R$
	$U=I\omega L=IX_{\mathrm{L}}$ $I=\dfrac{U}{\omega L}=\dfrac{U}{X_{\mathrm{L}}}$		感抗 $X_{\mathrm{L}}=\omega L$	$P=0$ $Q_{\mathrm{L}}=I^2X_{\mathrm{L}}=\dfrac{U^3}{X_{\mathrm{L}}}$	$\dot{U}\mathrm{j}X_{\mathrm{L}}\dot{I}$
	$U=I\dfrac{1}{\omega C}=IX_{\mathrm{C}}$ $I=U\omega C=\dfrac{U}{X_{\mathrm{C}}}$		容抗 $X_{\mathrm{C}}=\dfrac{1}{\omega C}$	$P=0$ $Q_{\mathrm{C}}=-I^2X_{\mathrm{C}}=-\dfrac{U^3}{X_{\mathrm{C}}}$	$\dot{U}=-\mathrm{j}X_{\mathrm{C}}\dot{I}$

4.4　基尔霍夫定律的相量形式

◆　4.4.1　相量形式的基尔霍夫电流定律

基尔霍夫电流定律的实质是电流的连续性原理。在交流电路中,任一瞬间电流总是连续的,因此,基尔霍夫定律也适用于交流电路的任一瞬间。即任一瞬间流过电路的一个节点(闭合面)的各电流瞬时值的代数和等于零,亦即

$$\sum i = 0 \tag{4-45}$$

既然基尔霍夫电流定律适用于瞬时值,那么解析式也同样适用,即流过电路中的一个节点的各电流解析式的代数和等于零。

正弦交流电路中各电流都是与电源同频率的正弦量,把这些同频率的正弦量用相量表示即得

$$\sum \dot{I} = 0 \tag{4-46}$$

电流前的正、负号是由其参考方向决定的。若支路电流的参考方向流出节点取正号,流入节点取负号,式(4-46)就是相量形式的基尔霍夫电流定律(KCL)。

◆　4.4.2　相量形式的基尔霍夫电压定律

根据能量守恒定律,基尔霍夫电压定律也同样适用于交流电路的任一瞬间。即任一瞬间,电路的任一个回路中各段电压瞬时值的代数和等于零,亦即

$$\sum u = 0 \tag{4-47}$$

在正弦交流电路中,各段电压都是同频率的正弦量,所以以表示一个回路中各段电压相量的代数和也等于零,即

$$\sum \dot{U} = 0 \qquad (4\text{-}48)$$

这就是相量形式的基尔霍夫电压定律(KVL)。

■ **例 4-16** 图 4-27(a)、(b)所示电路中,已知电流表 A_1、A_2、A_3 的读数都是 10 A,求电路中电流表 A 的读数。

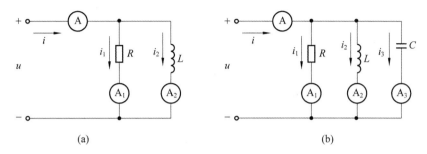

(a)   (b)

图 4-27 例 4-16 图

解 设端电压

$$\dot{U} = U\angle 0° \text{ V}$$

(1)选定电流的参考方向如图 4-27(a)所示,则

$$\dot{I}_1 = I_1\angle 0° \text{A} \quad \text{(与电压同相)}$$

$$\dot{I}_2 = I_2\angle -90° \text{A} \quad \text{(滞后于电压 }90°\text{)}$$

由 KCL 得

$$\dot{I} = \dot{I}_1 + \dot{I}_2 = (10\angle 0° + 10\angle -90°) \text{ A} = (10 - \text{j}10) \text{ A} = 10\sqrt{2}\angle -45° \text{ A}$$

所以电流表 A 的读数为 10 A(注意:这与直流电路是不同的,总电流并不是 20 A)。

(2)选定电流的参考方向如图 4-27(b)所示,则

$$\dot{I}_1 = 10\angle 0° \text{ A}$$

$$\dot{I}_2 = 10\angle -90° \text{ A}$$

$$\dot{I}_3 = 10\angle 90° \text{ A}$$

由 KCL 得

$$\dot{I} = \dot{I}_1 + \dot{I}_2 + \dot{I}_3 = (10\angle 0° + 10\angle -90° + 10\angle 90°) \text{ A} = 10 \text{ A}$$

所以电流表 A 的读数为 10 A。

■ **例 4-17** 如图 4-28(a)、(b)所示电路中,电压表 V_1、V_2、V_3 的读数都是 50 V,试分别求各电路中电压表 V 的读数。

解 设电流为参考相量,即

$$\dot{I} = I\angle 0° \text{ A}$$

对于图 4-28(a),选定 i、u_1、u_2、u 的参考方向如图 4-28(a)所示,则

$$\dot{U}_1 = U_1\angle 0° \text{ V}$$

$$\dot{U}_2 = U_2\angle 90° \text{ V}$$

由 KVL 得

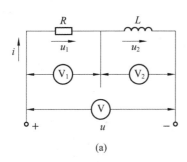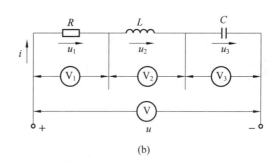

(a)   (b)

图 4-28 例 4-17 图

$$\dot{U} = \dot{U}_1 + \dot{U}_2 = (50\angle0° + 50\angle90°)\text{V} = (50 + \text{j}50)\text{V} = 50\sqrt{2}\angle45°\text{ V}$$

所以电压表 V 的读数为 $50\sqrt{2}$ V。

对于图 4-28(b)，选定 i、u_1、u_2、u_3、u 的参考方向如图 4-28(b)所示，则

$$\dot{U}_1 = U_1\angle0°\text{ V}$$

$$\dot{U}_2 = U_2\angle90°\text{ V}$$

$$\dot{U}_3 = U_3\angle-90°\text{ V}$$

由 KVL 得

$$\dot{U} = \dot{U}_1 + \dot{U}_2 = (50\angle0° + 50\angle90° + 50\angle-90°)\text{V} = (50 + \text{j}50 - \text{j}50)\text{V} = 50\text{ V}$$

所以电压表 V 的读数为 50 V。

4.5 复阻抗、复导纳及其等效变换

◆ 4.5.1 复阻抗与复导纳

1. 复阻抗

在正弦稳态电路的分析中，各支路的电压、电流均为与激励同频率的正弦量，并可变换成相应的相量。电路中基本元件的 VCR 以及基本定律均可用相量形式表示，为了分析电路的方便，引入复阻抗、复导纳的概念。

前面我们分析了电路中的电阻、电感和电容元件上的电流和电压的相量关系，分别为

$$\dot{U}_\text{R} = R\dot{I}_\text{R}, \quad \dot{U}_\text{C} = \frac{1}{\text{j}\omega C}\dot{I}_\text{C}, \quad \dot{U}_\text{L} = \text{j}\omega L\dot{I}_\text{L} \tag{4-49}$$

因而把正弦稳态时电压相量与电流相量之比定义为该元件的复阻抗，简称阻抗。记为 Z，即 $Z = \dfrac{\dot{U}}{\dot{I}}$，所以电阻、电容、电感的阻抗分别为

$$Z_\text{R} = R, \quad Z_\text{C} = \frac{1}{\text{j}\omega C} = -\text{j}\frac{1}{\omega C}, \quad Z_\text{L} = \text{j}\omega L \tag{4-50}$$

这样三种基本元件的 VCR 相量关系可归结为

$$\dot{U} = Z\dot{I} \tag{4-51}$$

把以上对元件上电流、电压的相量关系的讨论推广到正弦交流电路，如图 4-29 所示。

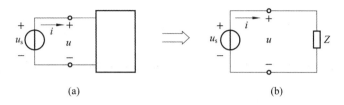

图 4-29　元件上电流、电压的相量关系

设加在电路中的端电压 $u=\sqrt{2}U_s\sin(\omega t+\varphi_u)$，对应的相量为 $\dot{U}=U\angle 0°$ V，通过电路端口的电流为 $i=\sqrt{2}I_s\sin(\omega t+\varphi_i)$，对应的相量之比用 Z 表示，即有

$$Z=\frac{\dot{U}}{\dot{I}}=\frac{U}{I}\angle(\varphi_u-\varphi_i)=|Z|\angle\varphi \tag{4-52}$$

Z 称为该电路的阻抗，由上式还可得

$$I=\frac{U}{|Z|} \tag{4-53}$$

$$\varphi=\varphi_u-\varphi_i \tag{4-54}$$

说明：

（1）Z 是一个复数，所以又称为复阻抗，$|Z|$ 是阻抗的模，φ 为阻抗角。复阻抗的图形符号与电阻的图形符号相似。复阻抗的单位为 Ω。

（2）阻抗 Z 用代数形式表示时，可写为

$$Z=R+jX$$

R：Z 的实部，称为阻抗的电阻分量，单位为 Ω，R 一般为正值。

X：Z 的虚部，称为阻抗的电抗分量，单位为 Ω，X 的值可能为正，也可能为负。阻抗的代数形式与极坐标形式之间的互换公式：

$$\left.\begin{array}{l}|Z|=\sqrt{R^2+X^2}\\[2mm]\varphi=\arctan\dfrac{X}{R}\end{array}\right\} \tag{4-55}$$

$$\left.\begin{array}{l}R=|Z|\cos\varphi\\X=|Z|\sin\varphi\end{array}\right\} \tag{4-56}$$

由阻抗 Z 的代数形式可知，由于 R 一般为正值，所以有 $|\varphi|\leqslant\dfrac{\pi}{2}$，且 R、X 和 $|Z|$ 三者之间的关系可用一个阻抗三角形（直角三角形）表示，如图 4-30 所示。

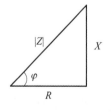

图 4-30　阻抗三角形

（3）阻抗的性质。

由于阻抗 $Z=|Z|\angle\varphi$ 而 $\varphi=\arctan\dfrac{X}{R}$，电路结构、参数或频率不同时，阻抗角 φ 可能会出现三种情况：

① $\varphi>0$（即 $X>0$）时，称阻抗性质为感性，电路为感性电路；

② $\varphi=0$（即 $X=0$）时，称阻抗性质为阻性，电路为阻性电路；

③ $\varphi<0$（即 $X<0$）时，称阻抗性质为容性，电路为容性电路。

2. 复导纳

阻抗 Z 的倒数定义为导纳 Y。对于无源线性单口网络，有

$$Y = \frac{1}{Z} = \frac{\dot{I}}{\dot{U}} = \frac{I}{U} \angle \theta_i - \theta_u = |Y| \angle \varphi' \tag{4-57}$$

其中:Y 的模 $|Y|$ 称为导纳模,它的辐角 φ' 称为导纳角,它是电流与电压的相位差。Y 单位为西门子,用 S 表示。

$$\left. \begin{array}{l} |Y| = \dfrac{I}{U} \\ \\ \varphi' = \varphi_i - \varphi_u \end{array} \right\} \tag{4-58}$$

导纳 Y 的代数形式为

$$G = \frac{R}{|Z|^2}$$

$$B = \frac{-X}{|Z|^2} \tag{4-59}$$

说明:

(1) Y 的实部 G 称为电导,虚部 B 称为电纳,它们的单位都是西门子,G 一般为正值,而 B 的值可能为正也可能为负。导纳的直角坐标形式和极坐标形式互换公式为

$$\left. \begin{array}{l} |Y| = \sqrt{G^2 + B^2} \\ \\ \varphi' = \arctan \dfrac{B}{G} \end{array} \right\} \tag{4-60}$$

$$\left. \begin{array}{l} G = |Y| \cos\varphi' \\ B = |Y| \sin\varphi' \end{array} \right\} \tag{4-61}$$

由定义式可知 $\varphi' = -\varphi$,因此,当 $\varphi' > 0$ 时,表示电流 i 超前电压 u,电路为容性电路;若 $\varphi' < 0$,则表示电流 i 滞后电压 u,电路为感性电路;若 $\varphi' = 0$,表示电流 i 与电压 u 同相量位,电路为阻性电路。

(2) 由导纳定义式可知,单一元件 R、L、C 的导纳分别为

$$Y_R = \frac{1}{R} = G$$

$$Y_L = \frac{1}{jX_L} = -j\frac{1}{\omega L} = -jB_L$$

$$Y_C = \frac{1}{-jX_C} = j\omega C = jB_C \tag{4-62}$$

其中,$G = \dfrac{1}{R}$ 称为电阻的电导,$B_L = \dfrac{1}{X_L} = \dfrac{1}{\omega L}$ 叫作感纳,$B_C = \dfrac{1}{X_C} = \omega C$ 叫作容纳,三者单位均为西门子(S)。

(3) 复阻抗与复导纳的关系。

$$Y = \frac{1}{Z} = \frac{1}{|Z| \angle \varphi} = \frac{1}{|Z|} - \varphi$$

又

$$Y = |Y| \angle \varphi \tag{4-63}$$

可以看出

$$|Y| = \frac{1}{|Z|}$$

$$\varphi = \varphi' \tag{4-64}$$

即复导纳的模等于对应复阻抗模的倒数,导纳角等于对应阻抗角的负值。

（4）当电压和电流的参考方向一致时,用复导纳表示的欧姆定律为

$$\dot{I} = Y\dot{U} \tag{4-65}$$

（5）G、B、$|Y|$ 之间关系的导纳三角形如图 4-31 所示。

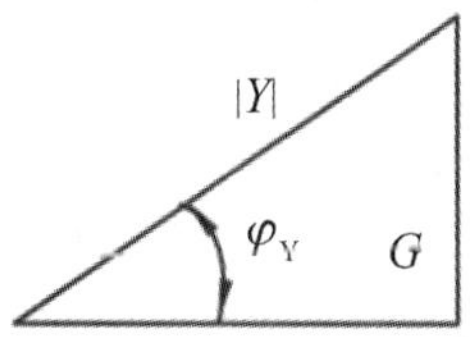

图 4-31 导纳三角形

当 ω 为不同值时,Y 有下列三种可能的取值:

① $B>0$,$\varphi_Y>0$,称 Y 呈容性,电流超前电压 φ_Y 角。

② $B<0$,$\varphi_Y<0$,称 Y 呈感性,电流滞后电压 φ_Y 角。

③ $B=0$,$\varphi_Y=0$,称 Y 呈阻性,电流、电压同相。

4.5.2 复阻抗与复导纳的等效变换

1. 将复阻抗等效为复导纳

图 4-32(a)所示为电阻 R 与电抗 X 串联组成的复阻抗,即 $Z=R+jX$。图 4-32(b)所示为电导 G 与电纳 B 组成的复导纳,即 $Y=G+jB$。根据等效的含义:两个二端网络只要端口处具有完全相同的电压电流关系,两者便是互为等效的。

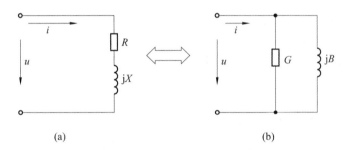

(a)　　　　　　　(b)

图 4-32 复阻抗与复导纳的等效变换

则

$$Y = \frac{1}{Z} = \frac{1}{R+jX} = \frac{R-jX}{R^2+X^2} = \frac{R}{R^2+X^2} + j\frac{-X}{R^2+X^2} = G+jB \tag{4-66}$$

可得由阻抗等效为导纳的参数条件为

$$\left.\begin{array}{l} G = \dfrac{R}{R^2+X^2} \\[3mm] B = \dfrac{-X^2}{R^2+X^2} \end{array}\right\} \tag{4-67}$$

2. 将复导纳等效为复阻抗

与上述类似,同样如图 4-32(a)、(b)所示其端电压和电流保持不变时,有

$$Z = \frac{1}{Y} = \frac{1}{G+jB} = \frac{G-jB}{G^2+B^2} = \frac{G}{G^2+B^2} + j\frac{-B}{G^2+G^2} = R+jX \tag{4-68}$$

所以

$$R = \frac{G}{G^2 + B^2}$$
$$X = \frac{-B^2}{G^2 + B^2}$$

(4-69)

上式就是由导纳等效变换为阻抗的参数条件。

例 4-18 已知加在电路上的端电压为 $u = 311\sin(\omega t + 60°)$ V，通过电路中的电流为 $\dot{I} = 10\angle -30°$ A，求 $|Z|$、阻抗角 φ 和导纳角 φ'。

解 电压的相量为

$$\dot{U} = \left[\frac{311}{\sqrt{2}}\angle 60° - (-30°)\right] \text{V} = 220\angle 90° \text{ V}$$

$$|Z| = \frac{U}{I} = \frac{220}{10} \ \Omega = 22 \ \Omega$$

$$\varphi = \varphi_u - \varphi_i = 60° - (-30°) = 90°$$

$$\varphi' = -\varphi = -90°$$

4.6 电阻、电感与电容元件串联的交流电路

◆ 4.6.1 电压与电流的关系

图 4-33 给出了 *RLC* 串联电路。如图 4-33(a)所示为 *RLC* 串联电路时域模型，各电压与电流取相同的参考方向，根据 KVL 定律有

$$u = u_R + u_L + u_C = Ri + L\frac{\mathrm{d}i}{\mathrm{d}t} + \frac{1}{C}\int i\mathrm{d}t$$

(4-70)

对于正弦电路的分析，一般用相量表示正弦量，求解最方便。如图 4-33(b)所示 *RLC* 串联电路相量模型，电路中流过各元件的是同一个电流 i，若电流 $i = I_m\sin\omega t$，则其相量为

$$\dot{I} = I\angle 0°$$

(4-71)

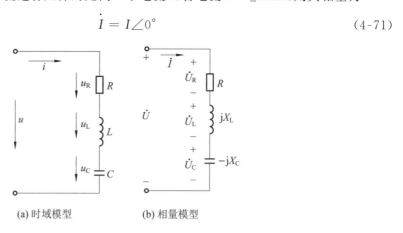

(a) 时域模型   (b) 相量模型

图 4-33 *RLC* 串联电路

电阻元件上的电压为

$$\dot{U}_R = \dot{I}R$$

(4-72)

电感元件上的电压为

$$\dot{U}_{\text{L}} = \dot{I}Z_{\text{L}} = jX_{\text{L}}\dot{I} \tag{4-73}$$

电容元件上的电压为

$$\dot{U}_{\text{C}} = -jX_{\text{C}}\dot{I} \tag{4-74}$$

由 KVL 得

$$\dot{U} = \dot{U}_{\text{R}} + \dot{U}_{\text{L}} + \dot{U}_{\text{C}} = \dot{I}[R + j(X_{\text{L}} - X_{\text{C}})] \tag{4-75}$$

所以

$$\dot{U} = \dot{I}(R + jX) = \dot{I}Z \tag{4-76}$$

其中，$X = X_{\text{L}} - X_{\text{C}}$ 称为 RLC 串联电路的电抗，X 的正、负关系到电路的性质。

$$\frac{\dot{U}}{\dot{I}} = R + j(X_{\text{L}} - X_{\text{C}}) \tag{4-77}$$

称为电路的阻抗，等于各元件阻抗之和，用 Z 表示。

则

$$\dot{U} = \dot{I}Z \tag{4-78}$$

$$Z = R + j(X_{\text{L}} - X_{\text{C}}) = |Z|\,e^{j\varphi} \tag{4-79}$$

其中

$$|Z| = \sqrt{R^2 + (X_{\text{L}} - X_{\text{C}})^2}, \varphi = \arctan\frac{X_{\text{L}} - X_{\text{C}}}{R} \tag{4-80}$$

阻抗三角形如图 4-34 所示。

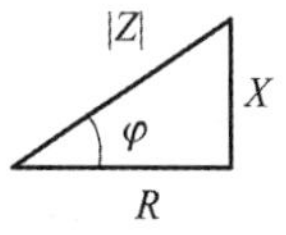

注意：

（1）阻抗的实部为"阻"，虚部为"抗"，它表示了 $\dot{U}$、$\dot{I}$ 的关系：$\dot{U} = \dot{I}Z$。

图 4-34　RLC 串联电路
阻抗三角形

（2）阻抗的模 $|Z|$，表示了电压和电流的大小关系：$U = I|Z|$；阻抗的辐角 φ（简称阻抗角），表示了电压、电流的相位差。

（3）阻抗是一个复数，不是正弦量，所以它不是相量，符号上面不要打"·"。

4.6.2　电路的性质

1. 电感性电路

若 $X_{\text{L}} > X_{\text{C}}$，此时，$X > 0$，$U_{\text{L}} > U_{\text{C}}$，阻抗角 $\varphi = \arctan\dfrac{X}{R} > 0$。

以电流 $\dot{I}$ 为参考方向，$\dot{U}_{\text{R}}$ 和电流 $\dot{I}$ 同相，$\dot{U}_{\text{L}}$ 超前于电流 $\dot{I}$ 90°，$\dot{U}_{\text{C}}$ 滞后于电流 $\dot{I}$ 90°。将各电压相量相加，即得总电压 $\dot{U}$。相量图如图 4-35(a)所示，从相量图中可看出，电流滞后于电压 φ 角。

2. 电容性电路

若 $X_{\text{L}} < X_{\text{C}}$，此时，$X < 0$，$U_{\text{L}} < U_{\text{C}}$，阻抗角 $\varphi < 0$。如前所述作相量图，如图 4-35(b)所示，从相量图中可看出，电流超前于电压 φ 角。

3. 电阻性电路

若 $X_L = X_C$，此时，$X = 0$，$U_L = U_C$，阻抗角 $\varphi = 0$。其相量图如图 4-35(c) 所示，此时电流与电压同相。

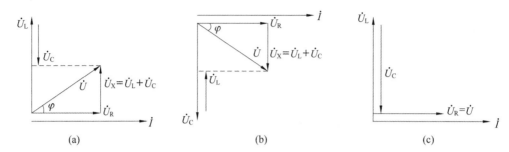

图 4-35　RLC 串联电路的相量图

4. 总结

综上所述：用相量图法分析 RLC 串联电路时，取电流相量为参考线，作出各部分电压的相量图，如图 4-36 所示。

1）合电压 U

$$U = \sqrt{U_R^2 + (U_L - U_C)^2} = I\sqrt{R^2 + (X_L - X_C)^2}$$

2）$U = I|Z|$

阻抗模：

$$|Z| = \sqrt{R^2 + (X_L - X_C)^2}$$

3）电压三角形和阻抗三角形

$\dot{U}$、$\dot{U}_R$、$\dot{U}_L$、$\dot{U}_C$ 的关系，$|Z|$、R、X_L、X_C 的关系可用一个直角三角形表示，分别称为电压三角形和阻抗三角形，这两个三角形是相似三角形，如图 4-37 所示。

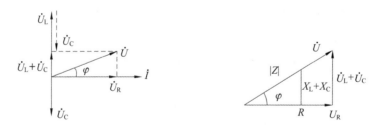

图 4-36　RLC 串联电路各部分相量图　图 4-37　RLC 串联电路的电压和阻抗三角形

因为

$$\tan\varphi = \frac{U_L - U_C}{U_R} = \frac{X_L - X_C}{R}$$

所以 u、i 的相位差为

$$\varphi = \arctan\frac{U_L - U_C}{U_R} = \arctan\frac{X_L - X_C}{R}$$

注意：

在分析与计算交流电路的时候，必须时刻具有交流的概念，要有相位的概念。由于不同参数 U_R、U_L、U_C 的相位不同步，所以 $U \neq U_R + U_L + U_C$，而应该是 $\dot{U} = \dot{U}_R + \dot{U}_L + \dot{U}_C$。

4.6.3 阻抗串联电路

图 4-38 给出了多个复阻抗(每个复阻抗都由 R、L、C 组合而成)串联的电路,电流和电压的参考方向如图中所示。

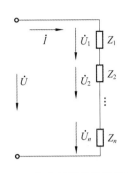

图 4-38 多个复阻抗串联的电路

由 KVL 可得

$$\dot{U} = \dot{U}_1 + \dot{U}_2 + \cdots + \dot{U}_n$$

$$= \dot{I}_1 Z_1 + \dot{I}_2 Z_2 + \cdots + \dot{I}_n Z_n$$

$$= \dot{I}(Z_1 + Z_2 + \cdots + Z_n)$$

设 Z_{eq} 为串联电路的等效阻抗,由上式可得

$$Z_{eq} = Z_1 + Z_2 + \cdots + Z_n = \sum_{k=1}^{n} Z_k \tag{4-81}$$

即串联电路的等效复阻抗等于各串联复阻抗之和。

如果 $Z_k = R_k + jX_k, k = 1, 2, \cdots, n$,则总的阻抗 Z 可以表示为

$$Z = \sum_{k=1}^{n} Z_k = \sum_{k=1}^{n} R_k + j \sum_{k=1}^{n} X_k$$

n 个阻抗串联,其等效阻抗为这 n 个阻抗之和。各阻抗的电压分配关系为

$$\dot{U}_k = \frac{Z_k}{\sum\limits_{k=1}^{n} Z_k} \dot{U} \tag{4-82}$$

例 4-19 有一个电感线圈,其电阻 $R = 15\ \Omega$,电感 $L = 25\ \text{mH}$,将此线圈与 $C = 5\ \mu\text{F}$ 的电容串联后,接到端电压 $u = 100\sqrt{2}\sin 5000t\ \text{V}$ 的电源上,求电路中电流 i 和各元件上的电压 u_R、u_L 和 u_C,并判断电路的性质,画出相量图。

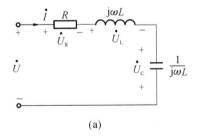
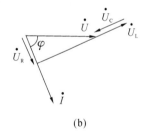

(a)   (b)

图 4-39 例 4-19 图

解 由题意画出电路的相量模型,标出电压、电流参考方向,如图 4-39(a)所示,又

$$\dot{U} = \dot{U}_R + \dot{U}_L + \dot{U}_C = R\dot{I} + jX_L \dot{I} - jX_C \dot{I}$$

$$= [R + j(X_L - X_C)]\dot{I}$$

所以 RLC 串联电路阻抗为

$$Z = \frac{\dot{U}}{\dot{I}} = R + j(X_L - X_C) = R + jX$$

其中

$$X = X_L - X_C$$

$$X_{\mathrm{L}} = \omega L = 5000 \times 25 \times 10^{-3}\ \Omega = 125\ \Omega$$

$$X_{\mathrm{C}} = \frac{1}{\omega C} = \frac{1}{5000 \times 5 \times 10^{-6}}\ \Omega = 40\ \Omega$$

$$Z = (15 + \mathrm{j}125 - \mathrm{j}40)\ \Omega = (15 + \mathrm{j}85)\ \Omega = 86.31\angle 80^\circ\ \Omega$$

$$\dot{I} = \frac{\dot{U}}{Z} = \frac{100\angle 0^\circ}{86.31\angle 80^\circ}\ \mathrm{A} = 1.16\angle -80^\circ\ \mathrm{A}$$

各元件上的电压相量为

$$\dot{U}_{\mathrm{R}} = R\dot{I} = 15 \times 1.16\angle -80^\circ\ \mathrm{V} = 17.4\angle -80^\circ\ \mathrm{V}$$

$$\dot{U}_{\mathrm{L}} = \mathrm{j}X_{\mathrm{L}}\dot{I} = \mathrm{j}125 \times 1.16\angle -80^\circ\ \mathrm{V} = 145\angle 10^\circ\ \mathrm{V}$$

$$\dot{U}_{\mathrm{C}} = -\mathrm{j}X_{\mathrm{C}}\dot{I} = -\mathrm{j}40 \times 1.16\angle -80^\circ\ \mathrm{V} = 46.4\angle -170^\circ\ \mathrm{V}$$

瞬时值表达式分别为

$$i = 1.16\sqrt{2}\sin(5000t - 80^\circ)\ \mathrm{A}$$

$$u_{\mathrm{R}} = 17.4\sqrt{2}\sin(5000t - 80^\circ)\ \mathrm{V}$$

$$u_{\mathrm{L}} = 145\sqrt{2}\sin(5000t + 10^\circ)\ \mathrm{V}$$

$$u_{\mathrm{C}} = 46.4\sqrt{2}\sin(5000t - 170^\circ)\ \mathrm{V}$$

由 $\varphi = 80^\circ$ 可知电压 u 超前 i 80°,电路呈感性。

由 $\dot{U} = \dot{U}_{\mathrm{R}} + \dot{U}_{\mathrm{L}} + \dot{U}_{\mathrm{C}}$ 可画出相量图,如图 4-39(b)所示。

4.7　电阻、电感与电容元件并联的交流电路

◆ 4.7.1　阻抗法分析并联电路

图 4-40 所示为一个两条支路并联的电路,其中每一条支路都是一个简单的串联电路。在并联电路中,各条支路的电压相同,在电路参数已知的情况下,每一条支路的电流就不难求出来。

$$\dot{I}_1 = \frac{\dot{U}}{Z_1} = \frac{\dot{U}}{R_1 + X_{\mathrm{L}}}$$

$$\dot{I}_2 = \frac{\dot{U}}{Z_2} = \frac{\dot{U}}{R_2 + X_{\mathrm{C}}} \tag{4-83}$$

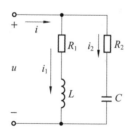

图 4-40　并联电路

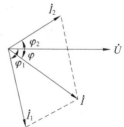

图 4-41　并联电路的相量图

由 KCL 得总电流为

$$\dot{I} = \dot{I}_1 + \dot{I}_2 = \frac{\dot{U}}{Z} \tag{4-84}$$

由图 4-41 可知

$$Z = \frac{Z_1 Z_2}{Z_1 + Z_2} \tag{4-85}$$

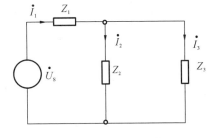

例 4-20 电路如图 4-42 所示,已知:$Z_1 = 10\ \Omega$,$Z_2 = 5\angle 45°\ \Omega$,$Z_3 = 6 + \text{j}8\ \Omega$,$\dot{U}_S = 100\angle 0°\ \text{V}$。求 $\dot{I}_1$、$\dot{I}_2$、$\dot{I}_3$。

图 4-42 例 4-20 相量图

解 因为 Z_2、Z_3 为并联连接,所以

$$Z_{23} = \frac{Z_2 \cdot Z_3}{Z_2 + Z_3} = \frac{5\angle 45°(6 + \text{j}8)}{5\angle 45° + 6 + \text{j}8}\ \Omega$$

$$= \frac{5\angle 45° \cdot 10\angle 53.13°}{5\frac{\sqrt{2}}{2} + \text{j}5\frac{\sqrt{2}}{2} + 6 + \text{j}8}\ \Omega = \frac{50\angle 98.13°}{9.54 + \text{j}11.54}\ \Omega$$

$$= \frac{50\angle 98.13°}{14.97\angle 50.42°}\ \Omega = 3.34\angle 47.71°\ \Omega$$

$$= 2.25 + \text{j}2.47\ \Omega$$

Z_1 与 Z_{23} 为串联连接,所以

$$Z_{123} = Z_1 + Z_{23} = (10 + 2.25 + \text{j}2.47)\ \Omega = (12.25 + \text{j}2.47)\ \Omega$$

$$= 12.50\angle 11.40°\ \Omega$$

则

$$\dot{I}_1 = \frac{\dot{U}_S}{Z_{123}} = \frac{100\angle 0°}{12.50\angle 11.40°}\ \text{A} = 8\angle -11.40°\ \text{A}$$

由分流公式有

$$\dot{I}_3 = \frac{Z_2}{Z_2 + Z_3}\dot{I}_1 = \frac{5\angle 45°}{5\angle 45° + 6 + \text{j}8} \cdot 8\angle -11.40°\ \text{A}$$

$$= \frac{40\angle 33.60°}{14.97\angle 50.42°}\ \text{A} = 2.67\angle -16.82°\ \text{A}$$

根据 KCL 得

$$\dot{I}_2 = \dot{I}_1 - \dot{I}_3 = (8\angle -11.40° - 2.67\angle -16.82°)\ \text{A} = 5.35\angle -8.6°\ \text{A}$$

或

$$\dot{I}_2 = \frac{Z_3}{Z_2 + Z_3}\dot{I}_1 = \frac{6 + \text{j}8}{5\angle 45° + 6 + \text{j}8}8\angle -11.40°\ \text{A}$$

$$= \frac{10\angle 53.13°}{14.97\angle 50.42°}8\angle -11.40°\ \text{A}$$

$$= 5.35\angle -8.6°\text{A}$$

◆ 4.7.2 导纳法分析并联电路

一个并联电路可以用阻抗法分析,也可以用导纳法分析。对于具有多个支路的并联电路,用导纳法分析显得更为方便。下面举例分析 RLC 并联电路,如图 4-43 所示。

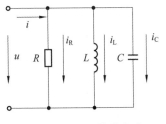

图 4-43 RLC 并联电路

1. 电流电压的关系→瞬时关系

(1) 并联电路中,各元件上的电压相同。

（2）总电流与各支路的电流瞬时值由基尔霍夫电流定律有

$$i = i_R + i_L + i_C$$

$$i_R = \frac{u}{R}$$

$$u = L\frac{\mathrm{d}i_L}{\mathrm{d}t} \Rightarrow i_L = \frac{1}{L}\int u\mathrm{d}t \Rightarrow i = i_R + i_L + i_C = \frac{u}{R} + \frac{1}{L}\int u\mathrm{d}t + C\frac{\mathrm{d}u}{\mathrm{d}t}$$

$$i_C = C\frac{\mathrm{d}u}{\mathrm{d}t}$$

2. 电流电压的关系→相量关系

设

$$u = \sqrt{2}U\sin\omega t$$

则

$$\dot{U} = U\angle 0°$$

$$\dot{I}_R = \frac{\dot{U}}{R}$$

$$\dot{I}_L = \frac{\dot{U}}{jX_L} \Rightarrow \dot{I} = \dot{I}_R + \dot{I}_L + \dot{I}_C = \frac{\dot{U}}{R} + \frac{\dot{U}}{jX_L} + \frac{\dot{U}}{-jX_C} = \dot{U}\left(\frac{1}{R} + \frac{1}{jX_L} + \frac{1}{-jX_C}\right)$$

$$\dot{I}_C = \frac{\dot{U}}{-jX_C}$$

定义 $Y = \frac{1}{R} + \frac{1}{jX_L} + \frac{1}{-jX_C}$ 为电路的复数导纳，则

$$\dot{I} = \dot{U}Y$$

3. 复数导纳

$$Y = \frac{1}{R} + j\frac{1}{-X_L} + j\frac{1}{X_C} = \frac{1}{R} + j\left(\frac{1}{X_C} - \frac{1}{X_L}\right)$$

电导

$$G = \frac{1}{R}$$

导纳模

$$|Y| = \frac{I}{U} = \sqrt{G^2 + (B_L - B_C)^2}$$

感纳

$$B_L = \frac{1}{X_L} \Rightarrow Y = G + j(B_C - B_L) = G + jB(B = B_C - B_L)$$

容纳

$$B_C = \frac{1}{X_C}$$

导纳角

$$\varphi_Y = \arctan\frac{B_C - B_L}{G} \tag{4-86}$$

选定 $\dot{U}$、$\dot{I}$、$\dot{I}_R$、$\dot{I}_L$、$\dot{I}_C$ 的参考方向如图 4-43 所示,则各支路的导纳为

$$Y_1 = \frac{1}{R} = G$$

$$Y_2 = \frac{1}{\mathrm{j}X_L} = \frac{-\mathrm{j}}{X_L} = -\mathrm{j}B_L$$

$$Y_3 = -\frac{1}{\mathrm{j}X_C} = \frac{\mathrm{j}}{X_C} = \mathrm{j}B_C$$

各支路的电流为

$$\dot{I}_R = Y_1\dot{U} = \dot{U}G$$

$$\dot{I}_L = Y_2\dot{U} = -\mathrm{j}B_L\dot{U}$$

$$\dot{I}_C = Y_3\dot{U} = \mathrm{j}B_C\dot{U}$$

$$\dot{I} = \dot{I}_R + \dot{I}_L + \dot{I}_C = \dot{U}(G - \mathrm{j}B_L + \mathrm{j}B_C) = \dot{U}(G + \mathrm{j}B) \tag{4-87}$$

式中:$G = \dfrac{1}{R}$ 为电阻支路的"电导";$B_L = \dfrac{1}{\omega L}$ 为电感支路的"感纳";$B_C = \omega C$ 为电容支路的"容纳";$B = B_C - B_L$ 称为"电纳",利用电纳也可判断电路的性质:

(1) $B > 0$,即 $B_C > B_L$。这时 $I_L < I_C$,总电流超前于端电压,电路呈容性,如图 4-44(a)所示。

(2) $B < 0$,即 $B_C < B_L$。这时 $I_L > I_C$,总电流滞后于端电压,电路呈感性,如图 4-44(b)所示。

(3) $B = 0$,即 $B_C = B_L$。这时 $I_L = I_C$,总电流与端电压同相,电路呈阻性,如图 4-44(c)所示。

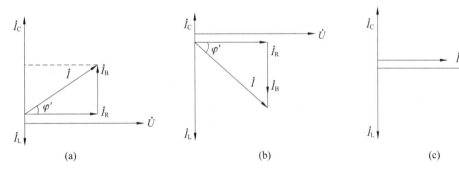

(a)　　　　　　　　　　(b)　　　　　　　　　　(c)

图 4-44　RLC 并联电路相量图

例 4-21　在 RLC 并联电路中,$R = 40\ \Omega$,$X_L = 15\ \Omega$,$X_C = 30\ \Omega$,接到电压为 $u = 120\sqrt{2}\sin(100\pi t + 30°)$ V 的电源上,求电路的总电流、总阻抗和总导纳。

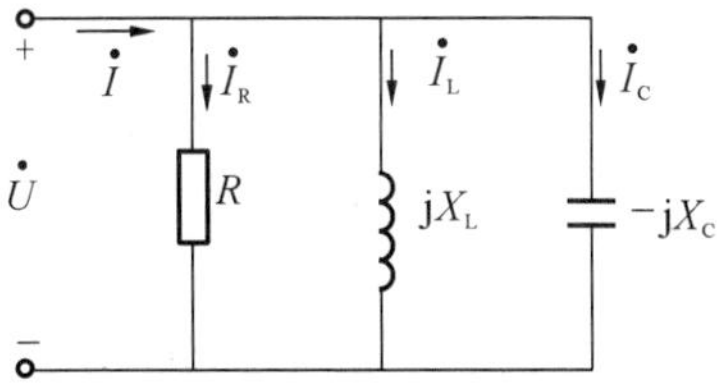

解　由题意可画出其电路图,并标出参考方向,如图 4-45 所示。

图 4-45　例 4-21 图

$$\dot{I}_R = \frac{\dot{U}}{R} = \frac{120\angle 30°}{40}\ \mathrm{A} = 3\angle 30°\ \mathrm{A}$$

$$\dot{I}_L = \frac{\dot{U}}{\mathrm{j}X_L} = \frac{120\angle 30°}{\mathrm{j}15}\ \mathrm{A} = 8\angle -60°\ \mathrm{A}$$

$$\dot{I}_C = \frac{\dot{U}}{-\mathrm{j}X_C} = \frac{120\angle 30°}{-\mathrm{j}30}\ \mathrm{A} = 4\angle 120°\ \mathrm{A}$$

$$\dot{I} = \dot{I}_R + \dot{I}_L + \dot{I}_C = (3\angle 30° + 8\angle -60° + 4\angle 120°)\ \mathrm{A}$$

$$= 5\angle-23.1° \text{ A}$$

$$Z = \frac{\dot{U}}{\dot{I}} = \frac{120\angle 30°}{5\angle-23.1°} \text{ Ω} = 24\angle 53.1° \text{ Ω}$$

$$Y = \frac{1}{Z} = 0.0417\angle-53.1° \text{ S}$$

$$|Z| = 24 \text{ Ω}, |Y| = 0.0417 \text{ S}$$

◆ 4.7.3　多阻抗并联

图 4-46 给出了一个由多支路并联的电路图,按习惯选定各电流 $\dot{I}$、$\dot{I}_1$、$\dot{I}_2\cdots\dot{I}_n$ 及电压 $\dot{U}$ 的参考方向,由于各支路并联时其端电压相同,常选 $\dot{U}$ 的方向为参考方向。

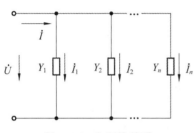

图 4-46　多阻抗并联

用阻抗法分析,则

$$\dot{I} = \dot{I}_1 + \dot{I}_2 + \cdots + \dot{I}_n$$

$$\dot{I}_1 = \frac{\dot{U}}{Z_1}, \dot{I}_2 = \frac{\dot{U}}{Z_2}, \cdots, \dot{I}_n = \frac{\dot{U}}{Z_n}$$

$$\frac{1}{Z} = \frac{1}{Z_1} + \frac{1}{Z_2} + \cdots + \frac{1}{Z_n} \tag{4-88}$$

用导纳法分析,则

$$\dot{I} = \dot{I}_1 + \dot{I}_2 + \cdots + \dot{I}_n$$

$$\dot{I}_1 = Y_1\dot{U}, \dot{I}_2 = Y_2\dot{U}, \cdots, \dot{I}_n = Y_n\dot{U}$$

$$I = Y_1\dot{U} + Y_2\dot{U} + \cdots + Y_n\dot{U} = (Y_1 + Y_2 + \cdots + Y_n)\dot{U} = Y\dot{U} \tag{4-89}$$

对于复阻抗的串并联电路,其分析方法类似于直流电阻电路。需要指出的是,基于相量分析,直流电阻电路的一般分析方法均适用于正弦交流电路。

例 4-22　图 4-47 所示电路中,$R_1 = 10 \text{ Ω}, L = 0.5 \text{ H}, R_2 = 1000 \text{ Ω}, C = 10 \text{ μF}, U = 100 \text{ V}, \omega = 314 \text{ rad/s}$,求各支路电流。

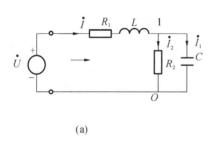
(a)

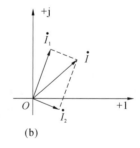
(b)

图 4-47　例 4-22 图

解　并联部分的等效阻抗为

$$Z_{eq} = \frac{R_2 Z_C}{R_2 + Z_C} = \frac{1000(-j318.47)}{1000 - j318.47} \text{ Ω} = 303.45\angle-72.33° \text{ Ω}$$

$$= 92.11 - j289.13 \text{ Ω}$$

总的输入阻抗为

$$Z_i = (R_1 + Z_L) + Z_{eq} = (102.11 - j132.13) \text{ Ω} = 166.99\angle-52.30° \text{ Ω}$$

令 $\dot{U} = 100\angle 0° \text{ V}$,则各支路电流如下:

$$\dot{I} = \frac{\dot{U}}{Z_i} = 0.60 \angle 52.30° \text{ A}$$

$$\dot{I}_1 = \frac{R_2}{R_2 + Z_C} \dot{I} = 0.57 \angle 69.97° \text{ A}$$

$$\dot{I}_2 = \frac{Z_C}{R_2 + Z_C} \dot{I} = 0.18 \angle -20.03° \text{ A}$$

4.8 正弦交流电路的功率

前面已分别讨论了 R、L、C 中的功率计算，现在来分析一下不是单个参数时电路中功率的计算。

◆ 4.8.1 瞬时功率 p

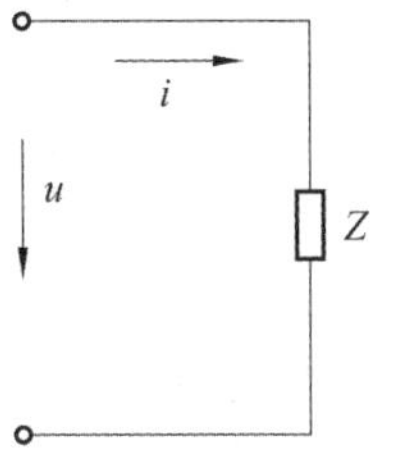

如图 4-48 所示，设通过负载的电流为

$$i(t) = \sqrt{2} I \sin\omega t \tag{4-90}$$

加在负载两端的电压为

$$u(t) = \sqrt{2} U \sin(\omega t + \varphi) \tag{4-91}$$

图 4-48 瞬时功率

则在 u、i 取关联参考方向时，负载吸收的瞬时功率为

$$
\begin{aligned}
p(t) &= u(t) \cdot i(t) = \sqrt{2} U \sin(\omega t + \varphi) \cdot \sqrt{2} I \sin\omega t \\
&= 2UI \left[\frac{\cos(\omega t + \varphi - \omega t) - \cos(\omega t + \varphi + \omega t)}{2} \right] \\
&= UI [\cos\varphi - \cos(2\omega t + \varphi)] \\
&= UI \cos\varphi - UI \cos(2\omega t + \varphi)
\end{aligned}
\tag{4-92}
$$

可见，瞬时功率有恒定分量 $UI \cos\varphi$ 和正弦分量 $UI \cos(2\omega t + \varphi)$ 两部分，正弦分量的频率是电源频率的两倍。

图 4-49 所示为正弦电流、电压和瞬时功率的波形图。当 $\varphi \neq 0$ 时（一般情况下），则在每一个周期里有两段时间 u 和 i 的方向相反。这时，瞬时功率 $p < 0$，说明电路不从外电路吸收电能，而是发出电能。这主要是由于负载中有储能元件存在。

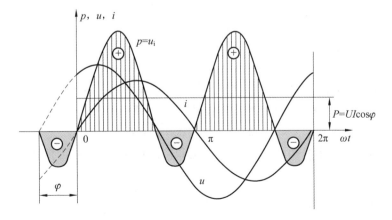

图 4-49 正弦电流、电压和瞬时功率的波形图

◆ **4.8.2 有功功率 P**

上面讲的瞬时功率是一个随时间变化的量,它的计算和测量都不方便,通常也不需要对它进行计算和测量。我们介绍它是因为它是研究交流电路功率的基础。

我们把一个周期内瞬时功率的平均值称为"平均功率"或"有功功率",用字母"P"表示,即

$$P = \frac{1}{T}\int_0^T P(t)\,\mathrm{d}t = \frac{1}{T}\int_0^T \left[UI\cos\varphi(1-\cos2\omega t) + UI\sin\varphi\sin2\omega t\right]\mathrm{d}t$$
$$= UI\cos\varphi \tag{4-93}$$

这里的 φ 角是该负载的阻抗角,阻抗角的余弦(即 $\lambda=\cos\varphi$)称为负载的"功率因数"。

由于电感、电容元件上的平均功率为零,即 $P_\mathrm{L}=0,P_\mathrm{C}=0$,因而有功功率等于各电阻消耗的平均功率之和,即有

$$P = UI\cos\varphi = P_\mathrm{R} = I_\mathrm{R}^2 R = U_\mathrm{R}I_\mathrm{R} = \frac{U_\mathrm{R}^2}{R} \tag{4-94}$$

有功功率的单位为瓦特,简称瓦(W),10^3 瓦为千瓦(kW),10^6 瓦为兆瓦(MW)。

U、I 分别为这一支路的电压、电流的有效值,φ 为电压电流的相位差角,也是这段支路复阻抗的阻抗角。由于 $|\cos\varphi|\leqslant1$,所以将 $\cos\varphi$ 称为有功功率因数。

◆ **4.8.3 无功功率 Q**

无功功率的定义式为

$$Q = UI\sin\varphi \tag{4-95}$$

对于电感性电路,阻抗角 φ 为正值,无功功率为正值;对于电容性电路,阻抗角 φ 为负值,无功功率为负值。这样在既有电感又有电容的电路中,总的无功功率等于两者的代数和,即

$$Q = Q_\mathrm{L} + Q_\mathrm{C} \tag{4-96}$$

式(4-96)中 Q 为一代数量,可正可负,Q 为正代表接收无功功率,为负代表发出无功功率。

无功功率单位有(Var)乏、千乏(kVar)、兆乏(MVar)。无功功率 Q 表明了电路中能量往返交换的大小。其中,$\sin\varphi$ 称为无功功率因数。

◆ **4.8.4 视在功率 S**

视在功率的定义式为

$$S = UI \tag{4-97}$$

即视在功率为电路中的电压和电流有效值的乘积。视在功率的单位为伏安(V·A),工程上也常用千伏安(kV·A)表示。两者的换算关系为

$$1\ \mathrm{kV\cdot A} = 1000\ \mathrm{V\cdot A}$$

电机和变压器的容量是由它们的额定电压和额定电流决定的,因此往往可以用视在功率来表示。

◆ **4.8.5 功率三角形**

以上三种功率和功率因数 $\cos\varphi$ 在数量上有一定关系,可以用"功率三角形"将它们联系

在一起(如图 4-50 所示),即
$$S = UI = \sqrt{P^2 + Q^2}$$

其中

$$S = UI = I^2 |Z|$$
$$P = UI\cos\varphi = S\cos\varphi$$
$$Q = UI\sin\varphi = S\sin\varphi$$
$$\tan\varphi = \frac{Q}{P}$$
$$\lambda = \cos\varphi = \frac{P}{S}$$

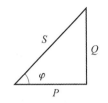

图 4-50 功率三角形

例 4-23 有电路如图 4-51 所示,$R = 20\ \Omega$,$L = 20 \times 10^{-3}$ H,电压源电压有效值 $U = 100$ V,频率 $f = 50$ Hz,求:P、Q、S、$\cos\varphi$。

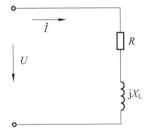

图 4-51 例 4-23 图

解 设电流 $\dot{I}$ 与电压 $\dot{U}$ 的方向如图 4-51 所示,设 $\dot{U}$ 为参考相量,则

$$\dot{U} = U\angle 0°\ \text{V}$$
$$Z = R + j\omega L = (20 + j2\pi \times 50 \times 20 \times 10^{-3})\ \Omega$$
$$= (20 + j6.28)\ \Omega = 20.96\angle 17.43°\ \Omega$$
$$\dot{I} = \frac{\dot{U}}{Z} = \frac{100\angle 0°}{20.96\angle 17.4°}\ \text{A} = 4.77\angle -17.4°\ \text{A}$$
$$S = UI = 100 \times 4.77\ \text{V} \cdot \text{A} = 477\ \text{V} \cdot \text{A}$$
$$P = S\cos\varphi = 477 \times \cos 17.43°\ \text{W} = 477 \times 0.954\ \text{W} = 455\ \text{W}$$
$$Q = S\sin\varphi = 477 \times \sin 17.43°\ \text{Var} = 477 \times 0.3\ \text{Var} = 143\ \text{Var}$$
$$\cos\varphi = \cos 17.43° = 0.954$$

例 4-24 某交流电动机接在有效值为 220 V,频率为 50 Hz 的正弦电压上,当正常运行时测得其有功功率为 7.5 kW,无功功率为 5.5 kVar,求其功率因数 $\cos\varphi$;若以电阻和电抗(感抗)作为等效电路,求 R 和 X 的值。

解 由已知条件,有
$$P = 7.5 \times 10^3\ \text{W},\ Q = 5.5 \times 10^3\ \text{Var}$$

则

$$S = \sqrt{P^2 + Q^2} = \sqrt{7.5^2 + 5.5^2} \times 10^3\ \text{V} \cdot \text{A} = 9.3 \times 10^3\ \text{V} \cdot \text{A}$$
$$\cos\varphi = \frac{P}{S} = \frac{7.5 \times 10^3}{9.3 \times 10^3} = 0.806$$
$$\varphi = 36.29°$$

由已知条件,有 $P = UI\cos\varphi$,$U = 220$ V,则

$$I = \frac{P}{U\cos\varphi} = \frac{7.5 \times 10^3}{220 \times 0.806}\ \text{A} = 42\ \text{A}$$
$$|Z| = \frac{U}{I} = \frac{220}{42}\ \Omega = 5.2\ \Omega$$
$$R = |Z|\cos\varphi = 5.2 \times 0.806\ \Omega \approx 4.19\ \Omega$$

$$X = |Z|\sin\varphi = 5.2 \times 0.592 \ \Omega \approx 3.08 \ \Omega$$

4.9 功率因数的提高

◆ 4.9.1 提高功率因数的意义

在交流电路中,一般负载多为电感性负载,例如常用的交流感应电动机、日光灯等,通常它们的功率因数都比较低。交流感应电动机在额定负载时,功率因数为 0.8～0.85,轻载时只有 0.4～0.5,空载时更低,仅为 0.2～0.3,不装电容器的日光灯的功率因数为 0.45～0.60。功率因数低会引起下述不良后果。

1. 电源设备的容量不能得到充分的利用

电源设备(如变压器、发电机)的容量也就是视在功率,是依据其额定电压与额定电流设计的。例如一台 800 kV·A 的变压器,若负载功率因数 $\lambda=0.9$,变压器可输出 720 kW 的有功功率;若负载的功率因数 $\lambda=0.5$,则变压器就只能输出 400 kW 的有功功率。因此负载的功率因数低时,电源设备的容量就得不到充分的利用。

2. 增加了线路上的功率损耗和电压降

若用电设备在一定电压与一定功率之下运行,那么当功率因数高时,线路上电流就小;反之,当功率因数低时,线路上电流就大,线路电阻与设备绕组中的功率损耗就越大,同时线路上的电压降也就增大,会使负载上电压降低,从而影响负载的正常工作。

由以上分析可以看到,提高用户的功率因数对国民经济有着十分重要的意义。

◆ 4.9.2 提高功率因数的方法

我们一般可以从两方面来考虑提高功率因数。一方面是提高自然功率因数,主要办法有改进电动机的运行条件,合理选择电动机的容量,或采用同步电动机等措施;另一方面是采用人工补偿,也叫无功补偿,就是在通常广泛应用的电感性电路中,人为地并联电容性负载,利用电容性负载的超前电流来补偿滞后的电感性电流,以达到提高功率因数的目的。

图 4-52(a)给出了一个电感性负载并联电容时的电路图,图 4-52(b)是它的相量图。

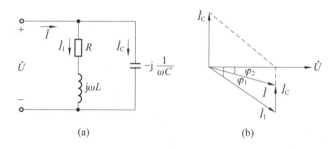

(a)　　　　　　　　　(b)

图 4-52　功率因数的提高

应该注意:所谓提高功率因数,并不是提高电感性负载本身的功率因数,负载在并联电容前后,由于端电压没变,其工作状态不受影响,负载本身的电流、有功功率和功率因数均无变化。提高功率因数只是提高了电路总的功率因数。

用并联电容来提高功率因数,一般补偿到 0.9 左右,而不是补偿到更高,因为补偿到功率因数接近于 1 时,所需电容量大,反而不经济了。

并联电容前,有

$$P = UI_1\cos\varphi_1, \quad I_1 = \frac{P}{U\cos\varphi_1} \tag{4-98}$$

并联电容后,有

$$P = UI_2\cos\varphi_2, \quad I_2 = \frac{P}{U\cos\varphi_2} \tag{4-99}$$

由图 4-52(b)可以看出

$$I_C = I_1\sin\varphi_1 - I_2\sin\varphi_2 = \frac{P\sin\varphi_1}{U\cos\varphi_1} - \frac{P\sin\varphi_2}{U\cos\varphi_2} = \frac{P}{U}(\tan\varphi_1 - \tan\varphi_2) \tag{4-100}$$

又知

$$I_C = \frac{U}{X_C} = U\omega C \tag{4-101}$$

代入上式可得

$$U\omega C = \frac{P}{U}(\tan\varphi_1 - \tan\varphi_2) \tag{4-102}$$

即

$$C = \frac{P}{\omega U^2}(\tan\varphi_1 - \tan\varphi_2) \tag{4-103}$$

应用式(4-103)就可以求出把功率因数从 $\cos\varphi_1$ 提高到 $\cos\varphi_2$ 所需的电容值。

在实用中往往需要确定电容器的个数,而制造厂家生产的补偿用的电容器的技术数据也是直接给出其额定电压 U_N 和额定功率 Q_N(千伏安)。为此,我们就需要计算补偿的无功功率 Q_C。因为

$$Q_C = I_C^2 X_C = \frac{U_C^2}{X_C} = U_C^2\omega C \tag{4-104}$$

所以

$$C = \frac{Q_C}{\omega U_C^2} \tag{4-105}$$

代入式(4-103)可得

$$Q_C = P(\tan\varphi_1 - \tan\varphi_2) \tag{4-106}$$

■ 例 4-25 已知:$P=10$ kW,$\cos\varphi_1 = 0.6$,$U=220$ V,$f=50$ Hz,求:(1) $\cos\varphi = 0.95$,$C=?$,$I_1=?$,$I=?$ (2) 若将功率因数由 0.95 提高到 1,所需要的电容值 C?

解 (1) $\cos\varphi_1 = 0.6 \Rightarrow \varphi_1 = 53°$;$\cos\varphi = 0.95 \Rightarrow \varphi = 18°$

因此所需的电容值为

$$C = \frac{P}{\omega U^2}(\tan\varphi_1 - \tan\varphi)$$

$$= \frac{10 \times 10^3}{2 \times 3.14 \times 50 \times 220^2}(\tan 53° - \tan 18°) \text{ F} = 658 \ \mu\text{F}$$

负载电流为

$$I_1 = \frac{P}{U\cos\varphi_1} = \frac{10 \times 10^3}{220 \times 0.6} \text{ A} = 75.8 \text{ A}$$

并联后的线路电流为

$$I = \frac{P}{U\cos\varphi} = \frac{10 \times 10^3}{220 \times 0.95} \text{ A} = 47.8 \text{ A}$$

（2）如果需要将功率因数由 0.95 提高到 1，所需的电容值为

$$C = \frac{P}{\omega U^2}(\tan\varphi_1 - \tan\varphi) = \frac{10 \times 10^3}{2 \times 3.14 \times 50 \times 220^2}(\tan 18° - \tan 0°) \text{ F} = 213.7 \ \mu\text{F}$$

可见在功率因数已经接近 1 时再继续提高，所需要的电容值是很大的，因此一般不必提高到 1。

📝 本章小结

正弦交流电路引入了相量表示电压、电流，进行分析。

1. 正弦交流电的表示方法

1）三要素

（1）变化快慢：T、f、ω，$\omega = \frac{2\pi}{T} = 2\pi f$，单位：rad/s。

（2）大小：幅值、有效值，$U = \frac{U_m}{\sqrt{2}}$，$I = \frac{I_m}{\sqrt{2}}$。

（3）初相位：$t = 0$ 时的相位，取值 $[-\pi, \pi]$。

相位差：两同频率正弦量的相位之差，取值 $[-\pi, \pi]$。

2）表示方法

（1）三角函数、波形图、相量法 $\begin{cases} 相量 \\ 复式 \end{cases}$

（2）在复数形式转换时，常用的知识：

$$\begin{cases} \dot{A} = a + jb = re^{j\varphi} = r\angle\varphi \\ j = \sqrt{-1}, j^2 = -1, j \text{ 为 } 90° \text{ 旋因子}; \\ r = \sqrt{a^2 + b^2}, a = r\cos\varphi, b = r\sin\varphi, \tan\varphi = \frac{b}{a} \\ e^{j90°} = j, e^{-j90°} = -j, e^{j\varphi} = \cos\varphi + j\sin\varphi \end{cases}$$

3）符号：

瞬时值：i、u、e；有效值：I、U、E；幅值：I_m、U_m、E_m。

相量：$\dot{I}$、$\dot{U}$、$\dot{E}$（大小、初相位）。

电阻和电抗：R、$X_L = \omega L$、$X_C = \frac{1}{\omega C}$。

复阻抗：Z_R、Z_L、Z_C、Z。

阻抗模：$|Z|$、$Z = |Z|e^{j\varphi}$

2. 正弦交流电路的分析

1）RLC 元件的交流电路

RLC 元件的交流电路总结如表 4-2 所示。

表 4-2　RLC 元件的交流电路

电路参数	R	L	C
电路	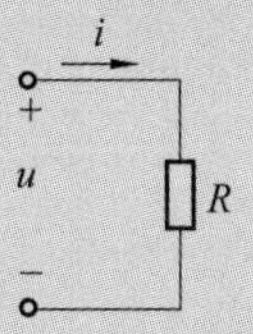	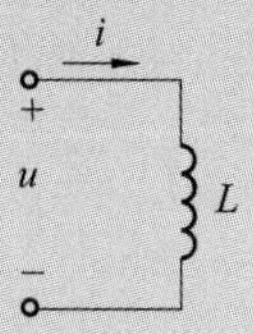	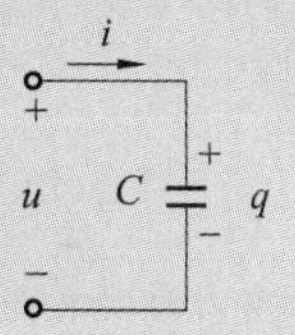
U i 关系式 — 瞬时值	$u=iR$	$u_L=L\dfrac{\mathrm{d}i}{\mathrm{d}t}$	$i_C=C\dfrac{\mathrm{d}u}{\mathrm{d}t}$
U i 关系式 — u、i 相位	u、i 同相	u 超前 $i\,90°$	u 滞后 $i\,90°$
U i 关系式 — 有效值	$U=IR$	$U=IX_L$	$U=IX_C$
U i 关系式 — 相量式	$\dot{U}=\dot{I}R$	$\dot{U}=\mathrm{j}X_L\dot{I}$	$\dot{U}=-\mathrm{j}X_C\dot{I}$
U i 关系式 — 复阻抗	$Z_R=R$	$Z_L=\mathrm{j}X_L=\mathrm{j}\omega L$	$Z_C=-\mathrm{j}X_C=-\mathrm{j}\dfrac{1}{\omega C}$
功率 — p	$p=ui>0$	$p_L=u_L i$，正	$p_L=u_C i$，正
功率 — P	$P_R=UI=I^2R$	$P_L=0$	$P_C=0$
功率 — Q	$Q_R=0$	$Q_L=U_L I=I^2X_L$	$Q_C=-U_C I=-I^2X_C$

2）RLC 电路的分析方法

（1）复数式法。

$$Z=R+\mathrm{j}(X_L-X_C)=|Z|\,\mathrm{e}^{\mathrm{j}\varphi},\ |Z|=\sqrt{R^2+(X_L-X_C)^2},\ \varphi=\arctan\frac{X_L-X_C}{R}$$

$$\dot{U}=\dot{I}Z,\ 注：Z\neq R+X_L+X_C$$

阻抗的串联：

$$Z=Z_1+Z_2+Z_3$$

阻抗的并联：

$$\frac{1}{Z}=\frac{1}{Z_1}+\frac{1}{Z_2}+\frac{1}{Z_3}$$

（2）相量图法。

RLC 串联电路及阻抗三角形如图 4-53 所示。

$$\begin{cases}U=\sqrt{U_R^2+(U_L-U_C)^2}=I|Z| \\[1mm] |Z|=\sqrt{R^2+(X_L-X_C)^2} \\[1mm] \varphi=\arctan\dfrac{U_L-U_C}{U_R}=\arctan\dfrac{X_L-X_C}{R}\end{cases}$$

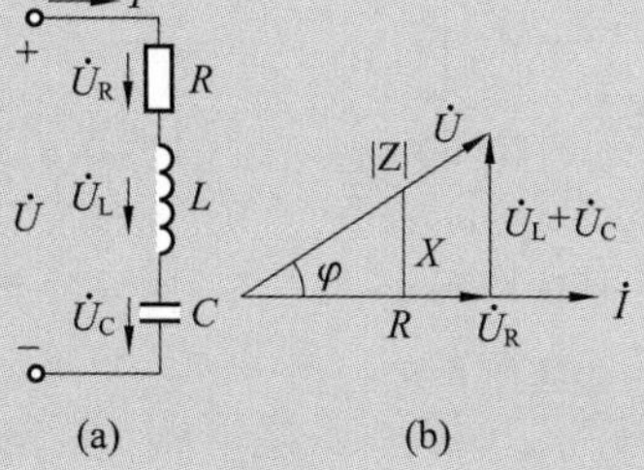

图 4-53　RLC 串联电路及阻抗三角形

注：$|Z| \neq R + X_L + X_C$，$U \neq U_R + U_L + U_C$，$i \neq \dfrac{u}{|Z|}$。

3）功率的计算

$$\begin{cases} P = UI\cos\varphi \\ Q = UI\sin\varphi \\ S = UI = \sqrt{P^2 + Q^2} \end{cases}$$

4）功率因数提高方法

（1）功率因数低所带来的问题。

（2）提高功率因数的方法：在电感性元件两端并联电容。

本章习题

4-1 已知正弦电压 $u = 311\sin(314t + 60°)$ V，试求：

（1）角频率 ω、频率 f、周期 T、最大值 U_m 和初相位 φ_u；

（2）在 $t = 0$ 和 $t = 0.001$ s 时，电压的瞬时值；

（3）用交流电压表去测量电压时，电压表的读数应为多少？

4-2 已知某电路电压和电流的相量图如题图 4-2 所示，$U = 380$ V，$I_1 = 20$ A，$I_2 = 10\sqrt{2}$ A，设电压 U 的初相位为零，角频率为 ω，试写出它们的三角函数式，说明它们之间的相位关系。

4-3 有一个 220 V，100 W 的灯泡接于 $\dot{U} = 220\angle 0°$ V 的交流电源上，试求通过该灯泡的电流 $\dot{I}$、灯泡的电阻和在 1 h 内消耗的电能。

4-4 某电感元件电感 $L = 25$ mH，若将它分别接至 50 Hz、220 V 和 5000 Hz、220 V 的电源上，其初相角 $\Psi = 60°$，即 $\dot{U} = 220\angle 60°$ V，试分别求出电路中的电流 $\dot{I}$ 及无功功率 Q_L。

4-5 将一电感线圈接至 50 Hz 的交流电源上，测得其端电压为 120 V，电流为 20 A，有功功率为 2 kW，试求线圈的电感、视在功率、无功功率及功率因数。

4-6 某车间拟使用一台 220 V，200 W 的电阻炉，但其电源为 380 V，为了使电炉不烧坏，想采用串联电感线圈的方法。若电感线圈的电阻忽略不计，试求线圈的感抗、端电压、无功功率及电路的功率因数。若采用串联电阻的办法，试求该电阻的数值、端电压及额定功率。等效电路如题图 4-6 所示。根据计算的结果比较上述两种方法的优缺点。

4-7 如题图 4-7 所示电路中，已知：$R = 50$ Ω，$r = 12.8$ Ω，$L = 0.127$ H，$C = 39.8$ μF，$U_{rL} = 168$ V，$f = 50$ Hz。试求：（1）电压 U、电流 I、电压 U_{AB}；（2）整个电路的 $\cos\varphi$、P、Q 及 S；（3）作出电路的电压、电流（包括 $\dot{U}_R$、$\dot{U}_{rL}$、$\dot{U}_C$、$\dot{U}$、$\dot{U}_{AB}$ 及 $\dot{I}$）的相量图。

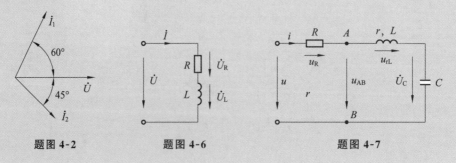

题图 4-2   题图 4-6   题图 4-7

4-8　有一电感线圈,其阻抗 $Z=r+jX_L$,与一电阻 R 及一电容 C 串联后,接于频率 $f=50$ Hz 的交流电源上,如题图 4-8 所示。现测得电路的电流为 1 A,电阻 R 上的电压 $U_R=\sqrt{3}$ V,电容上的电压 $U_C=1$ V,电感线圈两端的电压 $U_{rL}=5$ V,电源电压 $U=5$ V,试求线圈的参数 r 及 L。

4-9　在题图 4-9 所示电路中,已知 $u=220\sqrt{2}\sin314t$ V,$i_1=22\sin(314-45°)$A,$i_2=11\sqrt{2}\sin(314t+90°)$A,试求各仪表读数及电路的参数 R、L 和 C。

4-10　R、L、C 并联电路如题图 4-10 所示,已知电源电压 $\dot{U}=120\angle0°$ V,频率为 50 Hz,试求各支路中的电流 $\dot{I}_R$、$\dot{I}_L$、$\dot{I}_C$ 及总电流 $\dot{I}$;并求出电路的 $\cos\varphi$、P、Q 和 S;画出相量图。

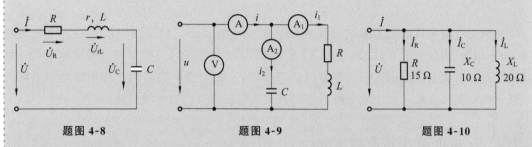

题图 4-8　　　　　　　　题图 4-9　　　　　　　　题图 4-10

4-11　如题图 4-11 所示电路,已知 $R_1=40$ Ω,$X_L=157$ Ω,$R_2=20$ Ω,$X_C=114$ Ω,电源电压 $\dot{U}=220\angle0°$ V,频率 $f=50$ Hz。试求支路电流 $\dot{I}_1$、$\dot{I}_2$ 和总电流 $\dot{I}$,并作相量图。

4-12　如题图 4-12 所示电路,外加交流电压 $U=220$ V,频率 $f=50$ Hz,当接通电容器后测得电路的总功率 $P=2$ kW,功率因数 $\cos\varphi=0.866$(感性)。若断开电容器支路,电路的功率因数 $\cos\varphi'=0.5$。试求电阻 R、电感 L 及电容 C。

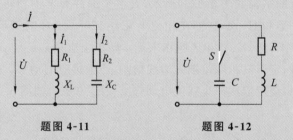

题图 4-11　　　　　　题图 4-12

4-13　有一交流电动机,其输入功率 $P=3$ kW,电压 $U=220$ V,功率因数 $\cos\varphi=0.6$,频率 $f=50$ Hz,今将 $\cos\varphi$ 提高到 0.9,问需与电动机并联多大的电容 C?

第5章 三相交流电路

三相交流电是目前电力系统所采用的主要供电方式。三相交流电源是由三个幅值相等、频率相同、相位依次互差120°的正弦电压源组成的,这样的三相交流电源也称对称三相交流电源。三相电源是由三相交流发电机产生的,三相交流电路是由三相交流电源供电的电路。本章主要介绍三相交流电路的连接方式及电压、电流、功率的计算。

5.1 三相电源及其连接方式

5.1.1 三相电源

1. 三相对称电动势

三相交流发电机的结构如图 5-1(a)所示,其主要部件为定子和转子。定子上有三个相同的绕组 A—X、B—Y 和 C—Z,它们在相位上互差120°。这样的绕组叫作对称三相绕组,它们的 A、B 和 C 叫作首端,X、Y 和 Z 叫作末端。转子上有励磁绕组,通入直流电流可产生磁场。当转子转动时,定子三绕组被磁力线切割,产生感应电动势。若转子沿顺时针方向匀速转动时,对称三相绕组依次产生感应电动势 E_A、E_B 和 E_C,如图 5-1(b)所示。

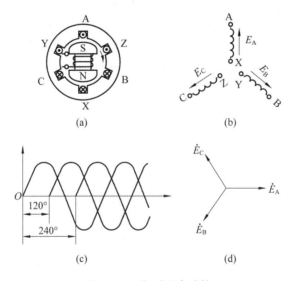

(a)　　　　　　　　　(b)

(c)　　　　　　　　　(d)

图 5-1　三相对称电动势

显然,E_A、E_B 和 E_C 频率相同,幅值(或有效值)也相同。那么在相位上,它们的关系又将如何呢？由图 5-1(a)可知，在图示情况下，A 相绕组处于磁极 N—S 之下，受磁力线的切割最甚，因而 A 相绕组的感应电动势最大。经过 120°后，B 相绕组处于 N—S 之下，B 相绕组的感应电动势最大。同理，经过 240°之后，C 相绕组的感应电动势最大。若以 A 相绕组的感应电动势为参考，则

$$e_A = E_m \sin\omega t \tag{5-1}$$

$$e_B = E_m \sin(\omega t - 120°) \tag{5-2}$$

$$e_C = E_m \sin(\omega t - 240°)$$

$$= E_m \sin(\omega t + 120°) \tag{5-3}$$

e_A、e_B、e_C 的波形图如图 5-1(c)所示。若用相量表示，则

$$\dot{E}_A = E e^{j0°} = E\angle 0°$$

$$\dot{E}_B = E e^{-j120°} = E\angle -120°$$

$$\dot{E}_C = E e^{j120°} = E\angle 120° \tag{5-4}$$

E_A、E_B 和 E_C 的相量图如图 5-1(d)所示。可见它们在相位上互差 120°。这样一组幅值相等、频率相同、彼此间的相位差为 120°的电动势，叫作对称三相电动势。显然，它们的瞬时值或相量之和为零，即

$$e_A + e_B + e_C = 0$$

$$\dot{E}_A + \dot{E}_B + \dot{E}_C = 0 \tag{5-5}$$

三相电动势依次出现正幅值（或相应的某值）的顺序叫作相序，这里的顺序是 A—B—C。

2. 三相对称电压

对称三相电源是指由三个频率相同、振幅相等、电压相位互差 120°的正弦电压源按一定方式连接而成。对三相电源相序的描述，可以采用 A—B—C，也可以采用 U—V—W。故三相电压的瞬时值表达式可以为

$$\begin{cases} u_A = \sqrt{2}U_A \sin\omega t \\ u_B = \sqrt{2}U_B \sin(\omega t - 120°) \\ u_C = \sqrt{2}U_C \sin(\omega t - 120°) \end{cases} \tag{5-6}$$

当对称三相电源电压为正弦交流量时，对应的相电压有效值相量为

$$\begin{cases} \dot{U}_A = U\angle 0° \\ \dot{U}_B = U\angle -120° \\ \dot{U}_C = U\angle +120° \end{cases} \tag{5-7}$$

对称三相电源电压的波形图和相量图分别如图 5-2(a)、图 5-2(b)所示。

特点：任一瞬间的三相电压瞬时值之和等于零，相量之和等于零。

$$u_A + u_B + u_C = 0$$

或

$$\dot{U}_A + \dot{U}_B + \dot{U}_C = 0 \tag{5-8}$$

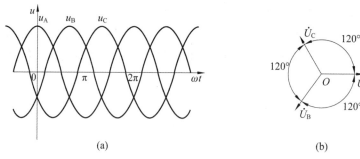

图 5-2　三相对称电压

上述三相电压相位的次序称为相序，A—B—C 称为顺序或正序，与此相反，若 u_B 超前 u_A 120°，u_C 超前 u_B 120°，这样的相序称为反序或负序。一般采用正序，本章将着重讨论正序的情况。

◆ 5.1.2　三相电源连接方式

三相发电机给负载供电，它的三个绕组可有两种接线方式，即星形接法和三角形接法。

1. 星形连接方式

三相发电机或三相变压器，均有三个独立的绕组，每个绕组都有一个首端，分别为 A、B、C，一个尾端 X、Y、Z，将三相绕组的尾端连接成一个公共点，称为中点（或零点），用字母 N 表示，从中点引出的导线称为中线（或零线），用黑色或白色表示。中线一般接地，故又可称地线。从线圈的三个首端引出有三根导线称相线（或火线、端线），分别用黄、绿、红三种颜色表示。这种连接方式称为电源的星形连接。这种供电系统称为三相四线制，如图 5-3 所示，其相量图如图 5-4 所示。低压供电系统常采用这种供电方式。

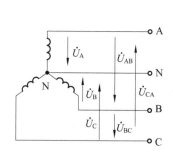

图 5-3　三相电源星形连接图

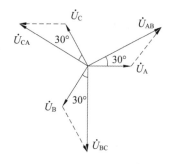

图 5-4　三相电源星形连接相量图

2. 星形连接的输出电压

三相四线制供电系统可输出两种电压，即相电压与线电压。

相电压：火线与中线之间的电压，有效值用 U_U、U_V、U_W 或 U_A、U_B、U_C 表示，有些参考书也用 U_{AN}、U_{BN}、U_{CN} 来表示，或者用通式 U_P 表示。

$$\dot{U}_{AN} = \dot{U}_A, \quad \dot{U}_{BN} = \dot{U}_B, \quad \dot{U}_{CN} = \dot{U}_C \tag{5-9}$$

线电压：火线与火线之间的电压，有效值用 U_{UV}、U_{VW}、U_{WU} 或 U_{AB}、U_{BC}、U_{CA} 表示，或者用通式 U_L 表示。

相电压与线电压的参考方向如图 5-3 所示。根据式(5-7)和基尔霍夫电压定律(KVL)，可知线电压与相电压之间有如下关系：

$$\begin{cases} \dot{U}_{AB} = \dot{U}_A - \dot{U}_B = U\angle 0° - U\angle -120° = \sqrt{3}\dot{U}_A\angle 30° \\ \dot{U}_{BC} = \dot{U}_B - \dot{U}_C = U\angle -120° - U\angle 120° = \sqrt{3}\dot{U}_B\angle 30° \\ \dot{U}_{CA} = \dot{U}_C - \dot{U}_A = U\angle 120° - U\angle 0° = \sqrt{3}\dot{U}_C\angle 30° \end{cases} \quad (5\text{-}10)$$

$$U_{AB} = \sqrt{3}U_A \quad (5\text{-}11)$$

可得

$$\begin{cases} U_{BC} = \sqrt{3}U_B \\ U_{CA} = \sqrt{3}U_C \end{cases} \quad (5\text{-}12)$$

$$\dot{U}_{AB} + \dot{U}_{BC} + \dot{U}_{CA} = 0 \quad (5\text{-}13)$$

后续课程中提到的三相电源都是指三相对称电源。如我国低压电力系统使用的三相四线制供电方式,电源的额定电压为 380 V/220 V,是指线电压为 380 V,相电压为 220 V 的三相对称电源。星形连接的三相电源,也可以不引出中线,这种电源叫作三相三线电源,它只能提供一种电压,即线电压。

3. 三角形连接的输出电压

三相电源的三角形连接就是把三相电源的首、末端依次相连接,如图 5-5 所示。

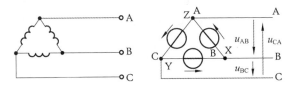

图 5-5　三相电源三角形连接

若三相电源为正弦交流电源,则有

$$\begin{cases} \dot{U}_{AB} = \dot{U}_A \\ \dot{U}_{BC} = \dot{U}_B \\ \dot{U}_{CA} = \dot{U}_C \end{cases} \quad (5\text{-}14)$$

$$\dot{U}_{AB} + \dot{U}_{BC} + \dot{U}_{CA} = 0 \quad (5\text{-}15)$$

5.2　三相负载的连接及其电压、电流关系

由三相电源供电的负载称为三相负载。三相电路的负载是由三部分组成的,其中每一部分叫作一相负载。三相电路中的三相负载,可能相同也可能不相同。如果阻抗相等且阻抗角相同,则三相负载就是对称的,叫作对称三相负载。例如,生产上广泛使用的三相异步电动机就是三相对称负载。如果各相负载不同,就称为不对称三相负载,如三相照明电路中的负载。负载的连接如图 5-6 所示。

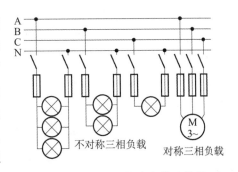

不对称三相负载　　对称三相负载

图 5-6　三相电源供电负载连接图

三相负载可有星形和三角形两种接法,这两种接法应用都很普遍。

◆ 5.2.1　三相负载的星形连接

1. 三相负载的星形连接

图 5-7 表示三相四线制负载的星形连接,点 N′叫作负载的中点,因有中线 NN′,所以是

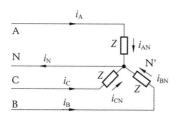

三相四线制电路。图中通过端线的电流叫作线电流;通过每相负载的电流叫作相电流。显然,在星形连接时,某相负载的相电流就是对应的线电流,即相电流等于线电流。

因为有中线,对称的电源电压 U_A、U_B 和 U_C 直接加在三相负载 Z_A、Z_B 和 Z_C 上,所以三相负载的相电压也是对称的。各相负载的电流为

图 5-7　三相四线制负载的星形连接

$$I_A = \frac{U_A}{|Z_A|}, I_B = \frac{U_B}{|Z_B|}, I_C = \frac{U_C}{|Z_C|} \tag{5-16}$$

各相负载的相电压与相电流的相位差为

$$\varphi_A = \arctan\frac{X_A}{R_A}, \varphi_B = \arctan\frac{X_B}{R_B}, \varphi_C = \arctan\frac{X_C}{R_C} \tag{5-17}$$

式中:R_A、R_B 和 R_C 为各相负载的等效电阻;X_A、X_B 和 X_C 为各相负载的等效电抗(等效感抗与等效容抗之差)。中线的电流,按图 5-7 中所选定的参考方向,可写出

$$i_N = i_A + i_B + i_C \tag{5-18}$$

如果用相量表示,则

$$\dot{I}_N = \dot{I}_A + \dot{I}_B + \dot{I}_C \tag{5-19}$$

前已述及,生产上广泛使用的三相负载大都是对称负载,所以在此主要讨论对称负载的情况。所谓对称负载,是指复阻抗相等,或者

$$R_A = R_B = R_C = R \quad X_A = X_B = X_C = X \tag{5-20}$$

由前述可见,因为对称负载相电压是对称的,所以对称负载的相电流也是对称的,即

$$I_A = I_B = I_C = I_P = \frac{U_P}{|Z|} \tag{5-21}$$

式中

$$|Z| = \sqrt{R^2 + X^2}$$

$$\varphi_A = \varphi_B = \varphi_C = \arctan\frac{X}{R} \tag{5-22}$$

因为当三相负载对称时,其线电流相量和为零,即:在对称负载时,中线电流为零,故中线可以省去不用。这时中线电流等于零,即

$$i_N = i_A + i_B + i_C = 0 \tag{5-23}$$

或

$$\dot{I}_N = \dot{I}_A + \dot{I}_B + \dot{I}_C = 0 \tag{5-24}$$

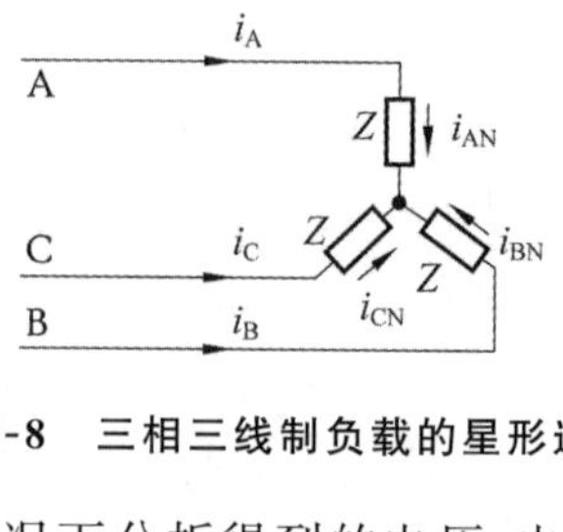

图 5-8　三相三线制负载的星形连接

图 5-8 表示三相三线制负载的星形连接,在三相四线制情况下分析得到的电压、电流关系仍然成立。

2. 中线的作用

在实际应用中,三相负载不对称的情况也比较常见,如照明电路的负载就属于不对称负载。对于不对称电路的各相负载电流就不能按式(5-21)去计算了,只能每相单独计算,这样三相电流也就不对称,中线电流不等于零,中线不可省去。否则,三相负载的相电压不对称,会造成某相电压过高,超过负载的额定相电压,其他相的电压过低,低于负载的额定相电压,使负载不能正常工作或损坏。

在图 5-9 中,当电源线电压为 380 V,在 B 相与 C 相各接一只白炽灯,A 相接两只白炽灯。如果 B 相开关 S 断开,电路中线连接正常,此时 A 相与 C 相上的负载虽然不对称,但 A 相与 C 相白炽灯上的电压还是等于电源的相电压 220 V,电路能够正常工作。如果没有中线,开关 S 又处于断开状态,A 相与 C 相白炽灯就变成串联接于电路线电压 U_{AC} 上,由于 A 相接的白炽灯比 C 相多,其等效电阻就比 C 相要小,根据电路串联分压原理,C 相白炽灯上分得的电压多,会超过其额定值 220 V 而使灯特别亮,而 A 相上分得的电压就少,会低于其额定值从而使灯发暗。当使用时间较长时,会使 C 相的白炽灯烧坏,进而导致 A 相白炽灯也因电路不通而熄灭。

综上所述可见:

(1)中线的作用是:将负载的中点与电源的中点相连,在三相负载不对称时,保证各相负载的相电压仍然是对称的,使各相负载独立,始终能够正常工作。

(2)三相照明负载不能没有中线,必须采用三相四线制电源。

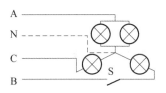

图 5-9 中线的作用

(3)三相不对称负载的供电系统中,为防止运行时中线断开,不允许在中线上安装熔断器或开关,有时还要使用机械强度较高的导线作为中线。

3. 三相负载星形连接时电压与电流的关系

星形连接的三相负载如图 5-10 所示,其电压相量图如图 5-11 所示。

一般情况下,根据 KVL 有

$$\dot{U}_{AB} = \dot{U}_A - \dot{U}_B = U\angle 0° - U\angle -120° = \sqrt{3}\dot{U}_A\angle 30°$$

$$\dot{U}_{BC} = \dot{U}_B - \dot{U}_C = U\angle -120° - U\angle 120° = \sqrt{3}\dot{U}_B\angle 30°$$

$$\dot{U}_{CA} = \dot{U}_C - \dot{U}_A = U\angle 120° - U\angle 0° = \sqrt{3}\dot{U}_C\angle 30° \tag{5-25}$$

$$U_{AB} = \sqrt{3}U_A \quad U_{BC} = \sqrt{3}U_B \quad U_{CA} = \sqrt{3}U_C \tag{5-26}$$

由图 5-10 和图 5-11 可知:

(1)三相线电压也是对称的,彼此之间相差120°。其大小等于相电压的$\sqrt{3}$倍,若用 U_L 表示线电压的有效值,用 U_P 表示相电压的有效值。

$$\dot{U}_{AB} + \dot{U}_{BC} + \dot{U}_{CA} = 0 \qquad U_L = \sqrt{3}U_P \tag{5-27}$$

(2)线电压$\dot{U}_{AB}$、$\dot{U}_{BC}$、$\dot{U}_{CA}$分别超前相应的相电压$\dot{U}_A$、$\dot{U}_B$、$\dot{U}_C$ 30°,即

$$\dot{U}_L = \sqrt{3}\dot{U}_P\angle 30° \tag{5-28}$$

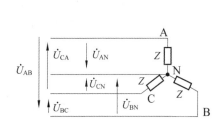

图 5-10　星形连接的三相负载　　　图 5-11　三相负载星形连接时电压相量图

（3）计算负载对称的三相电路，只需计算一相即可，因为对称负载的电压和电流都是对称的，它们的大小相等，相位差为 $120°$。

（4）由图 5-11 还可见，线电压与相电压的关系为

$$\dot{I}_L = \dot{I}_P \tag{5-29}$$

（5）分析对称负载星形连接的电路时，常用到以下关系式，即

$$U_L = \sqrt{3}U_P \qquad I_L = I_P \tag{5-30}$$

■ 例 5-1　已知星形连接的三相异步电动机接于线电压为 380 V 的三相对称电源上，电动机每相电阻为 6 Ω，感抗为 8 Ω，求此时流入电动机每相绕组的电流及各相线电流。

解　由于电源电压对称，各相负载对称，则各相电流应该相等，各线电流也应相等。
因

$$U_P = \frac{U_L}{\sqrt{3}} = \frac{380}{\sqrt{3}} \text{ V} = 220 \text{ V}$$

$$|Z_P| = \sqrt{R^2 + X_L^2} = \sqrt{6^2 + 8^2} \text{ Ω} = 10 \text{ Ω}$$

则

$$I_P = \frac{U_P}{|Z_P|} = \frac{220}{10} \text{ A} = 22 \text{ A} \qquad I_L = I_P = 22 \text{ A}$$

◆ 5.2.2　三相负载的三角形连接

当三相负载首尾相连，构成一闭合回路，并从各连接点引出三根线，接入三相电源的三根火线上，这种连接方法称为负载的三角形连接。图 5-12 所示是由三个负载接成三角形的连接方式，称为三角形负载。这种供电方式也属于三相三线制供电系统。

三相负载三角形连接时电流相量图如图 5-13 所示。

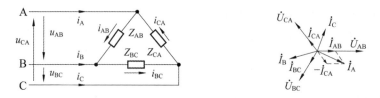

图 5-12　三角形连接的三相负载　　图 5-13　三相负载三角形连接时电流相量图

电路中线电流和相电流的参考方向如图 5-12 所示。忽略导线的电压降，每相负载上的相电压等于相对应的电源线电压，即 $U_L = U_P$，流经相线的电流，称为线电流，规定其参考方

向从电源流向负载;每相负载的电流,称为相电流,规定其参考方向为 A—B、B—C、C—A,则每相负载中流过的电流(即相电流)为

$$I_{AB} = I_{BC} = I_{CA} = I_P = \frac{U_L}{|Z|} \tag{5-31}$$

根据 KCL,其线电流与相电流之间的关系为

$$\dot{I}_A = \dot{I}_{AB} - \dot{I}_{CA}$$
$$\dot{I}_B = \dot{I}_{BC} - \dot{I}_{AB}$$
$$\dot{I}_C = \dot{I}_{CA} - \dot{I}_{BC} \tag{5-32}$$

由图 5-12 和图 5-13 可知:

(1) 三个相电流对称时,三个线电流也对称,彼此之间相差120°。

$$\dot{I}_A + \dot{I}_B + \dot{I}_C = 0 \tag{5-33}$$

(2) 线电流的有效值等于相电流有效值的$\sqrt{3}$倍,即

$$I_L = \sqrt{3} I_P \tag{5-34}$$

(3) 从图 5-13 还可见,线电流在相位上分别滞后对应相电流30°,即

$$\dot{I}_L = \sqrt{3} \dot{I}_P \angle -30° \tag{5-35}$$

(4) 从图 5-12 还可见,线电压与相电压的关系为

$$\dot{U}_L = \dot{U}_P \tag{5-36}$$

(5) 分析对称负载星形连接的电路时,常用到以下关系式,即

$$U_L = U_P \qquad I_L = \sqrt{3} I_P \tag{5-37}$$

例 5-2 将例 5-1 中电动机的连接方式改为三角形连接,其他条件都不变,求流入电动机每相绕组的电流及各相线电流。

解 由于三角形连接时 $U_L = U_P = 380$ V,负载每相的阻抗不变,$|Z_P| = 10$ Ω,则相电流

$$I_P = \frac{U_P}{|Z_P|} = \frac{380}{10} \text{ A} = 38 \text{ A}$$

线电流

$$I_L = \sqrt{3} I_P = \sqrt{3} \times 38 \text{ A} = 66 \text{ A}$$

5.3 三相电路的功率

1. 有功功率

在三相交流电路中,三相负载消耗的有功功率等于各相负载消耗的有功功率之和,即

$$P = P_A + P_B + P_C = U_{PA} I_{PA} \cos\varphi_A + U_{PB} I_{PB} \cos\varphi_B + U_{PC} I_{PC} \cos\varphi_C \tag{5-38}$$

在三相对称负载电路中,不论负载是星形连接还是三角形连接,其三相有功功率 P 都可为

$$P = 3 U_P I_P \cos\varphi_P = \sqrt{3} U_L I_L \cos\varphi_P \tag{5-39}$$

2. 无功功率

同理,在三相对称负载电路中,不论负载是星形连接还是三角形连接,其三相总无功功率 Q 都可为

$$Q = 3U_P I_P \sin\varphi_P = \sqrt{3}U_L I_L \sin\varphi_P \tag{5-40}$$

3. 视在功率

$$S = \sqrt{P^2 + Q^2} \tag{5-41}$$

■ 例 5-3 已知某三相对称负载接在线电压为 380 V 的三相电源上,每相负载电阻为 6 Ω,感抗为 8 Ω,试比较星形连接和三角形连接两种连接方式下消耗的三相电功率。

解 负载的阻抗

$$|Z_P| = \sqrt{R_P^2 + X_P^2} = \sqrt{6^2 + 8^2} \text{ Ω} = 10 \text{ Ω}$$

负载的功率因数

$$\cos\varphi = \frac{R_P}{|Z_P|} = \frac{6}{10} = 0.6$$

(1)负载作星形连接时:

负载的相电压

$$U_{YP} = \frac{U_{YL}}{\sqrt{3}} = \frac{380}{\sqrt{3}} \text{ V} = 220 \text{ V}$$

则

$$I_{YL} = I_{YP} = \frac{U_{YP}}{|Z_P|} = \frac{220}{10} \text{ A} = 22 \text{ A}$$

所以

$$P_Y = \sqrt{3}U_L I_L \cos\varphi_P = \sqrt{3} \times 380 \times 22 \times 0.6 \text{ W} = 8.7 \text{ kW}$$

(2)负载作三角形连接时

负载的相电压

$$U_{\triangle P} = U_{\triangle L} = 380 \text{ V}$$

则

$$I_{\triangle P} = \frac{U_{\triangle P}}{|Z_P|} = \frac{U_{\triangle L}}{|Z_P|} = \frac{380}{10} \text{ A} = 38 \text{ A}$$

$$I_{\triangle L} = \sqrt{3}I_{\triangle P} = \sqrt{3} \times 38 \text{ A} = 66 \text{ A}$$

所以

$$P_{\triangle} = \sqrt{3}U_L I_L \cos\varphi_P = \sqrt{3} \times 380 \times 66 \times 0.6 \text{ W} = 26 \text{ kW}$$

(3)比较两种连接方式下消耗三相电功率之比

$$\frac{P_{\triangle}}{P_Y} = \frac{66}{22} = 3$$

可见同一负载,采用三角形连接消耗的有功功率是星形连接消耗有功功率的 3 倍。显然,负载消耗的功率与连接方式有关,要使负载正常运行,必须正确地连接电路。

本章小结

一、三相交流电动势

1. 对称三相电动势

振幅相等、频率相同，在相位上彼此相差120°的三个电动势称为对称三相电动势。对称三相电动势瞬时值的数学表达式为

第一相（A 相）电动势：

$$e_1 = E_m \sin(\omega t)$$

第二相（B 相）电动势：

$$e_2 = E_m \sin(\omega t - 120°)$$

第三相（C 相）电动势：

$$e_3 = E_m \sin(\omega t + 120°)$$

显然，有

$$e_1 + e_2 + e_3 = 0$$

2. 相序

三相电动势达到最大值（振幅）的先后次序叫作相序。e_1 比 e_2 超前120°，e_2 比 e_3 超前120°，而 e_3 又比 e_1 超前120°，称这种相序称为正相序或顺相序；反之，如果 e_1 比 e_3 超前120°，e_3 比 e_2 超前120°，e_2 比 e_1 超前120°，称这种相序为负相序或逆相序。

相序是一个十分重要的概念，为使电力系统能够安全可靠地运行，通常统一规定技术标准，一般在配电盘上用黄色标出 A 相，用绿色标出 B 相，用红色标出 C 相。

二、三相电源的连接

三相电源有星形（亦称 Y 形）接法和三角形（亦称△形）接法两种。

1. 三相电源的星形（Y 形）接法

将三相发电机三相绕组的末端 X、Y、Z（相尾）连接在一点，始端 A、B、C（相头）分别与负载相连，这种连接方法叫作星形（Y 形）连接。

从三相电源三个相头 A、B、C 引出的三根导线叫作端线或相线，俗称火线，任意两个火线之间的电压叫作线电压。Y 形公共连接点 N 叫作中点，从中点引出的导线叫作中线或零线。由三根相线和一根中线组成的输电方式叫作三相四线制（通常在低压配电中采用）。

每相绕组始端与末端之间的电压（即相线与中线之间的电压）叫作相电压，它们的瞬时值用 u_1、u_2、u_3 来表示，显然这三个相电压也是对称的。相电压大小（有效值）为

$$U_1 = U_2 = U_3 = U_P$$

任意两相始端之间的电压（即火线与火线之间的电压）叫作线电压，它们的瞬时值用 u_{12}、u_{23}、u_{31} 来表示。

显然三个线电压也是对称的。大小（有效值）为

$$U_{12} = U_{23} = U_{31} = U_L = \sqrt{3} U_P$$

线电压比相应的相电压超前30°，如线电压 u_{12} 比相电压 u_1 超前30°，线电压 u_{23} 比相电压 u_2 超前30°，线电压 u_{31} 比相电压 u_3 超前30°。

2. 三相电源的三角形（△形）接法

将三相发电机的第二绕组始端 B 与第一绕组的末端 X 相连、第三绕组始端 C 与第二绕组的末端 Y 相连、第一绕组始端 A 与第三绕组的末端 Z 相连，并从三个始端 A、B、C 引出三根导线分别与负载相连，这种连接方法叫作三角形（△形）连接。显然这时线电压等于相电压，即

$$U_L = U_P$$

这种没有中线,只有三根相线的输电方式叫作三相三线制。

特别需要注意的是,在工业用电系统中如果只引出三根导线(三相三线制),那么就都是火线(没有中线),这时所说的三相电压大小均指线电压U_L;而民用电源则需要引出中线,所说的电压大小均指相电压U_P。

三、负载的星形连接

该接法有三根火线和一根零线,叫作三相四线制电路,在这种电路中三相电源也必须是Y形接法,所以又叫作Y-Y接法的三相电路。显然不管负载是否对称(相等),电路中的线电压U_L都等于负载相电压U_{YP}的$\sqrt{3}$倍,即

$$U_L = \sqrt{3}U_{YP}$$

负载的相电流I_{YP}等于线电流I_{YL},即

$$I_{YL} = I_{YP}$$

当三相负载对称时,即各相负载完全相同,相电流和线电流也一定对称(称为Y-Y形对称三相电路)。即各相电流(或各线电流)振幅相等、频率相同、相位彼此相差120°,并且中线电流为零。所以中线可以去掉,即形成三相三线制电路,也就是说对于对称负载来说,不必关心电源的接法,只需关心负载的接法。

四、负载的三角形连接

负载作△形连接时只能形成三相三线制电路,显然不管负载是否对称(相等),电路中负载相电压$U_{\triangle P}$都等于线电压U_L,即

$$U_{\triangle P} = U_L$$

当三相负载对称时,即各相负载完全相同,相电流和线电流也一定对称。负载的相电流为

$$I_{\triangle P} = \frac{U_{\triangle P}}{|Z|}$$

线电流$I_{\triangle L}$等于相电流$I_{\triangle P}$的$\sqrt{3}$倍,即

$$I_{\triangle L} = \sqrt{3}I_{\triangle P}$$

五、三相电路的功率

三相负载的有功功率等于各相功率之和,即

$$P = P_1 + P_2 + P_3$$

在对称三相电路中,无论负载是星形连接还是三角形连接,由于各相负载相同、各相电压大小相等、各相电流也相等,所以三相功率为

$$P = 3U_P I_P \cos\varphi = \sqrt{3}U_L I_L \cos\varphi$$

其中φ为对称负载的阻抗角,也是负载相电压与相电流之间的相位差。

三相电路的视在功率为

$$S = 3U_P I_P = \sqrt{3}U_L I_L$$

三相电路的无功功率为

$$Q = 3U_P I_P \sin\varphi = \sqrt{3}U_L I_L \sin\varphi$$

三相电路的功率因数为

$$\lambda = \frac{P}{S} = \cos\varphi$$

本章习题

5-1　已知发电机三相绕组产生的电动势大小均为 $E = 220$ V，试求：(1) 三相电源为 Y 形接法时的相电压 U_P 与线电压 U_L；(2) 三相电源为△形接法时的相电压 U_P 与线电压 U_L。

5-2　在负载作 Y 形连接的对称三相电路中，已知每相负载均为 $|Z| = 20$ Ω，设线电压 $U_L = 380$ V，试求各相电流(也就是线电流)。

5-3　在对称三相电路中，负载作△形连接，已知每相负载均为 $|Z| = 50$ Ω，设线电压 $U_L = 380$ V，试求各相电流和线电流。

5-4　三相发电机采用星形接法，负载也采用星形接法，发电机的相电压 $U_P = 1000$ V，每相负载电阻均为 $R = 50$ kΩ，$X_L = 25$ kΩ。试求：(1) 相电流；(2) 线电流；(3) 线电压。

5-5　有一对称三相负载，每相电阻为 $R = 6$ Ω，电抗 $X = 8$ Ω，三相电源的线电压为 $U_L = 380$ V。求：(1) 负载作星形连接时的功率 P_Y；(2) 负载作三角形连接时的功率 $P_\triangle$。

第6章 半导体器件基础

半导体器件是模拟电子技术中最基本的元件之一,本章将介绍半导体器件的一些基本知识,PN结是怎样形成的,使大家了解半导体二极管、三极管和场效应管的物理结构、工作原理、特性曲线、主要电参数。重点掌握各器件的结构、符号、主要特性及应用,特别要注意器件特性的适用范围和条件以及半导体器件的基本应用。对于器件内部的物理结构只要求有一定的了解。

6.1 半导体基础知识

◆ 6.1.1 导体、半导体和绝缘体

自然界的物质,按导电能力的不同,可分为导体、绝缘体和半导体三大类。

1. 导体

自然界中很容易导电的物质称为导体,如金、银、铜、铁等,一般金属都是导体(电阻率为 $10^{-6} \sim 10^{-4} \Omega \cdot \mathrm{cm}$)。

2. 绝缘体

有的物质几乎不导电,称为绝缘体,如橡皮、陶瓷、塑料和石英等(电阻率为 $10^{10} \ \Omega \cdot \mathrm{cm}$ 以上)。

3. 半导体

有一类物质的导电特性处于导体和绝缘体之间,称为半导体,如锗、硅、砷化镓和一些硫化物、氧化物等(电阻率为 $10^{-3} \sim 10^{9} \Omega \cdot \mathrm{cm}$)。硅和锗原子结构如图 6-1 所示。

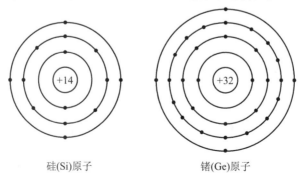

硅(Si)原子   锗(Ge)原子

图 6-1 硅和锗原子结构图

半导体的特点具体如下。

（1）杂敏性：半导体对杂质很敏感。在半导体硅中只要掺入亿分之一的硼（B），电阻率就会下降到原来的几万分之一。

用控制掺杂的方法，可以人为精确地控制半导体的导电能力，制造出各种不同性能、不同用途的半导体器件。如普通半导体二极管、三极管、可控硅等。

（2）热敏性：半导体对温度很敏感。温度每升高 10 ℃，半导体的电阻率减小为原来的二分之一。这种特性对半导体器件的工作性能有许多不利的影响，但利用这一特性可以制成自动控制中有用的热敏电阻，热敏电阻可以感知万分之一摄氏度的温度变化。

（3）光敏性：半导体对光照很敏感。光照越强，等效电阻越小，导电能力越强。例如，一种硫化镉（CdS）的半导体材料，在一般灯光照射下，它的电阻率是移去灯光后的几十分之一或几百分之一。

自动控制中用的光电二极管、光电三极管和光敏电阻等，就是利用这一特性制成的。

◆ 6.1.2 本征半导体

纯净的半导体或者说不含杂质的半导体，称为本征半导体。如纯净的硅（Si）或纯净的锗（Ge），都可以称为本征半导体。

1. 本征半导体的结构特点

以现代电子中用得最多的半导体材料硅锗为例。硅和锗的最外层电子（价电子）都是四个，如图 6-2 所示。

如图 6-3 所示，在硅和锗晶体中，原子按照一定的顺序形成正四面体的晶体点阵，每个原子都处在正四面体的中心，而价电子为相邻的原子所共有，形成共价键结构。共价键有很强的结合力，使原子规则排列，形成晶体。

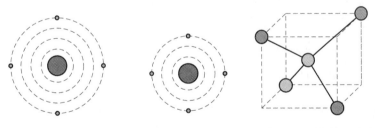

图 6-2　硅和锗的电子结构　　　图 6-3　硅和锗的晶体结构

如图 6-4 所示，共价键中的两个电子被紧紧束缚在共价键中，称为束缚电子，常温下束缚电子很难脱离共价键成为自由电子，因此本征半导体中的自由电子很少，所以本征半导体的导电能力很弱。

2. 本征半导体的导电原理

1）载流子、自由电子和空穴

在绝对 0 度（$T=0$ K）和没有外界激发时，价电子完全被共价键束缚着，本征半导体中没有可以运动的带电粒子（即载流子），它的导电能力为 0，相当于绝缘体。

当温度升高或受到光照，价电子从外界获得能量，少数价电子会挣脱共价键的束缚成为自由电子，这种现象称为本征激发。同时共价键上留下一个空位，称为空穴，如图 6-5 所示。

2）本征半导体的导电原理

自由电子和空穴是成对出现的，称它们为电子空穴对。在本征半导体中，电子空穴对的数量总是相等的。在外电场或其他能源的作用下，空穴吸引附近的电子来填补，这样的结果相当于空穴的迁移，可以认为空穴是一种带正电荷的载流子，所以空穴的迁移相当于正电荷的移动。本征半导体中有两种载流子——自由电子和空穴。两种载流子运动方向相反，形成的电流方向相同。

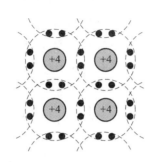

图 6-4　共价键结构平面示意图

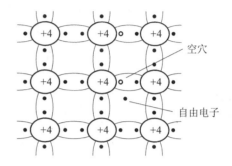

空穴

自由电子

图 6-5　本征半导体中的空穴和自由电子

3）本征半导体中电流的组成

本征半导体中电流由两部分组成：

（1）自由电子移动产生的电流。

（2）空穴移动产生的电流。

4）半导体与金属导体导电原理的区别

（1）导体：只有一种载流子——自由电子。

（2）半导体：两种载流子——自由电子和空穴。

常温下，本征半导体载流子的浓度很低，因此导电能力很弱。不过，当本征半导体受到光和热作用时，由于外界能量的激发，就有较多的载流子共价键破裂形成电子空穴对，从而出现大量的载流子，使得半导体的导电能力明显提升，表现出半导体的光敏、热敏特性。

6.1.3　杂质半导体

半导体对杂质很敏感，有杂敏性。原因是掺入某种微量的杂质，半导体的某种载流子浓度大大增加，导电性能大大加强。

N 型半导体：自由电子浓度大大增加的杂质半导体，也称为电子型半导体。

P 型半导体：空穴浓度大大增加的杂质半导体，也称为空穴型半导体。

1. N 型半导体

在硅或锗晶体中掺入少量的五价元素磷（P），晶体点阵中的半导体原子被磷原子取代。磷原子的最外层有五个价电子，其中四个与相邻的半导体原子形成共价键，多出一个电子，如图 6-6 所示。

这个电子几乎不受束缚，很容易被激发而成为自由电子。掺入多少个磷原子就能产生多少个自由电子。这种掺入磷原子的半导体主要靠电子导电，所以称为电子型半导体，简称 N 型半导体。掺入的五价杂质原子，称为施主原子。

多数载流子（多子）——自由电子（主要由掺杂形成）；

少数载流子(少子)——空穴(本征激发形成)。

2. P 型半导体

在硅或锗晶体中掺入少量的三价元素,如硼(B),晶体点阵中的半导体原子被硼原子取代。硼原子的最外层有三个价电子,与相邻的四个半导体原子形成共价键时,有一个键因缺少一个电子形成一个空穴,如图 6-7 所示。

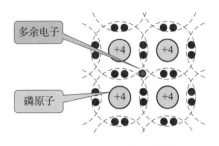 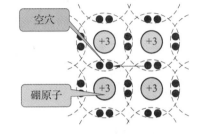

图 6-6　半导体掺入磷原子　　　　图 6-7　半导体掺入硼原子

这个空穴可能吸引束缚电子来填补,掺入多少个硼原子就能产生多少个空穴。这种掺入硼原子的半导体主要靠空穴导电,所以称为空穴型半导体,简称 P 型半导体。掺入的三价杂质原子,称为受主原子。

多数载流子——空穴（主要由掺杂形成）;

少数载流子——自由电子(本征激发形成)。

3. 杂质半导体的示意表示法

在杂质半导体中,多数载流子的浓度主要取决于掺入的杂质浓度;而少数载流子的浓度主要取决于温度。

无论是 N 型或 P 型半导体,内部都有大量的载流子,导电能力都较强。但是,不管是有大量带负电自由电子的 N 型半导体或是有大量带正电空穴的 P 型半导体,由于半导体带有相反极性的杂质离子的平衡作用,从总体上看,半导体仍然保持着电中性,如图 6-8(a)、(b)所示。

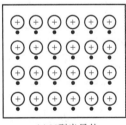 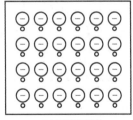

(a) N 型半导体　　　　　　(b) P 型半导体

图 6-8　杂质半导体的示意表示法

◆ **6.1.4　PN 结的形成**

1. 基本概念

PN 结的形成如图 6-9 所示。

(1)利用一定的掺杂工艺使一块半导体的一侧呈 P 型,另一侧呈 N 型,则其交界处就形成了 PN 结。

(2)扩散运动。物质由浓度高的地方向浓度低的地方的迁移运动,称为扩散运动。

（3）复合。自由电子和空穴在运动中相遇时会重新结合而成对消失，这种现象称为复合。

（4）漂移运动。载流子在电场力作用下的运动，称为漂移运动。

（5）扩散运动和复合的结果。

由于两侧载流子浓度的差异，发生扩散运动。电子和空穴相遇时，发生复合而消失。扩散运动和复合的结果是形成空间电荷区。

① P区失去空穴→带负电的离子，形成空间电荷区；

② N区失去电子→带正电的离子，建立内电场，方向由N区→P区。

（6）内电场的作用：

① 阻碍两区多子的扩散运动；

② 引起两区少子的漂移运动。

2. PN结的形成过程

（1）当采用某种方法使半导体中一部分区域成为P型半导体，另一部分区域成为N型半导体时，其交界上就会形成一个很薄的空间电荷区。由于交界面两侧存在载流子浓度差，P区中的多数载流子（空穴）就要向N区扩散；同样，N区的多数载流子（电子）也向P区扩散。在扩散中，电子与空穴复合，因此在交界面上，靠N区一侧就留下不可移动的正电荷离子，而靠P区一侧就留下不可移动的负电荷离子，从而形成空间电荷区，如图6-9所示。在空间电荷区产生一个从N区指向P区的内电场（自建电场），如图6-10所示。

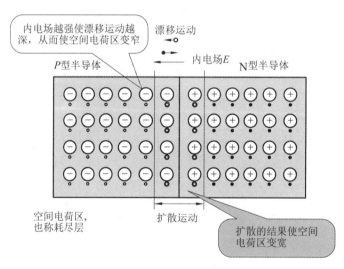

图6-9 PN结的形成

（2）随着扩散的进行，内电场不断增强。内电场的加强又反过来阻碍扩散运动，但却使P区的少数载流子电子向N区漂移，N区的少数载流子空穴向P区漂移。在这个空间电荷区内，能移动的载流子极少，故又称为耗尽层或阻挡层。多子的扩散运动使空间电荷区变宽，少子的漂移运动使空间电荷区变窄，当扩散和漂移达到动态平衡时，即扩散运动的载流子数等于漂移运动的载流子数时（$I_{扩} = I_{漂}$），如图6-11所示，空间电荷区的宽度达到稳定，即形成PN结。

（3）PN结具有阻碍载流子扩散的特性，因此PN结又称为"阻挡层"或"势垒"。

（4）PN 结的内部是由空间电荷区构成的，因此 PN 结又称为"空间电荷区"。

（5）PN 结空间电荷区的载流子浓度已减小到耗尽程度，因此 PN 结又称为"耗尽层"。

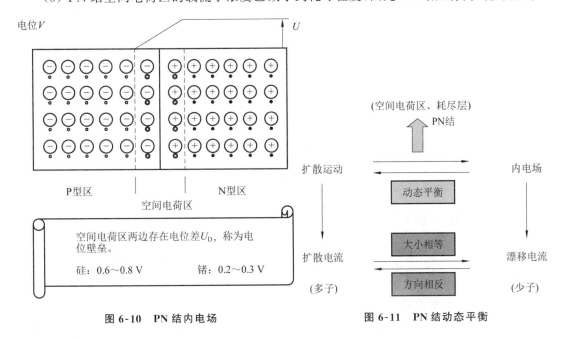

图 6-10　PN 结内电场　　　　　图 6-11　PN 结动态平衡

◆ 6.1.5　PN 结的单向导电性

1. PN 结正向偏置：P—正，N—负

如图 6-12 所示，内电场被削弱，多子的扩散加强，能够形成较大的扩散电流。

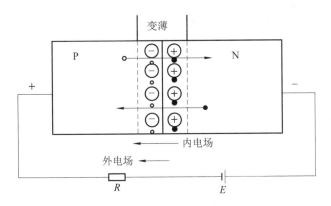

图 6-12　PN 结正向偏置

2. PN 结反向偏置：P—负，N—正

如图 6-13 所示，内电场被加强，多子的扩散受抑制，少子漂移加强，但少子数量有限，只能形成较小的反向电流。

PN 结的特点具体如下。

（1）PN 结加正向电压时，呈现低电阻，具有较大的正向扩散电流，使 PN 结导通。

（2）PN 结加反向电压时，呈现高电阻，具有很小的反向漂移电流，使 PN 结截止。

由上述内容可得出结论：PN 结具有单向导电性。

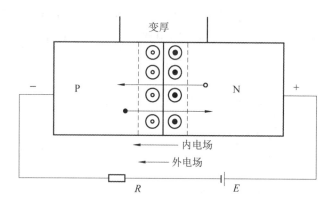

图 6-13　PN 结反向偏置

6.2　半导体二极管

◆ 6.2.1　半导体二极管的结构

1. 基本结构及电路符号

半导体二极管简称二极管,是由一个 PN 结构成的,从 P 区引出的电极为二极管正极,从 N 区引出的电极为二极管负极,用管壳封装起来即成二极管。常见二极管的外形如图 6-14(a)所示,电路符号如图 6-14(b)所示。

(a) 二极管的外形图

(b) 二极管的符号

图 6-14　二极管的外形及符号

二极管的类型很多,按制造二极管的材料来分,有硅二极管和锗二极管;按用途来分,有整流二极管、开关二极管、稳压二极管等;按结构来分,主要有点接触型二极管和面接触型二极管。

点接触型二极管的 PN 结面积小,结电容也小,因而不允许通过较大的电流,但可在高频下工作,如图 6-15(a)所示;而面接触型二极管由于 PN 结面积大,可以通过较大的电流,但只在较低频率下工作,如图 6-15(b)所示。

国家标准对半导体器件型号的命名举例如下:

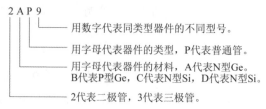

2. 二极管的分类

(1) 根据所用的半导体材料不同,可分为锗二极管和硅二极管。

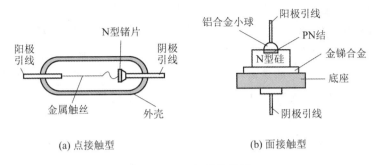

图 6-15　二极管的类型

（2）按照管芯结构不同，可分为以下几种。

① 点接触型二极管

由于它的触丝与半导体接触面很小，只允许通过较小的电流（几十毫安以下），但在高频下工作性能很好，适用于收音机中对高频信号的检波和微弱交流电的整流，如国产的锗二极管 2AP 系列、2AK 系列等。

② 面接触型二极管

面接触型二极管 PN 结面积较大，并做成平面状，它可以通过较大的电流，适用于对电网的交流电进行整流。如国产的 2CP 系列、2CZ 系列的二极管都是面接触型的。

③ 平面型二极管

它的特点是在 PN 结表面被覆一层二氧化硅薄膜，避免 PN 结表面被水分子、气体分子以及其他离子等沾污。这种二极管的特性比较稳定可靠，多用于开关、脉冲及超高频电路中。国产 2CK 系列二极管就属于这种类型。

（3）根据管子用途不同，可分为整流二极管、稳压二极管、开关二极管、光电二极管及发光二极管等。

6.2.2　二极管的特性

1. 正向特性

二极管正向连接时的电路如图 6-16 所示。二极管的正极接在高电位端，负极接在低电位端，二极管就处于导通状态（灯泡亮），如同一只接通的开关。实际上，二极管导通后有一定的管压降（硅管 0.6～0.7 V，锗管 0.2～0.3 V）。我们认为它是恒定的，且不随电流的变化而变化。

需要说明的是，当加在二极管两端的正向电压很小的时候，正向电流微弱，二极管呈现很大的电阻，这个区域称为二极管正向特性的"死区"，只有当正向电压达到一定数值（这个数值称为"门槛电压"，锗二极管约为 0.2 V，硅二极管约为 0.6 V）以后，二极管才真正导通。此时，正向电流将随着正向电压的增加而急速增大，如不采取限流措施，过大的电流会使 PN 结发热，超过最高允许温度（锗管为 90～100 ℃，硅管为 125～200 ℃）时，二极管就会被烧坏。

2. 反向特性

二极管反向连接时的电路如图 6-17 所示。二极管的负极接在电路的高电位端，正极接在电路的低电位端，二极管就处于截止状态，如同一只断开的开关，电流被 PN 结所截断，灯泡不亮。需要说明的是,二极管承受反向电压,处于截止状态时,仍然会有微弱的反向电流(通常称为反向漏电流)。反向电流虽然很小(锗二极管不超过几微安,硅二极管不超过几十纳安),却和温度有极为密切的关系,温度每升高 10 ℃,反向电流约增大一倍,称为"加倍规则"。反向电流是衡量二极管质量好坏的重要参数之一,反向电流太大,二极管的单向导电性能和温度稳定性就很差,选择和使用二极管时必须特别注意。

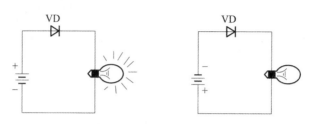

图 6-16   二极管的正向连接   图 6-17   二极管的反向连接

当加在二极管两端的反向电压增加到某一数值时,反向电流会急剧增大,这种状态称为二极管的击穿。对普通二极管来说,击穿就意味着二极管丧失了单向导电特性而损坏了。

3. 伏安特性

二极管的伏安特性如图 6-18 所示。

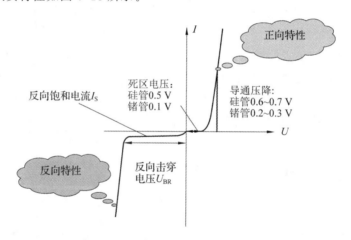

图 6-18   二极管的伏安特性

(1) 在正向电压作用下,当正向电压较小时,电流极小。而当超过某一值时(锗管约为 0.1 V,硅管约为 0.5 V),电流很快增大。人们习惯地将锗二极管正向电压小于 0.1,硅二极管正向电压小于 0.5 V 的区域称为死区。而将 0.1 V 称为锗二极管的死区电压(又称门槛电压),0.5 V 称为硅二极管的死区电压。

当正向电压超过门槛电压时,二极管正向电流急剧增大,二极管呈现很小电阻而处于导通状态。硅管的正向导通电压为 0.6~0.7 V,锗管为 0.2~0.3 V。

(2) 在反向电压的作用下,当反向电压不大时,反向电流随反向电压的增大而稍有增大,但变化极微小。

当外加 PN 结的反向电压超过某一特定电压时,反向电流急剧增大,这种现象叫击穿。

① 电击穿和热击穿。

刚开始击穿时,反向电流还不那么大,若降低反向电压,PN 结仍能正常工作,这种还未损坏 PN 结的击穿称为电击穿。发生电击穿后,继续提高反向电压,流过 PN 结的反向电流增大到一定数值时,会使 PN 结过热而损坏,这种造成 PN 结损坏的击穿就称为热击穿。

② 齐纳击穿和雪崩击穿。

按击穿原理,击穿分为齐纳击穿和雪崩击穿。齐纳击穿发生于掺杂浓度高的 PN 结,击穿时由于反向外加电压过大,导致 PN 结内的电场强度很高,使大量价电子受电场力作用而脱离共价键,并参与导电,这种击穿发生需要的反向电压(即击穿电压)一般低于 4 V。雪崩击穿发生于掺杂浓度低的 PN 结,是由于碰撞电离加剧而产生的击穿,击穿电压一般大于 6 V。击穿电压介于 4～6 V 时,这两种击穿同时发生,有可能获得零温度系数点。

这两种电击穿是可逆的,即当加在管子两端的反向电压降低后,管子仍可恢复原有的状态,仍能正常工作(稳压管实际就是利用这一电击穿特性)。二极管电流方程如式(6-1)所示:

$$I = I_S(e^{U/U_T} - 1) \tag{6-1}$$

6.2.3 主要参数

二极管参数是反映二极管性能质量的指标,使用时必须根据二极管的参数合理选用。

1. 最大整流电流 I_{DM}

I_{DM} 是指二极管长期工作时,允许流过二极管的最大正向平均电流。

2. 最大反向工作电压 U_{RM}

U_{RM} 是指二极管正常使用时允许加的最高反向电压值。超过此值,二极管将有击穿的危险。击穿时反向电流剧增,二极管的单向导电性被破坏,甚至会过热而烧坏。

3. 最大反向电流 I_{RM}

I_{RM} 是指二极管加最大反向工作电压时的反向饱和电流。反向电流大,说明管子的单向导电性差,因此反向电流越小越好。反向电流受温度的影响,温度越高反向电流越大。硅管的反向电流较小,锗管的反向电流要比硅管大几十到几百倍。

4. 最高工作频率 f_M

f_M 是指保持二极管单向导通性能时,外加电压允许的最高频率。使用时如果超过此值,二极管的单向导电性能不能很好体现。二极管工作频率与 PN 结的极间电容大小相关,电容越小,工作频率越高。

6.2.4 二极管的极间电容

如图 6-19 所示,二极管的两极之间有电容,此电容由两部分组成:势垒电容 C_B 和扩散电容 C_D。

(1) 势垒电容:由 PN 结的空间电荷区形成的,又称结电容。

(2) 扩散电容:由多数载流子在扩散过程中的积累而引起的。在 P 区有电子的积累,在 N 区有空穴的积累。C_B 在正向和反向偏置时均不能忽略。而反向偏置时,由于载流子数目很少,扩散电容可忽略。正向电流大,积累的电荷多,这样所产生的电容就是扩散电容 C_D。

(3) PN 结高频小信号时的等效电路:

PN 结正向偏置时,r_d 很小,C 较大(主要取决于 C_D);

PN 结反向偏置时,r_d 很大,C 较小(主要取决于 C_B)。

（4）二极管模型。

二极管模型如图 6-20 所示。

硅管：死区电压 $U_T=0.5$ V，管压降 $U_D=0.6\sim0.7$ V；

锗管：死区电压 $U_T=0.1$ V，管压降 $U_D=0.2\sim0.3$ V。

理想二极管：$U_T=0$，$U_D=0$，$r_D=0$。

图 6-19 二极管的极间电容

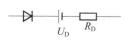

图 6-20 二极管模型

例 6-1　如图 6-21(a)所示电路，已知 $u_i=12\sin\omega t$ V，VD 为硅管，管压降 $U_D=0.7$ V，试画出输出电压波形。

解

$$U_D=u_i-5$$
$$U_D>0.7 \text{ V}$$

即 $u_i>5.7$ V，VD 导通，$u_o=E=5.7$ V，$u_i\leqslant5.7$ V，VD 截止，$u_o=u_i$。输出电压波形如图 6-21(b)所示。

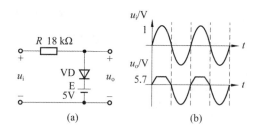

图 6-21 例 6-1 图

◆ 6.2.5　稳压二极管

二极管工作在反向击穿状态时，尽管流经二极管的电流可以在较大范围变化，但二极管的反向电压却基本不变。稳压二极管简称稳压管，也是一个二极管，外形也相似。因为具有稳压作用，故称为稳压管。

二极管的击穿：二极管处于反向偏置时，在一定的电压范围内，流过 PN 结的电流很小，但电压超过某一数值时，反向电流急剧增加，这种现象我们就称为反向击穿。

击穿可分为雪崩击穿和齐纳击穿。

齐纳击穿：高掺杂情况下，耗尽层很窄，宜于形成强电场，而破坏共价键，使价电子脱离共价键束缚形成电子-空穴对，致使电流急剧增加。

雪崩击穿：如果掺杂浓度较低，不会形成齐纳击穿，而当反向电压较高时，能加快少子的漂移速度，从而把电子从共价键中撞出，形成雪崩式的连锁反应。

上述两种过程属电击穿，是可逆的，当加在稳压管两端的反向电压降低后，管子仍可恢复原来的状态。但它有一个前提条件，即反向电流和反向电压的乘积不超过 PN 结容许的耗散功率，超过了就会因为热量散不出去而使 PN 结温度上升，直到过热而烧毁，这属于热击穿。

图 6-22 所示为稳压二极管特性曲线。稳压二极管的参数说明如下:

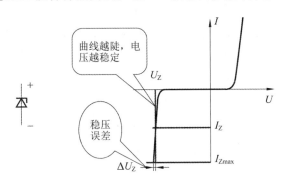

图 6-22　稳压二极管特性曲线

1. 稳定电压 U_Z

U_Z 是稳压管正常工作时管子两端的电压。由于工艺的原因,即使同一型号的稳压管,U_Z 的值也不一定相同,半导体手册给出的 U_Z 是一个范围,但对于一个具体的稳压管,U_Z 是一个确定值。

2. 电压温度系数 α_Z

α_Z 是反映稳定电压值受温度影响的参数,表示温度每升高 1 ℃时稳定电压值的相对变化量。硅稳压管低于 4 V 时具有负温度系数,高于 7 V 时具有正温度系数,在 4~7 V,α_Z 很小。稳定性要求较高的场合,一般采用 4~7 V 的稳压管。稳定性要求更高的场合,可采用温度补偿的稳压管,即正负温度系数的两个二极管串联使用。

3. 动态电阻 r_Z

r_Z 是指反向击穿状态下,稳压管两端电压变化量和相应的通过管子电流变化量之比。r_Z 的大小反映稳压管性能的优劣。r_Z 越小,稳压性能越好。

4. 稳定电流 I_Z 及最大、最小稳定电流 I_{Zmax}、I_{Zmin}

稳定电流 I_Z 是稳压管正常工作时的电流参考值。实际电流低于此值,稳压效果略差,高于此值只要不超过最大稳定电流 I_{Zmax},电流越大,稳压效果越好,但管子的功耗将增加。

最大、最小稳定电流 I_{Zmax}、I_{Zmin} 分别指稳压管具有正常稳压作用时的最大工作电流和最小工作电流。

5. 最大允许功耗

最大允许功耗是指稳压管不产生击穿的最大功率损耗,是由管子的温升决定的参数。

稳压二极管的应用如图 6-23 所示:当输入电压或负载电阻变化时,利用稳压管所起的电流调节作用,通过限流电阻上电压或电流的变化进行补偿,来达到稳压的目的。

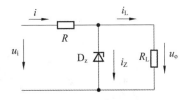

图 6-23　简单的稳压管稳压电路

◆　**6.2.6　发光二极管、光电二极管和变容二极管**

(1) 发光二极管(LED)是一种能把电能转换成光能的半导体器件。它由磷砷化镓(GaAsP)、磷化镓(GaP)等半导体材料制成。当 PN 结加正向电压时,多数载流子在扩散运动的过程中相遇而复合,其过剩的能量以光子的形式释放出来,从而产生一定波长的光。发光的颜色取决于所采用的半导体材料。目前使用的有红、绿、黄、蓝、紫等颜色的发光二极管。

发光二极管如图 6-24 所示,发光二极管与指示灯相比,具有体积小、工作电压低、工作电流小、发光均匀稳定、响应速度快和寿命长等优点,因而 LED 是一种优良的发光器件,在各种电子设备、家用电器以及显示装置中得到广泛应用。发光二极管的正向工作电压比普通二极管高,为 1~2 V;反向击穿电压比普通二极管低,约 5 V。一般发光亮度与工作电流有关。

(2)光电二极管的结构与 PN 结二极管类似,但在它的 PN 结处,通过管壳上的一个玻璃窗口能接收外部的光照。这种器件的 PN 结在反向偏置状态下运行,它的反向电流随光照强度的增加而上升,可将光信号转换为电信号,如图 6-25 所示。

图 6-24 发光二极管   图 6-25 光电二极管

(3)变容二极管是利用 PN 结之间电容可变的原理制成的半导体器件,在高频调谐、通信等电路中作可变电容器使用。变容二极管属于反偏压二极管,改变其 PN 结上的反向偏压,即可改变 PN 结电容量。反向偏压越高,结电容越小,反向偏压与结电容之间的关系是非线性的。

6.3 晶体三极管

半导体三极管通常用 BJT 表示,这里指的是双极型晶体管(bipolar junction transistor,BJT),简称三极管。它是通过一定的工艺,将两个 PN 结结合在一起的器件。由于 PN 结之间相互影响,使 BJT 表现出不同于单个 PN 结的特性而具有电流放大的作用,从而使 PN 结的应用发生了质的飞跃。

6.3.1 基本结构和分类

双极型晶体管又称为半导体三极管、晶体管,或简称为三极管。几种常见三极管的外形如图 6-26 所示。

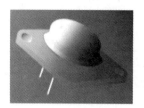

图 6-26 几种常见三极管的外形

1. 结构

三极管是由两个 PN 结组成的,按结构分为 NPN 型和 PNP 型两种,如图 6-27~图

6-29 所示。

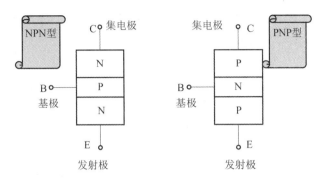

图 6-27　三极管的结构示意图

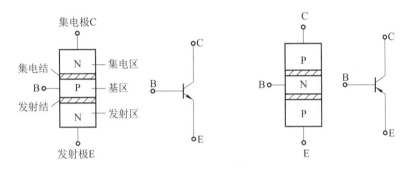

图 6-28　NPN 型三极管的符号　　　图 6-29　PNP 型三极管的符号

　　不管是 PNP 型还是 NPN 型三极管,都有发射区、基区和集电区。从三个区引出的电极分别称为发射极 E、基极 B、集电极 C。在三个区的两两交界处形成两个 PN 结,分别称为发射结和集电结。

　　三极管并不是两个 PN 结的简单组合,它是在一块半导体基片上制造出三个掺杂区,形成两个有内在联系的 PN 结。为此,在制造三极管时,应使发射区的掺杂浓度较高;基区很薄,且掺杂浓度较低;集电区掺杂浓度最低且面积大,如图 6-30 所示。

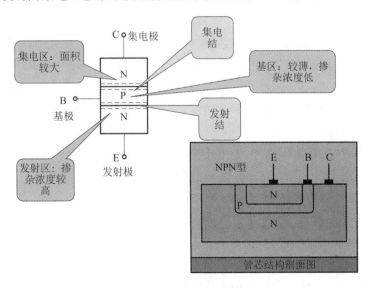

图 6-30　NPN 三极管结构

2. 分类

(1)按管芯所用的半导体材料不同,分为硅管和锗管。硅管受温度影响小,工作较稳定。

(2)按三极管内部结构分为 NPN 型和 PNP 型两类,我国生产的硅管多为 NPN 型,锗管多为 PNP 型。

(3)按使用功率分,有大功率管($P_C > 1$ W)、中功率管(P_C 在 $0.5 \sim 1$ W)、小功率管($P_C < 0.5$ W)。

(4)按照工作频率分,有高频管($f_r \geqslant 3$ MHz)和低频管($f_r \leqslant 3$ MHz)。

(5)按用途不同,分为普通放大三极管和开关三极管。

(6)按封装形式不同,分为金属壳封装管、塑料封装管、陶瓷环氧封装管。

6.3.2 三极管的电流放大原理

1. 三极管的工作状态

三极管在电路中工作时,它的两个 PN 结上的电压,可能是正向电压,也可能是反向电压。根据两个 PN 结上电压正反的不同,管内电流的流动与分配便有很大的不同,由此导致其性能上有显著的不同。为了分析研究的方便,根据电压的不同(正向或反向),将三极管的工作状态分为四类,如表 6-1 所示。

表 6-1 三极管的四种工作状态

序 号	工作状态	发射结(电压)	集电结(电压)
1	放大	正偏(正向)	反偏(反向)
2	截止	反偏(反向)	反偏(反向)
3	饱和	正偏(正向)	正偏(正向)
4	倒置	反偏(反向)	正偏(正向)

2. 三极管的电流放大原理

1)工作电压

要使三极管起放大作用,必须外接直流工作电源。外接电源应使三极管的发射结加正向偏置电压,集电结加反向偏置电压。图 6-31(a)、(b)分别为 NPN 型和 PNP 型三极管电路的双电源接法。采用双电源供电,在实际使用中很不方便,这时可将两个电源合并成一个电源 U_{CC},再将 R_B 阻值增大并改接到 U_{CC} 上。

2)电流放大原理

下面以 NPN 型三极管为例讨论三极管的电流放大原理。

如图 6-32～图 6-35 所示,当发射结处于正向偏置,发射区的大量电子因扩散运动而越过发射结进入基区。同时基区的空穴也会向发射区扩散,但是数量很少,可以忽略。所以发射极电流 I_E 主要是由发射区电子扩散运动形成的。

电子进入基区后,有少数与基区的空穴复合,为了维持基区空穴数目不变,电源将不断地向基区提供空穴(实际上是抽走电子),从而在基极形成基极电流 I_B。进入基区的大多数电流继续向集电极扩散,在集电结反向电压的作用下很容易越过集电结到达集电极,形成集电极电流 I_C。发射极电流 I_E、基极电流 I_B、集电极电流 I_C 的关系是

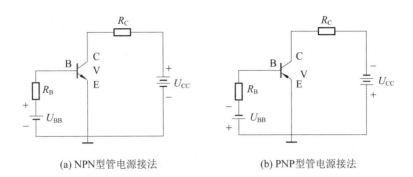

(a) NPN型管电源接法　　　　　(b) PNP型管电源接法

图 6-31　三极管的电源接法

$$I_E = I_B + I_C \tag{6-2}$$

三极管在制成后,三个区的厚薄及掺杂浓度便确定,因此发射区所发射的电子在基区复合的百分数和到达集电极的百分数大体确定,即 I_C 与 I_B 存在固定的比例关系,用公式表示为

$$I_C = \beta I_B \tag{6-3}$$

式中:β 为共发射极电流放大系数。

如果基极电流 I_B 增大,集电极电流 I_C 也按比例相应增大;反之,I_B 减少时,I_C 也按比例减小,通常基极电流 I_B 的值为几十微安,而集电极电流为毫安级,两者相差几十倍以上。因此用很小的基极电流就可以控制很大的集电极电流,这就是三极管电流放大原理。

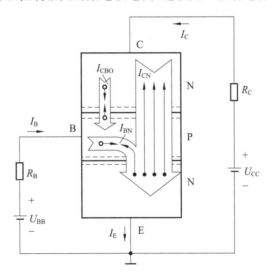

图 6-32　NPN 型三极管内部载流子运动示意图

三极管具有电流放大作用的条件:

内部条件:发射区多数载流子浓度很高;基区很薄,掺杂浓度很小;集电区面积很大,掺杂浓度低于发射区。

外部条件:发射结加正向偏压(发射结正偏);集电结加反向偏压(集电结反偏)。

◆　**6.3.3　特性曲线**

三极管的特性曲线是指三极管各电极电压与电流的关系曲线,它是内部载流子运动的外部表现,在分析三极管放大电路时要使用特性曲线,其实验线路如图 6-36 所示。三极管

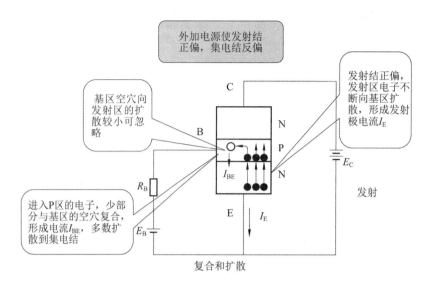

图 6-33　NPN 型三极管共射极放大电路内部载流子运动示意图

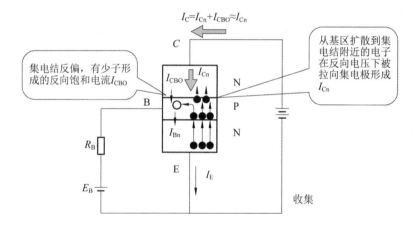

图 6-34　NPN 型三极管共射极放大电路放大电流示意图

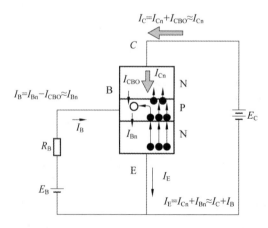

图 6-35　NPN 型三极管共射极放大电路电流分配

的特性曲线分为输入特性曲线和输出特性曲线。

用三极管组成电路时,信号从一个电极输入,另一个电极输出,第三个极作为公共端。因为可以选用不同的电极作为公共端,所以三极管电路就有共发射极、共集电极和共基极三种不同的接法,如图 6-37 所示。这里以共发射极接法为例讨论电路的输入和输出特性曲线。

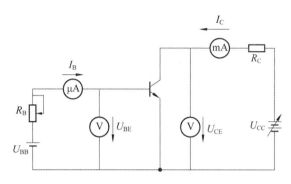

图 6-36 三极管特性曲线实验线路

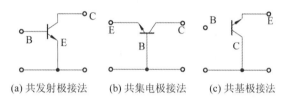

(a) 共发射极接法   (b) 共集电极接法   (c) 共基极接法

图 6-37 三极管的三种接法

1. 共发射极输入特性曲线

输入特性曲线是指三极管集电极与发射极之间电压 U_{CE} 一定时,基极电流 I_B 与基极、发射极之间电压 U_{BE} 的关系曲线,即

$$I_B = f(U_{BE}) \mid_{U_{CE}=常数}$$

当 $U_{CE}=0$(C、E 极短接),发射结和集电结相当于两个正向接法的二极管相并联,这时得到的特性曲线和二极管的正向伏安曲线很相似,如图 6-38 所示。当 $U_{CE}\neq0$ 时,曲线将向右移。这是因为集电结加反向电压后,集电结吸引电子的能力增强,使得从发射区进入基区的电子更多地流向集电区,所以在相同的 U_{BE} 下 I_B 要减小,曲线也就相应地向右移动了。

U_{CE} 不同,对应的输入特性曲线应有所不同,但实际上 $U_{CE}\geqslant1$ V 以后,所有的特性曲线几乎是重合的。这是因为 $U_{CE}\geqslant1$ V 后,集电结已将发射区发射的电子中的大部分拉到集电结,U_{CE} 再增加,I_B 也不会再明显增加了。

从图 6-38 可以看出,只有当发射结电压 U_{BE} 大于死区电压时,输入回路才会产生电流 I_B,通常硅管死区电压为 0.5 V,锗管为 0.1 V。当三极管导通后,其发射结电压与二极管的管压降相同,硅管电压为 0.6~0.7 V,锗管为 0.2~0.3 V。

2. 共发射极输出特性曲线

输出特性曲线是指在基极电流 I_B 一定的情况下集电极电流 I_C 与集电极、发射极之间电压 U_{CE} 的关系曲线,即

$$I_C = f(U_{CE}) \mid_{I_B=常数}$$

固定 I_B 值,每改变一个 U_{CE} 值得到对应的 I_C 值,由此可绘出一条输出特性曲线。I_B 值不同,

输出特性曲线也不同,所以特性曲线是一簇曲线,如图 6-39～图 6-41 所示,输出特性曲线可划分为放大区、饱和区和截止区。

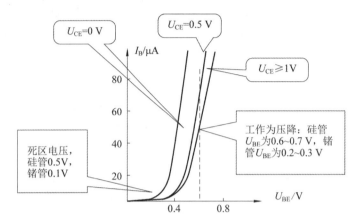

图 6-38　三极管输入特性曲线

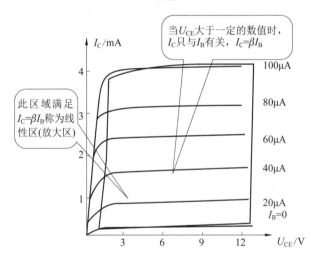

图 6-39　三极管输出特性曲线

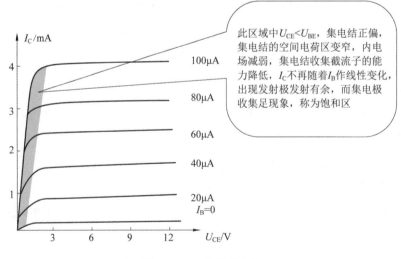

图 6-40　三极管饱和区

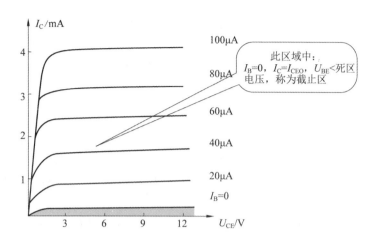

图 6-41 三极管截止区

(1) 放大区:发射结正偏,集电结反偏。

NPN:$U_C>U_B>U_E$,PNP:$U_C<U_B<U_E$,满足 $I_C=\beta I_B$。

(2) 饱和区:发射结正偏,集电结正偏。

NPN:$U_B>U_E$、$U_B>U_C$,PNP:$U_B<U_E$、$U_B<U_C$,$\beta I_B>I_{CS}=(U_{CC}-U_{CES})/R_C$,$U_{CE}\approx U_{CES}=0.3\ \text{V}$。$U_{CES}$ 为三极管临界饱和压降,I_C 不再受 I_B 的控制。

(3) 截止区:发射结反偏,集电结反偏。

NPN:$U_B<U_E$、$U_B<U_C$,PNP:$U_B>U_E$、$U_B>U_C$,$I_B=0$,$I_C=I_{CEO}\approx0$。

■ 例 6-2 如图 6-42 所示电路,已知 $\beta=50$,$U_{CC}=12\ \text{V}$,$R_B=70\ \text{k}\Omega$,$R_C=6\ \text{k}\Omega$,当 $U_{BB}=-2\ \text{V}$、2 V、5 V 时,晶体管的静态工作点 Q 位于哪个区?

解 $U_{BB}=2\ \text{V}$ 时:$I_C<I_{CS}$,Q 位于放大区。

$U_{BB}=5\ \text{V}$ 时:$I_C>I_{CS}$,Q 位于饱和区。

$U_{BB}=2\ \text{V}$ 时:

$$I_B=\frac{U_{BB}-U_{BE}}{R_B}=\frac{2-0.7}{70}\ \text{mA}=0.019\ \text{mA}$$

$$I_C=\beta I_B=50\times0.019\ \text{mA}=0.095\ \text{mA}$$

$$I_{CS}\approx\frac{U_{CC}-U_{CES}}{R_C}=\frac{12-0.3}{6}\ \text{mA}\approx2\ \text{mA}$$

$I_C<I_{CS}$,Q 位于放大区。

$$I_B=\frac{U_{BB}-U_{BE}}{R_B}=\frac{5-0.7}{70}\ \text{mA}=0.061\ \text{mA}$$

$$I_C=\beta I_B=50\times0.061\ \text{mA}=3.05\ \text{mA}$$

$I_C>I_{CS}$,Q 位于饱和区。

判断三极管的工作状态可用以下方法:

(1) 根据发射结和集电结的偏置电压来判别。

(2) 根据偏置电流 I_B、I_C、I_{CS} 来判别。

(3) 根据 U_{CEQ} 的值来判别,$U_{CEQ}\approx U_{CC}$,管子工作在截止区;$U_{CEQ}\approx0$,管子工作在饱和区。

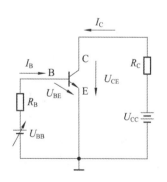

图 6-42 例 6-2 图

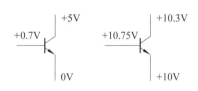

图 6-43　例 6-3 图

例 6-3　试判断图 6-43 所示各三极管分别工作在哪个区？

解　根据晶体管的三个电极电位，判别三个电极及管子类型。

原理：硅管 $U_{BE}=0.7$ V；锗管 $U_{BE}=0.2$ V。

NPN 管：$U_{BE}>0,U_{BC}<0$；

PNP 管：$U_{BE}<0,U_{BC}>0$。

步骤：三管脚两两相减，其中差值为 0.7 V（或 0.2 V）的管脚为 B 或 E，另一管脚为 C，并由此可知是硅管（或锗管）。

假设三个管脚中电位居中的管脚为 B，求 U_{BE}、U_{BC}，若符合 $U_{BE}>0,U_{BC}<0$，则为 NPN 管；若符合 $U_{BE}<0,U_{BC}>0$，则为 PNP 管。

例 6-4　一个晶体管处于放大状态，已知其三个电极的电位分别为 5 V、9 V 和 5.2 V。试判别三个电极，并确定该管的类型和所用的半导体材料。

解　分别设 $U_1=5$ V，$U_2=9$ V，$U_3=5.2$ V，$U_1-U_3=(5-5.2)$ V$=-0.2$ V，因此是锗管，2 脚为集电极 C。

由于 3 脚的电位在三个电位中居中，故设为基极 B，则 1 为发射极 E，有：

$$U_{BE}=U_3-U_1=(5.2-5) \text{ V}=0.2 \text{ V}>0$$

$$U_{BC}=U_3-U_2=(5.2-9) \text{ V}=-3.8 \text{ V}<0$$

因此，该管为 NPN 型锗管，5 V、9 V、5.2 V 所对应的电极分别是发射极、集电极和基极。

◆ 6.3.4　三极管的主要参数

1. 电流放大系数 β（或 h_{fe}）值

电流放大系数可分为直流电流放大系数 $\bar{\beta}$ 和交流电流放大系数 β，由于两者十分接近，在实际工作中往往不做区分，手册中也只给出直流电流放大系数值。它们的定义是：

交流电流放大系数

$$\beta=\frac{\Delta I_C}{\Delta I_B}$$

直流电流放大系数

$$\bar{\beta}=\frac{I_C}{I_B}$$

它们是集电极电流与基极电流之比，表示三极管的电流放大能力，通常有交流电流放大系数和直流电流放大系数之分。由于它们在数值上比较接近，为了使用方便，常认为两者相等。β 值可以用仪器测量，也可以直接从输出特性曲线上求取，其数值在 20～150 之间。β 太小放大能力差，太大了管子性能不稳定。

对于小功率三极管，β 值一般在 20～200 之间。严格来说，β 值并不是一个不变的常数，测试时所取的工作电流 I_C 不同，测出的 β 值也会略有差异。β 值还与工作温度有密切关系，温度每升高 1 ℃，β 值增加 0.5%～1%。

例 6-5 如图 6-44 所示电路,已知 $U_{CE}=6$ V 时:$I_B=40$ μA,$I_C=1.5$ mA;$I_B=60$ μA,$I_C=2.3$ mA。求:$\bar{\beta}$ 和 β。

解

$$\bar{\beta}=\frac{I_C}{I_B}=\frac{1.5}{0.04}=37.5$$

$$\beta=\frac{\Delta I_C}{\Delta I_B}=\frac{2.3-1.5}{0.06-0.04}=40$$

在以后的计算中,一般作近似处理:$\beta=\bar{\beta}$。

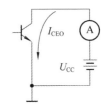

图 6-44 例 6-5 图

2. 极间反向饱和电流

1)集电极-基极反向饱和电流 I_{CBO}

I_{CBO} 指发射极开路时,集电结加反向电压时形成的反向电流。如图 6-45 所示,I_{CBO} 是集电结反偏由少子的漂移形成的反向电流,I_{CBO} 越小,管子性能越好。另外,I_{CBO} 受温度影响较大,使用时必须注意。

2)集电极-发射极反向饱和电流 I_{CEO}(穿透电流)

I_{CEO} 指基极开路时,集电极与发射极之间的反向电流。如图 6-46 所示,I_{CEO} 对放大电路不起作用,还会消耗无用功率,引起管子工作不稳定,因此,希望 I_{CEO} 越小越好。

3)I_{CEO} 与 I_{CBO} 的关系

$$I_{CEO}=(1+\beta)I_{CBO}$$

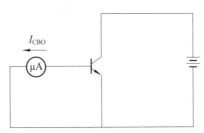

图 6-45 集电极-基极反向饱和电流 I_{CBO}

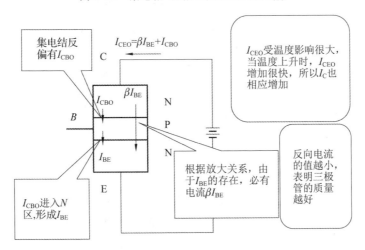

图 6-46 集电极-发射极反向饱和电流 I_{CEO}(穿透电流)

3. 集电极最大允许电流 I_{CM}

集电极电流 I_C 上升会导致三极管的 β 值下降,当 β 值下降到正常值的三分之二时的集电极电流即为 I_{CM}。当电流超过 I_{CM} 时,管子性能将显著下降,甚至有烧坏管子的可能。

4. 集-射极反向击穿电压

当集-射极之间的电压 U_{CE} 超过一定的数值时,三极管就会被击穿。

5. 集电极最大允许功耗 P_{CM}

集电极电流 I_C 流过三极管,所发出的焦耳热为:$P_C = I_C U_{CE}$,必定导致结温上升,所以 P_C 有限制,P_C 应小于等于 P_{CM},如图 6-47 所示。

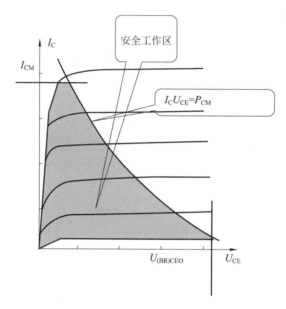

图 6-47 集电极最大允许功耗 P_{CM}

◆ 6.3.5 三极管的选择

在设计电路和修理电子设备时,也存在如何选购三极管的问题,其要点如下:

根据电路对三极管的要求查阅手册,从而确定选用的三极管型号,其极限参数 I_{CM}、$U_{(BR)CEO}$ 和 P_{CM} 应分别大于电路对三极管的集电极最大允许电流、集-射极反向击穿电压和集电极最大允许功耗的要求,使管子工作在安全工作区。具体来说,在需要工作电压高时,应选 $U_{(BR)CEO}$ 大的高反压管,并注意基-射间的反向电压不得超过 $U_{(BR)CEO}$;在需要输出大功率时,应选 P_{CM} 大的功率管,并满足它的散热要求;在需要输出大电流时,应选 I_{CM} 大的管子。此外,如果工作频率高,应选高频管。而在开关电路中则选开关管;如果要求稳定性好则选硅管,而当要求导通电压低则选锗管;当直流电源的电压对地为正值时,多选用 NPN 管组成电路,负值时多选用 PNP 管组成电路。当三极管型号确定后,应选反向电流小的管子,因为同型号管子的反向电流越小,一般来说它的性能越好;而 β 值一般选几十至一百,β 太大管子性能不太稳定。在修理电子设备时如发现三极管损坏,则用同型号管子来替代。如果找不到同型号的管子而用其他型号的管子来替代,则要注意:PNP 管要用 PNP 管来替代,NPN 管要用 NPN 管来替代;硅管要用硅管来替代,锗管要用锗管来替代;替代管子的参数 I_{CM}、$U_{(BR)CEO}$、P_{CM} 和截止频率一般不得低于原管。

6.4 场效应晶体管

场效应管是用电场效应来控制固体材料导电能力的有源器件,它和普通半导体三极管的主要区别是:场效应管中是多数载流子导电,或是电子,或是空穴,即只有一种极性的载流子,所以又称为单极型晶体管。而半导体三极管则称为双极型晶体管。

场效应管的最大优点是输入端的电流几乎为零,具有极高的输入电阻($10^7 \sim 10^{15}\,\Omega$),能满足高内阻的微弱信号源对放大器输入阻抗的要求,所以它是理想的前置输入级器件。同时,它还具有体积小、重量轻、噪声低、耗电省、热稳定性好和制造工艺简单等特点,容易实现集成化。

根据结构不同,场效应管分为两类:结型场效应管和绝缘栅型场效应管。

6.4.1 场效应管的特点和分类

三极管在工作时,有两种载流子参与导电(电子与空穴),称为双极型晶体管;而场效应管在工作时,只有一种载流子参与导电(电子或空穴),所以称为单极型晶体管。场效应管的外形与三极管相似,如图 6-48 所示。

根据场效应管的结构不同,可以将其分为结型场效应管(JFET)和绝缘栅型场效应管两种。结型场效应管是利用半导体内电场效应工作的。根据其体内的导电沟道所用的材料不同,分为 N 沟道和 P 沟道两种,它的输入阻抗高达 $10\mathrm{M}\Omega$。绝缘栅型场效应管又称为金属-氧化物-半导体场效应管(简称 MOS 管),它是利用半导体表面的电场效应工作的。绝缘栅型场效应管分为增强型和耗尽型,而每一种根据其导电沟道的不同又分为 N 沟和 P 沟道两类,如图 6-49 所示。

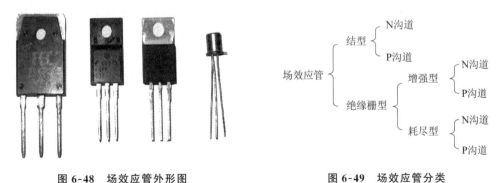

图 6-48 场效应管外形图   图 6-49 场效应管分类

6.4.2 N 沟道耗尽型绝缘栅场效应管

1. 结构及符号

图 6-50 为 N 沟道耗尽型绝缘栅场效应管的结构示意图,它以一块低掺杂浓度的 P 型硅片作衬底,用扩散的办法形成两个高掺杂浓度的 N 型区(用 N+表示),并引出两个电极分别作为漏极 D 和源极 S。在 P 型硅表面上生长一层很薄的 SiO_2 绝缘层,再覆盖一层金属薄层,并引出一个电极作为场效应管的栅极 G。另外,从衬底引出一个引线 B,引线 B 一般在制造时就与源极 S 相连。由于栅极 G 与源极 S、漏极 D 及 P 型衬底之间是完全绝缘的,故称

为绝缘栅器件。

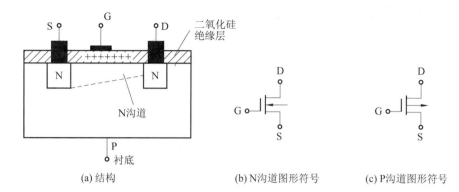

(a) 结构　　　　　　　(b) N沟道图形符号　　　　(c) P沟道图形符号

图 6-50　绝缘栅场效应管的结构示意图和符号

2. 工作原理

制造管子时，预先在 SiO_2 绝缘层中掺入大量的正离子。在正离子产生的正向电场作用

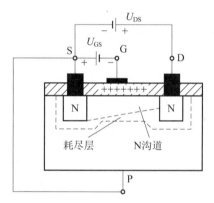

**图 6-51　N 沟道耗尽型绝缘栅管的
工作原理**

下，P 型衬底中的空穴被排斥并移到衬底的下方，电子则被吸引到衬底与 SiO_2 绝缘层的交界面上来，形成 N 型薄层，称为反型层。反型层将两个 N+区连通，形成漏极与源极之间的导电沟道，如图 6-51 所示。此时，若在漏、源极之间加上正向电压 U_{DS}，则电子便从源极经 N 沟道（反型层）向漏极漂移，形成漏极饱和电流 I_{DSS}。

当 $U_{GS} > 0$，即栅、源极之间加上正向电压时，由于管子存在 SiO_2 绝缘层，不会形成栅极电流 I_G，但会从沟道中感应出更多的负电荷，导电沟道变宽，漏极电流 I_D 大于漏极饱和电流 I_{DSS}。

当 $U_{GS} < 0$，即栅、源极之间加上负电压时，N 沟道的负电荷减少，导电沟道变窄，从而使 I_D 减小。当 U_{GS} 负电压增大到某一固定值时，沟道被夹断，$I_D = 0$，此时的 U_{GS} 电压称为夹断电压，用 $U_{GS(off)}$ 或 U_P 表示。

3. 特性曲线

1）转移特性曲线

$$I_D = f(U_{GS}) \big|_{U_{GS}=常数} \tag{6-4}$$

转移特性表示漏极电压 U_{DS} 为一定值时，漏极电流 I_D 与栅源电压 U_{GS} 之间的关系，即转移特性表示 U_{GS} 对 I_D 的控制能力，反映了管子的放大作用。如图 6-52(a) 所示为 N 沟道耗尽型绝缘栅场效应管的转移特性曲线

对于 N 沟道耗尽型管，当 $U_{GS} = 0$ 时就存在着导电沟道，加上 U_{DS} 就产生 I_D。当 G、S 极加反向偏压时，就会削弱绝缘层中正离子的电场作用，使 I_D 减小。可见，耗尽型场效应管在 U_{GS} 为正值或负值时都可以对漏极电流进行控制，这一特性使它在应用时具有极大的灵活性。

从特性曲线可知，转移特性是非线性的，管子的跨导 $g_m = \Delta I_D / \Delta U_{GS}$ 不是一个常数，I_D 增大时，g_m 也增大。

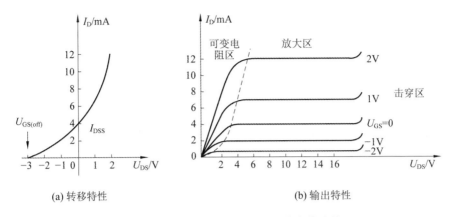

(a) 转移特性   (b) 输出特性

图 6-52　N 沟道耗尽型绝缘栅场效应管特性

2）输出特性

输出特性是指栅源电压 U_{GS} 一定时,漏极电流 I_D 与漏源电压 U_{DS} 的关系曲线,用公式表示为

$$I_D = f(U_{DS})|_{U_{GS}=常数} \tag{6-5}$$

每取一个 U_{GS} 值,就有一条 I_D-U_{DS} 曲线与之对应,所以输出特性曲线是一簇曲线,其形状与三极管输出特性曲线相似,如图 6-52(b)所示。从输出特性曲线上可划分成可变电阻区、放大区(饱和区)和击穿区三个区域。

（1）可变电阻区:在这个区域内,U_{DS} 较小,对导电沟道的宽度影响不大,导电沟道的电阻主要由 U_{GS} 值来决定。I_D 随 U_{DS} 增大而增大,而且曲线上升很快。这时场效应管的动态电阻很小,其阻值主要由导电沟道决定,也就是由 U_{GS} 决定,改变 U_{GS} 的大小,就可以改变输出动态电阻,所以该区称为可变电阻区。

（2）放大区(也称饱和区或恒流区):当 U_{DS} 增大时,由于漏极正电场削弱了由正离子感应产生导电沟道中的电场强度,因而在靠近漏极处的导电沟道越来越窄,出现了宽度很窄的导电沟道。U_{DS} 再增加,导电沟道宽度不变,但变长了,等效电阻增大,I_D 基本不变,特性曲线呈水平状,即饱和。只有当场效应管工作在这个区域时管子才有放大作用。

（3）击穿区:当 U_{DS} 增大到一定值时,漏极电流会突然增大,使管子进入击穿区,如图 6-52(b)所示曲线的上翘部分。在击穿区管子会因过热而损坏,使用时应防止管子进入击穿区。

N 沟道增强型绝缘栅场效应管只能在正栅压下工作,所以其转移特性曲线只存在于第一象限,特性曲线如图 6-53(a)所示。

4. 场效应管主要参数

1）夹断电压 U_P

U_P 指当 U_{DS} 为某固定值时,使漏极电流 I_D 减小到接近零值时的栅源电压。显然,夹断电压参数只适用于结型场效应管和耗尽型的 MOS 管。

2）漏极饱和电流 I_{DSS}

I_{DSS} 指当 $U_{GS}=0$ 时,漏极加有某固定电压 U_{DS} 时的漏极电流。

3）直流输入电阻 R_{GS}

R_{GS} 指加在栅源极之间的直流电压与由它引起的栅极电流之比。场效应管的值一般都

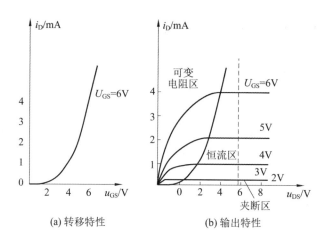

图 6-53 N 沟道增强型绝缘栅场效应管

高于 10 MΩ，尤其是 MOS 管，有的高达 10^8 MΩ。

4）跨导 g_m

g_m 指在 U_{DS} 为某一固定值时，漏极电流变化量 ΔI_D 与引起该变化量的 ΔU_{GS} 之比，也称为互导。即

$$g_m = \frac{\Delta I_D}{\Delta U_{GS}}\Big|_{U_{DS}=常数} \tag{6-6}$$

g_m 的单位是毫西门子（mS）。跨导表示了栅极电压对漏极电流的控制能力，是衡量场效应管放大能力的重要参数。跨导越大，管子的放大能力越好。

5）漏源击穿电压 BU_{DS}

在 U_{GS} 为某固定值的情况下，当 U_{DS} 增加时，使 I_D 开始急剧增加时的漏源电压值，即为 BU_{DS}。工作时，U_{DS} 应小于 BU_{DS}，否则管子会被击穿。

6）耗散功率 P_D

耗散功率是漏极损耗的功率，其值等于漏极电压与漏极电流的乘积。

◆ 6.4.3 各种场效应管的符号及工作特性

前面以 N 沟道场效应管为例，讨论了场效应管的工作原理、特性曲线及主要参数。其分析方法原则上也适用于 P 沟道场效应管，但由于 P 沟道场效应管工作的载流子是空穴，故组成衬底的半导体材料和管子各电极电源的极性都会做相应的改变，现将各种场效应管的符号及特性曲线汇总于表 6-2 中。

表 6-2 场效应管的符号及特性曲线

类 型	符 号	电源极性		转移特性	输出特性
		U_{GS}	U_{DS}	$I_D = f(U_{GS})$	$I_D = f(U_{DS})$
结型 N 沟道	G○—┤├—○D S	负	正		

类　型	符　号	电源极性		转移特性	输出特性
		U_{GS}	U_{DS}	$I_D = f(U_{GS})$	$I_D = f(U_{DS})$
结型 P 沟道	D G ○—┤ S	正	负	i_D / I_{DSS} / u_{GS}	$-i_D$, $u_{GS}=0V$, 1V, 2V, 3V / $-u_{DS}$
增强型 N 沟道	D G ○—┤ S	正	正	i_D / u_{GS}	i_D, $u_{GS}=5V$, 4V, 3V / u_{DS}
增强型 P 沟道	D G ○—┤ S	负	负	i_D / u_{GS}	$-i_D$, $u_{GS}=-5V$, $-4V$, $-3V$ / $-u_{DS}$
耗尽型 N 沟道	D G ○—┤ S	可正可负	正	i_D / I_{DSS} / u_{GS}	i_D, $u_{GS}=2V$, 1V, 0V, $-1V$ / u_{DS}
耗尽型 P 沟道	D G ○—┤ S	可正可负	负	i_D / I_{DSS} / u_{GS}	$-i_D$, $u_{GS}=-1V$, 0V, 1V, 2V / $-u_{DS}$

◆　6.4.4　场效应管放大电路

　　和三极管放大电路一样,由于公共端的接法不同,场效应管放大电路分为共源极放大器、共漏极放大器和共栅极放大器三种形式。共源极放大器的电压放大倍数和输入电阻较高,应用广泛;共漏极放大器的输出电压与输入电压相位相同,电压放大倍数接近等于 1,常用于阻抗变换;共栅极放大器输入阻抗较小,实际应用不多。

1. 场效应管放大电路静态分析

场效应管要对信号进行有效放大,必须对场效应管设置合适的静态工作点。场效应管的静态工作点由 U_{GS}、I_D、U_{DS} 确定。偏置电路用于确定栅极偏压,常用的偏置电路有分压式偏置电路和自给栅偏压电路。

1)分压式偏置电路

如图 6-54 所示,电源电压 U_{CC} 通过栅极电阻 R_{G1}、R_{G2} 分压后,经 R_{G3} 加到栅极 G 上,由于栅源之间隔了一层绝缘层,电阻很大,栅极基本上没有电流通过,所以栅极电压为

$$U_G = \frac{R_{G1}}{R_{G1} + R_{G2}} U_{DD} \tag{6-7}$$

栅、源之间的偏置电压为

$$U_{GS} = U_G - U_s = \frac{R_{G1}}{R_{G1} + R_{G2}} U_{DD} - I_D R_s \tag{6-8}$$

选择一定的电阻 R_{G1}、R_{G2} 和 R_s,可以将 U_{GS} 设置为正值或负值。通过阻值很大的电阻 R_G,还可以保持管子有高输入的阻抗。N 沟道绝缘栅场效应管的 I_D 与 U_{GS} 存在如下关系:

$$I_D = I_{DD} \left(\frac{U_{GS}}{U_P} - 1 \right)^2 \tag{6-9}$$

式中:I_{DD} 为 $U_{GS} = 2U_P$ 时的 I_D 值;U_P 为管子的夹断电压。

漏、源之间电压 U_{DS} 为

$$U_{DS} = U_{DD} - I_D (R_D + R_s) \tag{6-10}$$

2)自给栅偏压电路

自给栅偏压电路适合于结型场效应管和负偏压运行的耗尽型场效应管。如图 6-55 所示,当漏极电源接通后,就有电流 I_D 流过场效应管,并在源极电阻 R_s 上产生压降 U_s,由于栅极无电流,所以

$$U_{GS} = U_G - U_s = 0 - U_s = - I_D R_s \tag{6-11}$$

这种栅偏压是靠场效管的漏极电流产生的,故称为自给偏压电路。为防止交流信号在 R_s 上产生交流压降而导致加到栅源之间的净输入信号降低,所以在 R_s 上并联旁路电容 C_s。

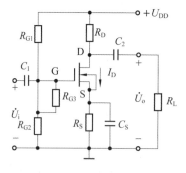

图 6-54 分压式偏置电路

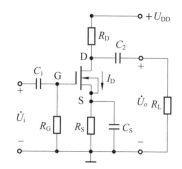

图 6-55 自给栅偏压电路

2. 场效应管放大电路动态分析

如果场效应放大器的输入信号很小,则场效应管工作在线性放大区,和三极管一样,可以用微变等效电路来进行动态分析。

1）场效应管的微变等效电路

场效应管输入回路等效为一个阻值很大的输入电阻 R_{GS}，由于 R_{GS} 很大，所以栅极电流很小，在估算时可将输入回路看作开路。场效应管漏极电流 I_D 的大小受栅源电压 U_{GS} 控制，所以输出回路可等效为一个受栅源电压控制的电流源 $g_m\dot{U}_{GS}$，如图 6-56 所示。

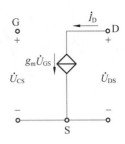

图 6-56　场效应管等效电路

2）场效应管的动态参数计算

画场效应管放大器微变等效电路的方法与三极管电路相似，即先画出放大器的交流通路，然后用场效应管等效电路代替场效应管，就得到放大器的微变等效电路。图 6-57(b) 为共源极放大器的微变等效电路。利用微变等效电路可以很方便地求出电压放大倍数、输入电阻和输出电阻。

（1）电压放大倍数。

由电路得输出电压

$$\dot{U}_o = -I_d R'_L = -g_m\dot{U}_{GS}R'_L \tag{6-12}$$

输入电压

$$\dot{U}_i = \dot{U}_{GS} \tag{6-13}$$

所以电压放大倍数为

$$A = \frac{\dot{U}_o}{\dot{U}_i} = \frac{-g_m\dot{U}_{GS}R'_L}{\dot{U}_{GS}} = -g_mR'_L \tag{6-14}$$

（2）输入电阻。

$$r_i = R_{G3} + (R_{G1}//R_{G2}) \tag{6-15}$$

显然 R_{G3} 的接入对电压放大倍数无影响。

（3）输出电阻。

$$r_o = R_D \tag{6-16}$$

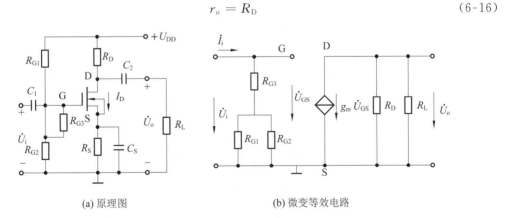

(a) 原理图　　　　　　　　　(b) 微变等效电路

图 6-57　共源极放大器及微变等效电路

本章小结

本章主要介绍了半导体二极管、晶体管、场效应管的基本知识,学习本章应主要掌握以下几点。

(1)半导体中存在两种载流子:自由电子和空穴。本征半导体导电能力很弱,但是经过掺杂,导电能力明显增强。杂质半导体分为两种:N 型半导体和 P 型半导体。两者结合形成 PN 结,这是制造各种半导体器件的基础。

(2)半导体二极管实质上就是一个 PN 结,其基本特性就是单向导电性。此外利用二极管的反向击穿特性,可做成稳压管。

(3)晶体三极管的基本结构是两个 PN 结,分为 NPN 和 PNP 两种形式。晶体管的基本特点是电流放大。晶体管正常工作的内因由管子的内部结构决定:发射区掺杂浓度远大于基区掺杂浓度,基区厚度很薄,集电结结面积较发射结结面积大;而外因由两个 PN 结的偏置电压状态决定:工作在放大状态要求发射结处在正向偏置状态;工作在截止状态要求发射结和集电结均处在反向偏置状态。

半导体器件的主要参数分两类:

① 性能参数,如二极管正向压降、晶体管电流放大系数等。

② 极限参数,如二极管最大整流电流、晶体管最大允许电流和功耗等。

晶体管的许多参数可以通过输入、输出特性曲线来表示。内部结构和外部特性是研究一器件的两个基本方面。然而,在电子电路的实践中主要是应用器件,因此重点应放在它们的外部特性上。

(4)场效应管也是以 PN 结为基础组成的器件。它利用栅、源之间电压的电场效应来控制漏极电流,是一种电压控制器件。它依靠一种载流子(多数载流子)参与导电,属于“单极型”器件,温度稳定性好。

描述场效应管放大作用的重要参数是跨导。而外特性,即转移特性和漏极特性是场效应管进行定量分析的基础。

 本章习题

6-1 能否将 1.5 V 的干电池以正向接法接到二极管两端?为什么?

6-2 电路如题图 6-2 所示,已知 $u_i = 10\sin\omega t$ V,试画出 u_i 与 u_o 的波形。设二极管正向导通电压可忽略不计。

6-3 电路如题图 6-3 所示,已知 $u_i = 5\sin\omega t$ V,二极管导通电压 $U_D = 0.7$ V。试画出 u_i 与 u_o 的波形,并标出幅值。

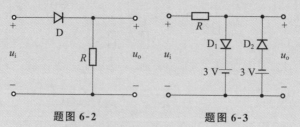

题图 6-2　　　　　　　　题图 6-3

6-4 电路如题图 6-4(a)所示,其输入电压 u_{i1} 和 u_{i2} 的波形如题图 6-4(b)所示,二极管导通电压 $U_D = 0.7$ V。试画出输出电压 u_o 的波形,并标出幅值。

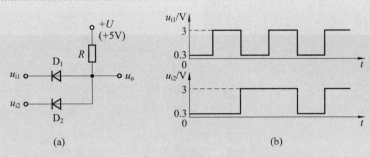

题图 6-4

6-5 二极管电路如题图 6-5 所示,试判断各图中的二极管是导通还是截止,并求出 AB 两端电压 U_{AB},设二极管是理想的。

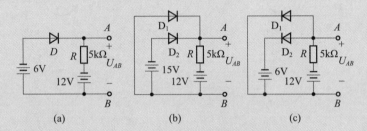

题图 6-5

6-6 写出题图 6-6 所示各电路的输出电压值,设二极管导通电压 $U_D = 0.7$ V。

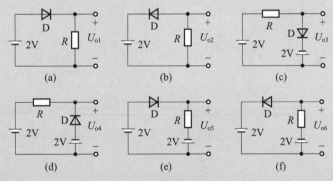

题图 6-6

6-7 现有两只稳压管,它们的稳定电压分别为 6 V 和 8 V,正向导通电压为 0.7 V。试问:

(1) 若将它们串联相接,则可得到几种稳压值? 各为多少?

(2) 若将它们并联相接,则又可得到几种稳压值? 各为多少?

6-8 已知稳压管的稳定电压 $U_Z = 6$ V,稳定电流的最小值 $I_{Z\min} = 5$ mA,最大功耗 $P_{ZM} = 150$ mW。试求题图 6-8 所示电路中电阻 R 的取值范围。

6-9 在题图 6-9 所示电路中,发光二极管导通电压 $U_D = 1.5$ V,正向电流在 5~15 mA 时才能正常工作。试问:

(1) 开关 S 在什么位置时发光二极管才能发光?

(2) R 的取值范围是多少?

6-10 测得放大电路中六只晶体管的直流电位如题图 6-10 所示。在圆圈中画出管子,并分别说明它们是硅管还是锗管。

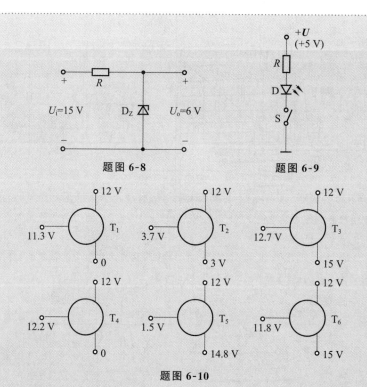

题图 6-8　　　　　　　　题图 6-9

题图 6-10

6-11　电路如题图 6-11 所示,晶体管导通时 $U_{BE}=0.7$ V,$\beta=50$。试分析 U_{BB} 为 0 V、1 V、1.5 V 三种情况下 T 的工作状态及输出电压 u_o 的值。

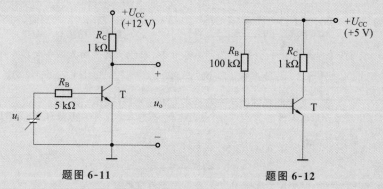

题图 6-11　　　　　　　　题图 6-12

6-12　电路如题图 6-12 所示,试问 β 大于多少时晶体管饱和?

6-13　分别判断题图 6-13 所示各电路中晶体管是否有可能工作在放大状态。

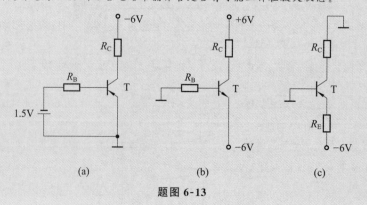

(a)　　　　　　　　(b)　　　　　　　　(c)

题图 6-13

第7章 放大电路基础

放大电路是可以将电信号(电压、电流)不失真地进行放大的电路。放大电路放大的本质是能量的控制和转换。表面是将信号的幅度由小增大,但是,放大的实质是能量转换,即由一个能量较小的输入信号控制直流电源,将直流电源的能量转换成与输入信号频率相同但幅度增大的交流能量输出,使负载从电源获得的能量大于信号源所提供的能量。一个放大电路一般是由多个单级放大电路组成。本章主要介绍基本的放大电路。

7.1 放大的概念

◆ 7.1.1 放大电路的基本概念

1.放大电路的基本概念

若电子电路或设备具有把外界送给它的弱小电信号不失真地放大至所需数值并送给负载的能力,那么这个电路就称为放大电路。

图 7-1 放大系统构成

放大系统由信号源、放大器、负载构成,如图7-1所示。

向放大电路提供输入信号的电路或设备称为信号源。把接收放大电路输出电信号的元件或电路称为放大电路的负载。

图 7-2 扩音系统方框图

例如,扩音系统方框图如图 7-2 所示,其中,话筒把人说话的声音转换成电信号;扬声器把放大的电信号再转换成声音。

无论何种类型的放大电路,均由三大部分组成,如图 7-3 所示。第一部分是具有放大作用的半导体器件,如三极管、场效应管,它是整个电路的核心。第二部分是直流偏置电路,其作用是保证半导体器件工作在放大状态。第三部分是耦合电路,其作用是将输入信号源和输出负载分别连接到放大管的输入端和输出端。

2.偏置电路和耦合电路的特点

1) 偏置电路

(1)在分立元件电路中,常用的偏置方式有分压偏置电路、自偏置电路等。其中,分压偏置电路适用于任何类型的放大器件。

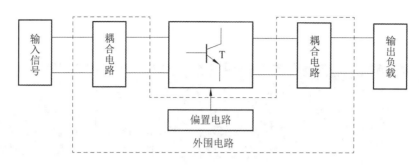

图 7-3　放大电路基本组成

（2）在集成电路中,广泛采用电流源偏置方式。

偏置电路除了为放大管提供合适的静态点(Q)之外,还应具有稳定 Q 点的作用。

2) 耦合方式

为了保证信号不失真地放大,放大器与信号源、放大器与负载,以及放大器的级与级之间的耦合方式必须保证交流信号正常传输,且尽量减小有用信号在传输过程中的损失。实际电路有以下两种耦合方式。

（1）电容耦合,变压器耦合。

这种耦合方式具有隔直流的作用,故各级 Q 点相互独立,互不影响,但不易集成,因此常用于分立元件放大器中。

（2）直接耦合。

这是集成电路中广泛采用的一种耦合方式。这种耦合方式存在的两个主要问题是电平配置问题和零点漂移问题。解决电平配置问题的主要方法是加电平位移电路;解决零点漂移问题的主要措施是采用低温漂的差分放大电路。

◆ **7.1.2　放大电路的主要性能指标及其意义**

1. 输入和输出电阻

输入电阻 R_i 是从放大器输入端口视入的等效电阻,它定义为放大器输入电压 U_i 和输入电流 I_i 的比值,即

$$R_i = \frac{U_i}{I_i} \qquad (7\text{-}1)$$

R_i 与网络参数、负载电阻 R_L 有关,表征了放大器对信号源的负载特性。

输出电阻 R_o 是表征放大器带负载能力的一个重要参数。它定义为输入信号电压源 u_s 短路或电流源 i_s 开路并断开负载时,从放大器输出端口视入的一个等效电阻,即

$$R_o = \frac{U_2}{I_2} \bigg|_{\substack{R_L = \infty \\ U_i = 0}} \qquad (7\text{-}2)$$

式中:U_2 为负载断开处加入的电压;I_2 表示由 U_2 引起的流入放大器输出端口的电流。R_o 不仅与网络参数有关,还与源内阻 R_s 有关。若要求放大器具有恒定的电压输出,R_o 应越小越好;若要求放大器具有恒定的电流输出,R_o 应越大越好。

2. 放大倍数或增益

它表示输出信号的变化量与输入信号的变化量之比,用来衡量放大器的放大能力。根据需要处理的输入和输出电量的不同,有四种不同的增益定义,它们分别是:

电压增益

$$A_u = \frac{U_o}{U_i} \qquad (7-3)$$

电流增益

$$A_i = \frac{I_o}{I_i} \qquad (7-4)$$

互阻增益

$$A_r = \frac{U_o}{I_i} \qquad (7-5)$$

互导增益

$$A_g = \frac{I_o}{U_i} \qquad (7-6)$$

为了表征负载对增益的影响,引入负载 R_L 开路和短路时的增益。负载 R_L 开路时的电压增益定义为

$$A_{ut} = \frac{U_{ot}}{U_i} = A_u \mid_{R_L = \infty} \qquad (7-7)$$

它与电压增益 A_u 的关系为

$$A_u = A_{ut} \frac{R_L}{R_0 + R_L} \qquad (7-8)$$

R_L 短路时的电流增益定义为

$$A_{in} = \frac{I_{on}}{I_i} = A_i \mid_{R_L = 0} \qquad (7-9)$$

它与电流增益 A_i 的关系为

$$A_i = A_{in} \frac{R_o}{R_o + R_L} \qquad (7-10)$$

为了表征输入信号源对放大器激励的大小,常常引入源增益的概念。其中,源电压增益定义为

$$A_{uS} = \frac{U_o}{U_S} = A_u \frac{R_i}{R_S + R_i} \qquad (7-11)$$

源电流增益定义为

$$A_{iS} = \frac{I_o}{I_S} = A_i \frac{R_i}{R_S + R_i} \qquad (7-12)$$

3. 通频带 f_{bw}

通频带是用于衡量放大电路对不同信号的放大能力。由于放大电路中电容、电感和半导体器件结电容等电抗元件的存在,在输入信号频率较低或较高时,放大倍数的数值会下降并产生相位移动。一般情况下,放大电路只适用于某一特定频率范围内的信号。图 7-4 所示为某放大电路放大倍数的数值与信号频率的关系曲线,称为幅频特性曲线,图中 $\dot{A}_m$ 为中频放大倍数。

在信号频率下降到一定程度时,放大倍数的数值明显下降,使放大倍数的数值等于 $0.707 |\dot{A}_m|$ 的频率称为下限截止频率 f_L。信号频率上升到一定程度,放大倍数的数值也将

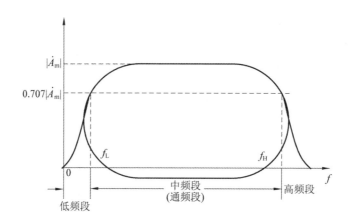

图 7-4　放大电路幅频特性曲线

减小,使放大倍数的数值等于 $0.707|\dot{A}_m|$ 的频率称为上限截止频率 f_H。f 小于 f_L 的部分称为放大电路的低频段,f 小于 f_H 的部分称为放大电路的高频段,而 f_L 与 f_H 之间形成的频带称为中频段,也称为放大电路的通频带 f_{bw}。

$$f_{bw} = f_H - f_L \tag{7-13}$$

通频带越宽,表明放大电路对不同频率信号的适应能力越强。当频率趋近于零或无穷大时,放大倍数的数值趋近于零。对于扩音机,其通频带应宽于音频(20 Hz～20 kHz)范围,才能完全不失真地放大声音信号。在实用电路中有时也希望频带尽可能窄,比如选频放大电路,从理论上讲,希望它只对单一频率的信号放大,以避免干扰和噪声的影响。

4. 失真

它是评价放大器放大信号质量的重要指标,常分为线性失真和非线性失真两大类。

线性失真又有频率失真和瞬变失真之分,它是由于放大器是一种含有电抗元件的动态网络而产生的。前者是由于对不同频率的输入信号产生不同的增益和相移所引起的信号失真;后者是由于电抗元件对电压或电流不能突变而引起的输出波形的失真。线性失真不会在输出信号中产生新的频率分量。

非线性失真则是由于半导体器件的非线性特性所引起的。它会引起输出信号中产生新的频率分量。

7.1.3　放大电路的类型

根据输入和输出电量的不同,放大器有四种增益表达式,相应有四种类型的放大器,它们的区别集中表现在对 R_i 和 R_o 的要求上,如表 7-1 所示。

表 7-1　放大器的类型

类　型	模　型	增　益	对 R_i 的要求	对 R_o 的要求
电压放大器		A_u, A_{uS}	$R_i \gg R_S$ ($R_i \to \infty$)	$R_o \ll R_L$ ($R_o \to 0$)

续表

类　型	模　型	增　益	对 R_i 的要求	对 R_o 的要求
电流放大器	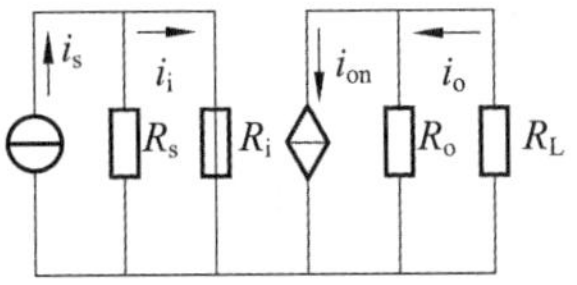	A_i , A_{iS}	$R_i \ll R_s$ ($R_i \rightarrow 0$)	$R_o \gg R_L$ ($R_o \rightarrow \infty$)
互导放大器	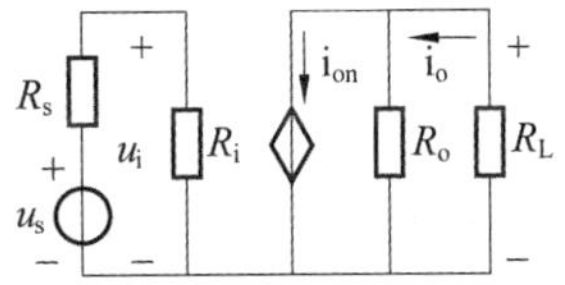	A_g , A_{gS}	$R_i \gg R_s$ ($R_i \rightarrow \infty$)	$R_o \gg R_L$ ($R_o \rightarrow \infty$)
互阻放大器	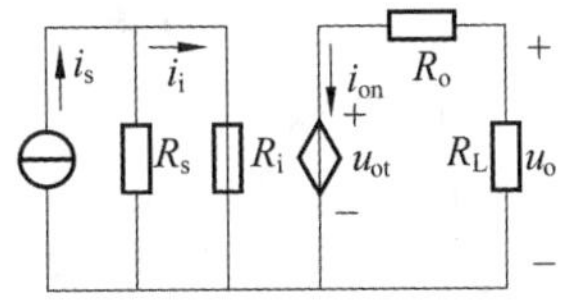	A_r , A_{rS}	$R_i \ll R_s$ ($R_i \rightarrow 0$)	$R_o \ll R_L$ ($R_o \rightarrow 0$)

7.1.4　放大电路的分析方法

放大电路的分析分静态(直流)分析和动态(交流)分析,静态分析是动态分析的基础,动态性能的分析则是放大器分析的最终目的。目前,常用的放大器的分析方法有以下三种:

(1) 图解分析法:利用晶体管的输入、输出特性曲线对放大器进行分析。其关键在于作放大器的直流负载线及交流负载线。该方法适宜分析电路参数对 Q 点的影响以及 Q 点对放大器性能的影响,分析放大器的非线性失真问题,确定放大器的最大不失真动态范围 U_{om} 等。该方法形象、直观,但输入信号过小时,分析误差较大。

(2) 等效电路分析法:利用晶体管的直流及交流小信号模型对放大器进行分析。其关键在于作放大器的直流交流通路,尤其是交流微变等效电路。该方法是工程上常用的分析方法,利用该法可获得放大器各项性能指标的工程近似值。

(3) 计算机仿真分析法:利用电路仿真软件进行仿真分析。

7.2　基本共发射极放大电路的组成

通过控制三极管的基极电流来控制集电极的电流,放大电路正是利用三极管的这一特性组成放大电路。由于三极管有三种不同的接法,我们先以基本共发射极放大电路为例来说明放大电路的组成原则。

7.2.1　基本共发射极放大电路的组成原则

基本共发射极放大电路如图 7-5 所示。图中是 NPN 型三极管,主要起放大作用,是整个电路的核心器件。放大电路组成原则如下:

(1) 必须根据所用三极管的类型提供直流电源,以便设置合适的静态工作点,同时也为

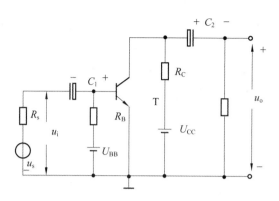

图 7-5　基本共发射极放大电路

输出提供能量。直流电源的大小和极性应使三极管的发射结处于正向偏置；集电结处于反向偏置，使三极管工作在放大区。图 7-5 中 R_B、U_{BB} 既保证了发射结正向偏置，同时也为 T 提供了合适的静态基极电流 I_B；R_C、U_{CC} 保证了集电结的反向偏置。

（2）放大电路要对某一交流信号进行放大，故电路应保证被放大信号加至三极管的发射结，以控制三极管的基极电流；同时要保证放大后的信号能从电路中输出，R_C 的作用就是将被放大后的集电极电流 i_C 转换为电压输出。

（3）既要保证直流设置静态工作点，又要保证被放大的交流信号送到放大电路以及将放大后的信号输出。耦合电容 C_1、C_2 的作用是使交流信号可以通过；直流分量被隔离。图中 R_S 为信号源内阻，u_S 为信号源电压。u_i 为放大器输入信号。C_1 一般选用容量大的电解电容，使其在输入信号频率范围内的容抗很小，可视为短路，所以输入信号几乎无损失地加在放大管的基极与发射极之间。电解电容是有极性的，使用时它的正极与电路的直流正极相连，不能接反。C_2 的作用与 C_1 相似，使交流信号能顺利地传送到负载，同时将放大器与负载的直流分量隔离。R_L 是电路的负载。

（4）图 7-5 中使用两个电源 U_{BB} 和 U_{CC}，由于需多个电源，给使用带来不便，为此，只要电阻取值合适，就可以与单电源配合使三极管工作在合适的静态工作点，将 R_B 接至 U_{CC} 即可，如图 7-6(a) 所示。习惯画法如图 7-6(b) 所示。

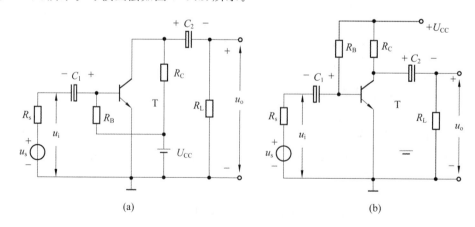

(a)　　　　　　　　　　　　　　　(b)

图 7-6　单电源基本共发射极放大电路

判断一个晶体管放大电路是否正确，按上述原则进行。如用 PNP 三极管，则电源和电容 C_1、C_2 的极性均相反。

◈　7.2.2　直流通路和交流通路

一般情况下,在放大电路中,直流量和交流信号总是共存的。在对放大电路进行分析时,一方面要了解放大电路的静态工作点是否合适,另一方面还要分析放大电路的一些动态参数。由于放大电路中会有电容、电感等电抗元件的存在,直流量所流经的通路和交流信号所流经的通路是不同的。

1. 直流通路

在直流电源的作用下直流电流流经的通路称为直流通路。直流通路用于研究放大电路静态工作点。对于直流通路:

(1) 电容视为开路;

(2) 电感视为短路;

(3) 信号源为电压源视为短路,为电流源视为开路,但电源内阻保留,参见图 7-7(a)。

2. 交流通路

交流通路是在输入信号作用下交流信号流经的通路。交流通路用来研究放大电路的动态参数。对于交流通路:

(1) 容量大的电容视为短路;

(2) 无内阻的直流电源视为短路。由于理想直流电源的内阻为零,交流电流在直流电源上产生的压降为零(直流电源对交流通路而言视为短路)。如图 7-7(b)所示就是按此原则画出的交流通路。

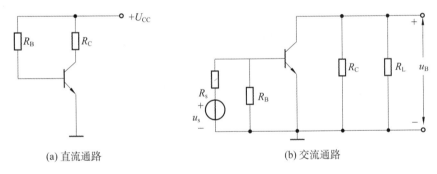

(a) 直流通路　　　　　　　　　　　　　　(b) 交流通路

图 7-7　基本共发射极电路的交、直流通路

放大电路的分析,包含两个部分:

(1) 直流分析,又称静态分析,用来求出电路的直流工作状态(即确定放大电路的工作状态)。其目的为确定三极管工作在放大区的中间。

(2) 交流分析,又称动态分析,用来求出放大电路的电压放大倍数、输入电阻和输出电阻等性能指标,这些指标是设计放大电路的目的。

7.3　基本共发射极放大电路的静态分析

放大电路的核心器件是具有放大作用的三极管。要保证三极管工作在放大区,使信号得到不失真地放大,其直流工作状态有一定的要求,即保证发射结正向偏置、集电结反向偏置。如何根据放大电路计算出直流工作状态,或者说如何改变电路的参数保证三极管工作在放大区,是本节讨论的主要问题。

直流工作点(又称静态工作点),简称 Q 点。它既可以通过解析的方法求出,也可以通过作图的方法求出。图解法形象直观,是对放大电路进行定性分析,有助于理解放大电路;解析法逻辑清晰,是对放大电路进行定量分析,可以得到放大电路的具体参数。

◆ 7.3.1 图解法确定静态工作点

三极管电流、电压的关系可用其输入特性和输出特性曲线来表示。图解法就是在特性曲线上直接用作图的方法来确定静态工作点。

将图 7-7(a)所示直流通路改画成图 7-8(a),由图 a、b 两端向左看,其 i_C 与 u_{CE} 关系由三极管的输出特性曲线确定,如图 7-8(b)所示。由图 a、b 两端向右看,电流 i_C 与 u_{CE} 关系由回路的电压方程表示:

$$u_{CE} = U_{CC} - i_C R_C \tag{7-14}$$

u_{CE} 与 i_C 是线性关系,线性方程只需要确定两点即可:令 $i_C = 0$,$u_{CE} = U_{CC}$,得 M 点;令 $u_{CE} = 0$,$i_C = U_{CC}/R_C$,得 N 点。将 M、N 两点连接起来,即得一条直线,称为直流负载线,因为它反映了直流电流、电压与负载电阻 R_C 的关系。

由于在同一回路中只有一个 i_C 值和 u_{CE} 值,那么,i_C、u_{CE} 既要满足图 7-8(b)所示的输出特性,又要满足图 7-8(c)所示的直流负载线,所以电路的直流工作状态必然是 $I_B = I_{BQ}$ 的特性曲线和直流负载线的交点,只要知道 I_{BQ} 就可以知道直流负载线与三极管的哪一条特性曲线相交,I_{BQ} 一般可以通过直流通道基极回路求出,Q 点的确定如图 7-8(d)所示。

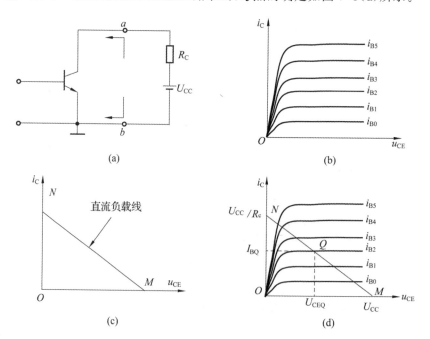

图 7-8　静态工作点的图解法

由上述可知图解法求 Q 点的步骤:

(1) 在输出特性曲线所在的坐标中,按直流负载线方程 $u_{CE} = U_{CC} - i_C R_C$,作出直流负载线。

(2) 由基极回路求出 I_{BQ}。

(3) 找出 $i_B = I_{BQ}$ 这一条输出特性曲线,与直流负载线的交点即为 Q 点,读出 Q 点坐标的电流、电压的值即为所求。

例 7-1 如图 7-9(a)所示电路,已知 $R_B = 280 \text{ k}\Omega$,$R_C = 3 \text{ k}\Omega$,$U_{CC} = 12 \text{ V}$,三极管的输出特性曲线如图 7-9(b)所示,试用图解法确定静态工作点。

解 首先写出直流负载方程,并作出直流负载线:

$$u_{CE} = U_{CC} - i_C R_C$$

$$i_C = 0, u_{CE} = 12 \text{ V}; u_{CE} = 0 \text{ V}, i_C = U_{CC}/R_C = 12/3 \text{ mA} = 4 \text{ mA}$$

连接这两点,即得直流负载线。

然后由基极输入回路,计算 I_{BQ}

$$I_{BQ} = \frac{U_{CC} - U_{BE}}{R_B} = \frac{12 - 0.7}{280} \text{ mA} \approx 0.04 \text{ mA} = 40 \text{ } \mu\text{A}$$

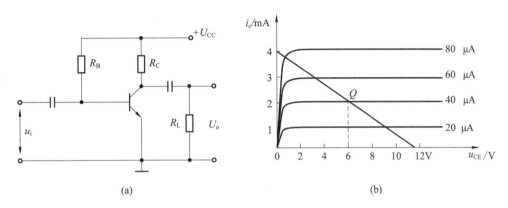

图 7-9 例 7-1 图

直流负载线与 $i_B = I_{BQ} = 40 \text{ } \mu\text{A}$ 这条特性曲线的交点,即为 Q 点,从图上查出 $I_{BQ} = 40 \text{ } \mu\text{A}$ 时,$I_{CQ} = 2 \text{ mA}$,$U_{CEQ} = 6 \text{ V}$。

7.3.2 解析法确定静态工作点

解析法确定静态工作点,通常是求出基极直流电流 I_B、集电极直流电流 I_C 和集电极与发射极间的直流电压 U_{CE}。根据所求的参数可以确定三极管放大电路静态工作点是否合适。根据放大电路的直流通路可计算这些参数。

如图 7-7(a)所示,首先可求出基极回路静态时的基极电流 I_{BQ}:

$$I_{BQ} = \frac{U_{CC} - U_{BE}}{R_B} \tag{7-15}$$

由于三极管导通时,U_{BE} 变化很小,可视为常数,一般情况下:

硅管:$U_{BE} = 0.6 \sim 0.8 \text{ V}$,通常取 0.7 V;

锗管:$U_{BE} = 0.1 \sim 0.3 \text{ V}$,通常取 0.3 V。

当 U_{CC}、R_B 已知,则由式(7-15)可求出 I_{BQ}。

根据三极管各极的电流关系,可求出静态工作点的集电极电流 I_{CQ}。

$$I_{CQ} = \beta I_{BQ} \tag{7-16}$$

再根据集电极输出回路可求出 U_{CEQ}

$$U_{CEQ} = U_{CC} - I_{CQ} R_C \tag{7-17}$$

至此,静态工作点的电流、电压都已估算出来。通常当 $U_{CEQ} = (1/2)U_{CC}$ 可以大致认为静态工作点较为合适(请思考为什么)。

■ 例 7-2 估算图 7-6 所示放大电路的静态工作点。设 $U_{CC}=12$ V,$R_C=3$ kΩ,$R_B=280$ kΩ,$\beta=50$。

解 根据式(7-15)～式(7-17)得

$$I_{BQ} = \frac{12-0.7}{280} \text{ mA} \approx 0.04 \text{ mA} = 40 \text{ } \mu\text{A}$$

$$I_{CQ} = 50 \times 0.04 \text{ mA} = 2 \text{ mA}$$

$$U_{CEQ} = (12-2\times3) \text{ V} = 6 \text{ V}$$

◆ 7.3.3 电路参数对静态工作点的影响

静态工作点的位置对放大电路的性能十分重要,它对放大电路的性能有很大影响,而静态工作点与电路参数有关。下面分析电路参数 R_B、R_C、U_{CC} 对静态工作点的影响,为调试电路给出理论指导。

1. R_B 对 Q 点的影响

为明确元件参数对 Q 点的影响,当我们讨论 R_B 的影响时,假设 R_C 和 U_{CC} 不变。

R_B 变化,仅对 I_{BQ} 有影响,而对负载线无影响。如 R_B 增大,I_{BQ} 减小,工作点沿直流负载线下移;如 R_B 减小,I_{BQ} 增大,则工作点沿直流负载线上移,如图 7-10(a)所示。

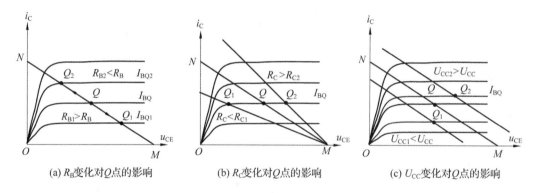

(a) R_B 变化对 Q 点的影响　(b) R_C 变化对 Q 点的影响　(c) U_{CC} 变化对 Q 点的影响

图 7-10 电路参数对 Q 点的影响

2. R_C 对 Q 点的影响

R_C 的变化(假定 I_{BQ} 不变),仅改变直流负载线的 N 点,即改变直流负载线的斜率。

R_C 减小,N 点上升,直流负载线变陡,工作点沿 $i_B=I_{BQ}$ 这一条特性曲线右移,如图 7-9(b)中 Q_2 点。

R_C 增大,N 点下降,直流负载线变平坦,工作点沿 $i_B=I_{BQ}$ 这一条特性曲线左移,如图 7-10(b)中 Q_1 点。

3. U_{CC} 对 Q 点的影响

U_{CC} 的变化不仅影响 I_{BQ},还影响直流负载线,因此,U_{CC} 对 Q 点的影响较复杂。

U_{CC} 上升,I_{BQ} 增大,同时直流负载线 M 点和 N 点同时增大,故直流负载线平行上移,所以工作点向右上方移动。

U_{CC} 下降,I_{BQ} 下降,同时直流负载线平行下移,所以工作点向左下方移动,如图 7-10(c)所示。实际调试中,主要通过改变电阻 R_B 来改变静态工作点,而很少通过改变 U_{CC} 来改变静态工作点。

7.4 基本共发射极放大电路的动态分析

这一节讨论当在放大电路上加交流输入信号 u_i 时电路的工作情况。由于加进了交流输入信号，输入电流 i_B 随 u_i 变化，三极管的工作状态(静态工作点)将来回移动。故将加入交流输入信号后的状态称之为动态，对加入交流信号后的放大电路分析称为放大电路动态分析。

◆ 7.4.1 图解法分析动态特性

通过图解法，可以画出对应输入波形时的输出电流和输出电压波形。

由于交流信号的加入，此时应按交流通路来考虑。如图 7-7(b)所示，交流负载 $R'_L = R_c$ // R_L。在交流信号作用下，三极管工作状态的移动不再沿着直流负载线，而是沿着交流负载线移动。因此，分析交流信号前，应先画出交流负载线。

1. 交流负载线的作法

交流负载线具有如下两个特点：

一个特点是交流负载线必然通过静态工作点。因为当输入信号 u_i 的瞬时值为零时(相当于无信号加入)，若忽略电容 C_1 和 C_2 的影响，则电路状态和静态相同。

另一个特点是交流负载线的斜率用 R'_L 表示。

因此，按上述两个特点可作出交流负载线，即过 Q 点，作一条 $\dfrac{\Delta U}{\Delta I} = R'_L$ 的直线，就是交流负载线。

具体作法如下：首先画一条 $\dfrac{\Delta U}{\Delta I} = R'_L$ 的辅助线(此线的条数无限多)，然后过 Q 点作一条平行于辅助线的线即为交流负载线，如图 7-11 所示。

因 $R'_L = R_c$ // R_L，所以 $R'_L < R_c$，故一般情况下，交流负载线比直流负载线更陡。

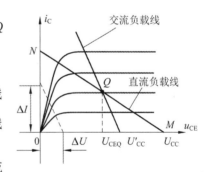

图 7-11 交流负载线的作法

交流负载线也可以通过求出在 u_{CE} 坐标的截距，把两点相连即可。由图 7-11 可看出

$$U'_{CC} = U_{CEQ} + I_{CQ}R'_L \tag{7-18}$$

连接 Q 点和 U'_{CC} 即为交流负载线。

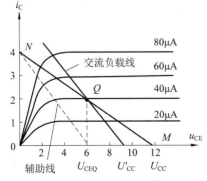

图 7-12 例 7-3 交流负载线的作法

例 7-3 作出图 7-9(a)的交流负载线。已知三极管特性曲线如图 7-9(b)所示，$U_{CC} = 12$ V，$R_c = 3$ kΩ，$R_L = 3$ kΩ，$R_B = 280$ kΩ。

解 首先作出直流负载线，求出 Q 点，如例 7-2 所示。为了方便作交流负载线将图 7-9(b)重画于图 7-12。

$$R'_L = R_c // R_L = 1.5 \text{ kΩ}$$

作一条辅助线，使其

$$\frac{\Delta U}{\Delta I} = R'_L = 1.5 \text{ kΩ}$$

取 $\Delta U = 6$ V，得 $\Delta I = 4$ mA，连接该两点即为交流负载线的辅助线，过 Q 点作辅助线的平行线，即为交流负载线，如图 7-12 所示。从图中看出 $U'_{CC} = 9$ V，与 $U_{CC} = U_{CEQ} + I_C R'_L = (6 + 2 \times 1.5)$ V $= 9$ V 一致。

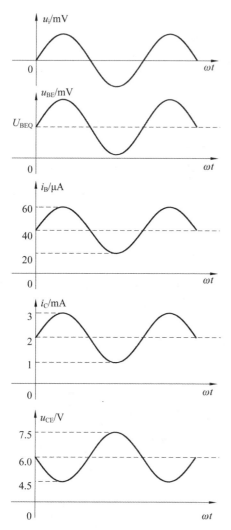

图 7-13 共发射极放大各极电流、电压波形

2. 交流波形的画出

为了便于理解，代入具体的数值进行分析。仍以例 7-3 为例，设输入交流信号电压为 $u_i = U_m \sin\omega t$，则基极电流将在 I_{BQ} 上叠加进 i_B，即 $i_B = I_{BQ} + I_{Bm}\sin\omega t$，若电路使 $I_{Bm} = 20$ μA，则

$$i_B = 40\ \mu A + 20\sin\omega t\ (\mu A)$$

从图 7-12 可以读出相应的集电极电流 i_C 和电压 u_{CE} 值，列于表 7-2，画出波形如图 7-13 所示。

由以上分析可看出，在放大电路中，三极管的输入电压 u_{BE}、电流 i_B，输出端的电压 u_{CE}、电流 i_C 均含直流和交流分量。交流分量是由信号 u_i 引起的，是我们感兴趣的部分。直流分量是保证三极管工作在放大区不可缺少的部分。在输入端，直流成分上叠加交流成分，然后进行放大；在输出端，用电容将直流部分隔离，取出经过放大后的交流分量。它们的关系为

$$u_{BE} = U_{BEQ} + u_{BE} = U_{BEQ} + U_{BEm}\sin\omega t$$
$$i_B = I_{BQ} + i_B = I_{BQ} + I_{Bm}\sin\omega t$$
$$i_C = I_{CQ} + i_C = I_{CQ} + I_{Cm}\sin\omega t$$
$$u_{CE} = U_{CEQ} + u_{CE} = U_{CEQ} + U_{CEm}\sin\omega t$$

由图 7-13 可以看出，基极、集电极电流和电压的交流分量保持一定的相位关系。i_C、i_B 和 u_{BE} 三者相位相同；u_{CE} 与它们相位相反。即输出电压与输入电压相位是相反的。这是共发射极放大电路的特征。

表 7-2　集电极电流 i_C 和电压 u_{CE} 值

ωt	0π	$\dfrac{1}{2}\pi$	π	$\dfrac{3}{2}\pi$	2π
$i_B/\mu A$	40	60	40	20	40
i_C/mA	2	3	2	1	2
$u_{CE}/$ V	6	4.5	6	7.5	6

◆　**7.4.2　放大电路的非线性失真**

对于放大电路，应使输出电压尽可能大，但它受到三极管非线性的限制。当信号过大或者工作点不合适时，输出电压波形将产生失真。由三极管的非线性引起的失真称为非线性失真。

图解法可以清楚地在特性曲线上观察波形的失真情况。

1. 由三极管特性曲线非线性引起的失真

主要表现在输入特性曲线的起始弯曲部分、输出特性的间距不均匀或者当输入信号比较大时,将使 i_b、u_{ce}、i_c 正负半周不对称,都会产生非线性失真,如图 7-14 所示。

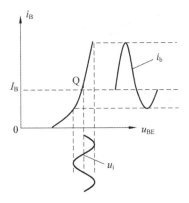 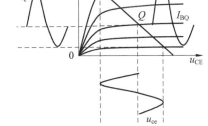

(a) 因输入特性弯曲引起的失真   (b) 输出曲线簇上疏下密引起的失真

图 7-14　三极管特性非线性引起的失真

2. 静态工作点不合适引起的失真

(1) 当静态工作点(Q 点)设置过低,在输入信号的负半周,工作状态进入截止区,因而引起 i_b、i_c 和 u_{ce} 的波形失真,称为截止失真。由图 7-15(a)可看出,对于 NPN 三极管共发射极放大电路,截止失真时,输出电压 u_{CE} 的波形出现顶部失真。

(2) 如果静态工作点(Q 点)设置过高,在输入信号的正半周,工作状态进入饱和区,此时,当 i_b 增大时 i_c 几乎不随之增大,因此引起 i_c 和 u_{ce} 产生波形失真,称之为饱和失真。由图 7-15(b)可看出,对于 NPN 三极管共发射极放大电路,当产生饱和失真时,输出电压 u_{CE} 的波形出现底部失真。若放大电路采用 PNP 三极管,波形失真正好相反。截止失真导致 u_{CE} 底部失真;饱和失真引起 u_{CE} 顶部失真。

正由于上述原因,对放大电路而言就存在着最大不失真输出电压值 U_{max} 或峰-峰电压值 U_{p-p}。

最大不失真输出电压是指:当工作状态已定的前提下,逐步增大输入信号,三极管的状态尚未进入截止和饱和时,所能获得的最大输出电压。

(1) 如 u_i 增大时,首先进入饱和区,则最大不失真输出电压受饱和区限制,设三极管的饱和电压为 U_{CES}(通常 $U_{CES} < 0.3$ V),$U_{cem} = U_{CEQ} - U_{CES}$;

(2) 如首先进入截止区,则最大不失真输出电压受截止区限制,$U_{cem} = I_{CQ} R'_L$。最大不失真输出电压,选取其中小的一个,如图 7-16 所示,$I_{CQ} R'_L > (U_{CEQ} - U_{CES})$,所以 $U_{cem} = U_{CEQ} - U_{CES}$。

关于用图解法分析动态特性的步骤,可归纳如下:

(1) 首先作出直流负载线,求出静态工作点 Q。

(2) 作出交流负载线。根据要求从交流负载线画出电流、电压波形,或求出最大不失真输出电压值。

用图解法分析动态特性,可直观地反映输入电流与输出电流、电压的波形关系。形象地

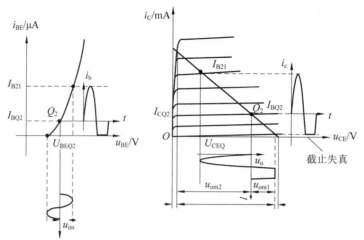

(a) 截止失真

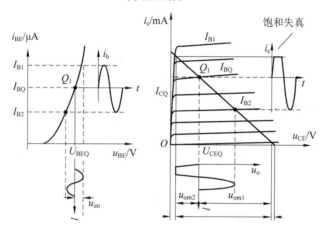

(b) 饱和失真

图 7-15 静态工作点不合适产生的非线性失真

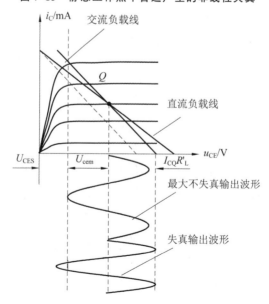

图 7-16 最大不失真输出电压

反映了工作点不合适引起的非线性失真,但图解法有它的局限性,信号很小时,作图很难准确。对于非电阻性负载或工作频率较高,需要考虑三极管的电容效应以及分析负反馈放大器和多级放大器时,采用图解法就会遇到无法克服的困难。而且图解法不能确定放大器的输入、输出电阻和频率特性等参数。因此,图解法一般适用于分析输出幅度比较大而工作频率又不太高的情况。对于信号幅度较小和信号频率较高的放大器,常采用微变等效电路法进行分析。

7.4.3 三极管微变等效电路

微变等效电路分析法的基本思想是:当信号变化的范围很小(微变)时,可以认为三极管电压、电流变化量之间的关系基本上是线性的,即在一个很小的范围内,三极管的输入特性、输出特性均可近似地看作一段直线。因此,就可给三极管建立一个小信号的线性等效模型,这个模型就是三极管微变等效电路。利用微变等效电路,可以将含有非线性元件(三极管)的放大电路转化为线性电路,然后,就可以利用电路分析中各种分析电路的方法来求解电路。

1. 三极管的 h 参数微变等效电路

下面我们给出三极管的 h 参数微变等效电路。当三极管处于共发射极时,输入回路和输出回路各变量之间关系由如下形式表示:

输入特性:

$$u_{BE} = f(i_B, u_{CE}) \tag{7-19}$$

输出特性:

$$i_C = f(i_B, u_{CE}) \tag{7-20}$$

式中:i_B、i_C、u_{BE}、u_{CE}代表各电量总瞬时值,为直流分量和交流分量之和,即 $i_B = I_{BQ} + i_b$,$u_{BE} = U_{BE} + u_{be}$,$i_C = I_{CQ} + i_c$,$u_{CE} = U_{CEQ} + u_{ce}$。

将上式用全微分形式表达则有

$$du_{BE} = \left. \frac{\partial u_{BE}}{\partial i_B} \right|_{U_{CEQ}} di_B + \left. \frac{\partial u_{BE}}{\partial u_{CE}} \right|_{I_{BQ}} du_{CE} \tag{7-21}$$

$$di_C = \left. \frac{\partial i_C}{\partial i_B} \right|_{U_{CEQ}} di_B + \left. \frac{\partial i_C}{\partial u_{CE}} \right|_{I_{BQ}} du_{CE} \tag{7-22}$$

令

$$\left. \frac{\partial u_{BE}}{\partial i_B} \right|_{U_{CEQ}} = h_{11} \tag{7-23}$$

$$\left. \frac{\partial u_{BE}}{\partial u_{CE}} \right|_{I_{BQ}} = h_{12} \tag{7-24}$$

$$\left. \frac{\partial i_C}{\partial i_B} \right|_{U_{CEQ}} = h_{21} \tag{7-25}$$

$$\left. \frac{\partial i_C}{\partial u_{CE}} \right|_{I_{BQ}} = h_{22} \tag{7-26}$$

则可将式(7-21)、式(7-22)改写为

$$du_{BE} = h_{11} di_B + h_{12} du_{CE} \tag{7-27}$$

$$di_C = h_{21} di_B + h_{22} du_{CE} \tag{7-28}$$

前面指出 $i_B = I_{BQ} + i_b$，而 di_B 代表其变化量，故 $di_B = i_b$。同理 $du_{BE} = u_{be}$，$di_C = i_c$，$du_{CE} = u_{ce}$。

则式(7-27)和式(7-28)可改写成

$$u_{be} = h_{11}i_b + h_{12}u_{ce} \tag{7-29}$$

$$i_c = h_{21}i_b + h_{22}u_{ce} \tag{7-30}$$

根据式(7-29)和式(7-30)画出三极管的微变等效电路，如图7-17所示。

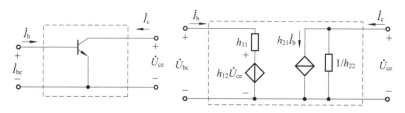

图 7-17　完整的 h 参数等效电路

2. h 参数的意义和求法

$h_{11} = \left.\dfrac{\partial u_{BE}}{\partial i_B}\right|_{U_{CEQ}} = \left.\dfrac{\Delta u_{BE}}{\Delta i_B}\right|_{U_{CEQ}}$　表示三极管输出端交流短路(因为 $U_{CEQ} = $ 常数，$u_{ce} = 0$)时的输入电阻，单位为欧姆，常用 r_{be} 表示。可以从特性曲线上求出，如图7-18(a)所示。

$h_{12} = \left.\dfrac{\partial u_{BE}}{\partial u_{CE}}\right|_{I_{BQ}} = \left.\dfrac{\Delta u_{BE}}{\Delta u_{CE}}\right|_{I_{BQ}}$　表示三极管输入端交流开路(因为 $I_{BQ} = $ 常数，$i_b = 0$)时的电压反馈系数，无量纲，常用 μ_r 表示。可以从特性曲线上求出，如图7-18(b)所示。

$h_{21} = \left.\dfrac{\partial i_C}{\partial i_B}\right|_{U_{CEQ}} = \left.\dfrac{\Delta i_C}{\Delta i_B}\right|_{U_{CEQ}}$　表示三极管输出交流短路时的电流放大系数，无量纲，常用 β 表示。可以从特性曲线上求出，如图7-18(c)所示。

$h_{22} = \left.\dfrac{\partial i_C}{\partial u_{CE}}\right|_{I_{BQ}} = \left.\dfrac{\Delta i_C}{\Delta u_{CE}}\right|_{I_{BQ}}$　表示三极管输入端交流开路时的输出导纳，单位为西门子，常用 $1/r_{ce}$ 表示。可以从特性曲线上求出，如图7-18(d)所示。

由于 h_{12}、h_{22} 是 u_{CE} 变化通过基区宽度变化对 u_{BE} 及 i_c 产生影响。这个影响一般很小，所以可以忽略不计。这样，式(7-29)和式(7-30)又可简化为

$$u_{be} = r_{be}i_b \tag{7-31}$$

$$i_c = \beta i_b \tag{7-32}$$

若用有效值代替各变化量，三极管的微变等效电路就可以简化为图7-19所示电路。今后分析放大电路一般均用此简化后的三极管等效电路。

需要指出的是：

(1)"等效"指的是只对微变量(交流)的等效。三极管外部的直流电源应视为零——直流电压源短路、直流电流源开路；外电路与微变量(交流)有关部分应全部保留。但这并不意味着 h 参数的数值与直流分量无关，恰恰相反，h 参数的数值与特性曲线上 Q 点位置有着密切的关系。不过只要把动态运用范围限制在特性曲线的线性范围内，h 参数近似保持常数。

(2)等效电路中的电流源 βi_b 为一受控电流源，它的数值和方向都取决于基极电流 i_b，不能随意改动。i_b 的正方向可以任意假设，但一旦假设好之后，i_b 的方向就一定了。如果假设 i_b 的方向为流入基极，则 βi_b 的方向必定从集电极流向发射极；反之，如果假设 i_b 的方向为流

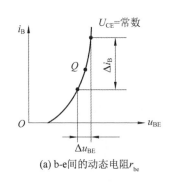

(a) b-e间的动态电阻r_{be}

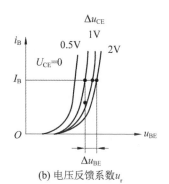

(b) 电压反馈系数u_r

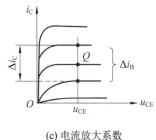

(c) 电流放大系数

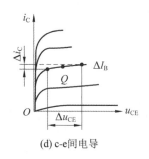

(d) c-e间电导

图 7-18　特性曲线

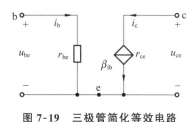

图 7-19　三极管简化等效电路

出基极,则βi_b的方向必定从发射极流向集电极。无论电路如何变化,支路如何移动,上述方向必须严格保持。

（3）这种微变等效电路只适合工作频率在低频、小信号状态下的三极管等效。低频通常是指频率低于几百千赫。在大信号工作时,不能用上述h参数等效电路来等效。

简化后的三极管微变等效电路如图 7-19 所示。β值通常可以通过查手册或测试得到,但r_{be}如何计算呢？画出三极管内部结构示意图,如图 7-20(a)所示,基极与发射极之间由三部分组成：基区体电阻r'_{bb},对于低频小功率管r'_{bb}约为 300 Ω,高频小功率管为几十到一百欧。r'_e为发射区体电阻,由于发射极重掺杂,故r'_e数值很小,一般可忽略不计。r_e为发射结电阻,则输入等效电路如图 7-20(b)所示。

由输入等效电路,可知

$$\dot{U}_{be} = \dot{I}_b r'_{bb} + \dot{I}_e r_e \tag{7-33}$$

又

$$\dot{I}_e = (1+\beta)\dot{I}_b \tag{7-34}$$

则

$$\dot{U}_{be} = \dot{I}_b r'_{bb} + (1+\beta)\dot{I}_b r_e \tag{7-35}$$

故

$$r_{be} = \frac{\dot{U}_{be}}{\dot{I}_b} = r'_{bb} + (1+\beta)r \tag{7-36}$$

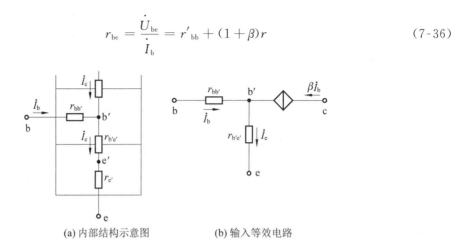

(a) 内部结构示意图　　　　　　(b) 输入等效电路

图 7-20　r_{be} 估算等效电路

其中，r_e 是发射结的动态电阻，由二极管的解析表达式(6-1)以及发射结正向偏置(对于硅管 $u > 0.7$ V)和常温情况下 $U_T \approx 26$ mV 可知：

$$i_E = I_S(e^{\frac{u}{U_T}} - 1) \approx I_S e^{\frac{u}{U_T}}$$

$$\frac{1}{r_e} = \frac{di_E}{du} \approx \frac{1}{U_T} i_E$$

当用 Q 点切线代替 Q 点附近的曲线时

$$\frac{1}{r_e} \approx \frac{1}{U_T} I_{EQ}$$

则

$$r_e = \frac{26}{I_{EQ}}$$

r'_{bb} 对于小功率管而言为 $100 \sim 300$ Ω，通常在分析时取 300 Ω，所以

$$r_{be} = 300 + (1+\beta)\frac{26}{I_E} \tag{7-37}$$

◆ 7.4.4　三种基本组态放大电路的分析

下面用微变等效电路对放大电路的动态特性进行分析。三极管有三种不同的接法，故放大电路也有三种基本组态，各种实际的放大电路都是由这三种基本放大电路的变形和组合而构成的。

1. 基本共发射极放大电路

基本共发射极放大电路如图 7-21(a)所示，其微变等效电路如图 7-21(b)所示。画微变等效电路时，把电容 C_1、C_2 和直流电源 U_{CC} 视为短路。

电压放大倍数：

$$\dot{A}_u = \frac{\dot{U}_o}{\dot{U}_i} \tag{7-38}$$

由图 7-21(b)所示等效电路得

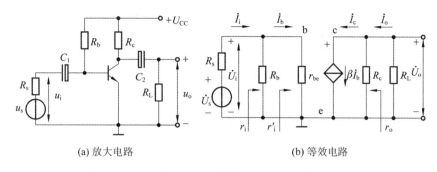

(a) 放大电路　　　　　(b) 等效电路

图 7-21　基本共发射极放大电路及其微变等效电路

$$\dot{U}_o = -\beta \dot{I}_b R'_L \quad (其中 R'_L = R_c // R_L)$$

从输入回路得

$$\dot{U}_i = \dot{I}_b r_{be}$$

$$\dot{A}_u = -\frac{\beta R'_L}{r_{be}} \tag{7-39}$$

讨论:

(1) 负号表示共发射极放大电路集电极输出电压与基极输入电压相位相反。

(2) 电压放大倍数与 β 以及静态工作点的关系。当静态工作点较低时, r'_{bb} 比较小,因此 $r_{be} = r'_{bb} + (1+\beta)\frac{26}{I_{EQ}} \approx (1+\beta)\frac{26}{I_{EQ}}$,又因为 $\beta \gg 1$,所以 $r_{be} \approx \beta \frac{26}{I_{EQ}}$,代入式(7-39)得

$$\dot{A}_u \approx -\frac{I_{EQ}}{26} R'_L$$

当静态工作点较低时,电压放大倍数与 β 无关,而与静态工作点的电流 I_{EQ} 呈线性关系。增大 I_{EQ}, A_u 将增大。

当静态工作点很高时,如果满足 $r'_{bb} \gg (1+\beta)\frac{26}{I_{EQ}}$,则

$$\dot{A}_u = -\frac{\beta R'_L}{r'_{bb}}$$

电压放大倍数与 β 呈线性关系,选 β 大的管子, A_u 线性增大。

当工作点在上述两者之间时, A_u 与 β 的关系较复杂,当 β 上升时,式(7-39)的分子、分母均增加,故对 A_u 的影响不明显,使 A_u 略上升;从式(7-39)也可以看出 A_u 与 I_{EQ} 的关系(因为 $r_{be} = r'_{bb} + (1+\beta)\frac{26}{I_{EQ}}$), I_{EQ} 增大,分子不变,分母下降,所以 A_u 上升,但不是线性关系。

电流放大倍数:

$$\dot{A}_i = \frac{\dot{I}_o}{\dot{I}_i}$$

由等效电路图 7-21(b)可得

$$\dot{I}_i \approx \dot{I}_b, \dot{I}_o \approx \dot{I}_c = \beta \dot{I}_b$$

则

$$\dot{A}_i = \beta \tag{7-40}$$

式(7-40)是忽略了 R_b 的作用(电流在输入端存在着分流关系),也忽略了 R_c 对负载 R_L 的影响(电流在输出端也存在一个分流关系),粗略估计电流放大倍数的公式。这里需要说明的是,在工程计算中,经常采用这种粗略计算的方法,主要原因是:

(1)被忽略部分对整个分析的结果影响很小;

(2)由于元件的参数差异很大,以典型参数分析的数据即使很精确也无法准确地描述实际电路性能指标。往往是通过粗略计算出电路的性能指标,然后通过调整电路参数达到设计的目的。

输入电阻:由图7-21可以直接看出

$$r_i = R_b \mathbin{/\mkern-5mu/} r'_i$$

式中

$$r'_i = \frac{\dot{U}_i}{\dot{I}_b} = r_{be}$$

则

$$r_i = R_b \mathbin{/\mkern-5mu/} r_{be} \approx r_{be} \tag{7-41}$$

通常 $R_b \gg r_{be}$,所以 r_i 近似等于 r_{be}。

输出电阻:根据含受控源戴维南定理等效电阻求法,令 $\dot{U}_S = 0$ 时,$\dot{I}_b = 0$,从而受控源 $\beta \dot{I}_b = 0$,外加电压源 U,求出相应电流 I,可得出等效电阻,本题可以直接得出

$$r_o = R_c \tag{7-42}$$

注意,因 r_o 常用来考虑电路的带负载能力,所以,求 r_o 时不应含 R_L(R_L 是负载)。

源电压放大倍数:

$$\dot{A}_{uS} = \frac{\dot{U}_o}{\dot{U}_S} = \frac{\dot{U}_i}{\dot{U}_S} \cdot \frac{\dot{U}_o}{\dot{U}_i} = \frac{\dot{U}_i}{\dot{U}_S} \dot{A}_u$$

因为

$$\frac{\dot{U}_i}{\dot{U}_S} = \frac{r_i}{R_S + r_i}$$

故

$$\dot{A}_{uS} = \frac{r_i}{R_S + r_i} \dot{A}_u \tag{7-43}$$

显然,考虑信号源的内阻时,放大倍数将下降。

▌ 例7-4 基本共发射极放大电路如图7-22所示。设:$U_{CC} = 12$ V,$R_b = 300$ kΩ,$R_c = 3$ kΩ,$R_L = 3$ kΩ,$\beta = 60$。

(1)试求电路的静态工作点 Q。

(2)估算电路的电压放大倍数 A_u、输入电阻 R_i 和输出电阻 R_o。

解 (1)电路静态工作点:

$$I_{BQ} \approx \frac{U_{CC}}{R_b} = \frac{12 \text{ V}}{300 \text{ kΩ}} = 40 \text{ } \mu A$$

$$I_{CQ} = \beta I_{BQ} = 50 \times 40 \text{ } \mu A = 2 \text{ mA}$$

$$U_{CEQ} = U_{CC} - I_{CQ} R_C = 12 \text{ V} - 2 \text{ mA} \times 3 \text{ kΩ} = 6 \text{ V}$$

（2）微变等效电路如图 7-23 所示。

$$r_{be} = 200\ \Omega + (1+\beta)\frac{26\ \text{mV}}{I_E} = 200\ \Omega + 61 \times \frac{26\ \text{mV}}{2\ \text{mA}} = 993\ \Omega$$

$$A_u = -\frac{\beta R'_L}{r_{be}} = -\frac{50 \times 3\ \text{k}\Omega\ /\!/\ 3\ \text{k}\Omega}{0.993\ \text{k}\Omega} = -75$$

$$R_i = R_L = r_{be}\ /\!/\ R_b \approx r_{be} = 993\ \Omega$$

$$R_o = R_c = 3\ \text{k}\Omega$$

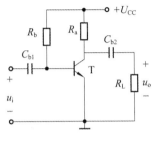

图 7-22 例 7-4 图

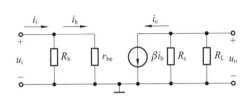

图 7-23 例 7-4 微变等效电路

2. 基本共集电极放大电路

如图 7-24(a)所示是基本共集电极放大电路。信号从基极输入，射极输出，集电极是输入、输出的公共端。图 7-24(b)为其微变等效电路。

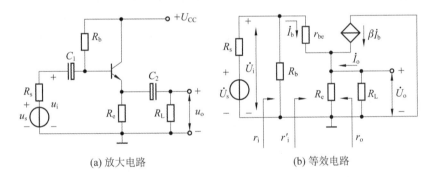

(a) 放大电路　　　　　　(b) 等效电路

图 7-24 基本共集电极放大电路及其微变等效电路

（1）电压放大倍数。

由图 7-24(b)可知：

$$\dot{U}_o = \dot{I}_e R'_e = (1+\beta)\dot{I}_b R'_e \quad (\text{其中 } R'_e = R_e\ /\!/\ R_L)$$

$$\dot{U}_i = \dot{I}_b r_{be} + (1+\beta)\dot{I}_b R'_e$$

所以有

$$\dot{A}_u = \frac{\dot{U}_o}{\dot{U}_i} = \frac{(1+\beta)R'_e}{r_{be} + (1+\beta)R'_e} \tag{7-44}$$

通常

$$(1+\beta)R'_e \gg r_{be}$$

所以

$$\dot{A}_u < 1 \quad \text{且} \quad \dot{A}_u \approx 1$$

　　共集电极放大电路的电压放大系数小于 1 而接近于 1,且共集电极放大电路基极输入电压与射极的输出电压相位相同,所以又称之为射极跟随器。

　　(2) 电流放大倍数。

　　若考虑 $R_L = \infty$ 时,此时三极管的输出作为放大电路的输出,则 $I_o = -I_e$,同时考虑到 $I_i \approx I_b$,则

$$\dot{A}_i = \frac{\dot{I}_o}{\dot{I}_i} \approx \frac{-\dot{I}_e}{\dot{I}_b} = \frac{-(1+\beta)\dot{I}_b}{\dot{I}_b} = -(1+\beta) \tag{7-45}$$

　　尽管共集电极放大电路的电压放大倍数接近于 1,但电路的输出电流要比输入电流大很多倍,所以电路有功率放大作用。

　　输入电阻: $\qquad\qquad r_i = R_b \mathbin{/\mkern-5mu/} r'_i$

　　式中

$$r'_i = \frac{\dot{U}_i}{\dot{I}_b} = r_{be} + (1+\beta)R'_e$$

$$r_i = R_b \mathbin{/\mkern-5mu/} [r_{be} + (1+\beta)R'_e] \tag{7-46}$$

　　共集电极放大电路输入电阻高,这是该电路的特点之一。

　　(3) 输出电阻。

　　按戴维南等效电阻的计算方法,将信号源 u_S 短路,在输出端加电压源 U_2,其等效电路如图 7-25 所示。求出电流 I_2,则

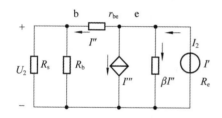

图 7-25　求 r_o 等效电路

$$r_o = \frac{U_2}{I_2}$$

$$I_2 = I' + I'' + I'''$$

$$I' = \frac{U_2}{R_e}$$

$$I'' = \frac{U_2}{R'_s + r_{be}} \text{(其中 } R'_s = R_s \mathbin{/\mkern-5mu/} R_b \text{)}$$

$$I''' = \beta I'' = \frac{\beta U_2}{R'_s + r_{be}}$$

则

$$I_2 = \frac{U_2}{R_e} + \frac{(1+\beta)U_2}{R'_s + r_{be}}$$

$$r_o = \frac{U_2}{I_2} = R_e \mathbin{/\mkern-5mu/} \frac{R'_s + r_{be}}{1+\beta} \tag{7-47}$$

　　r_o 是一个很小的值。输出电阻小也是共集电极放大电路的一个特点。

　　综上所述,共集电极放大电路是一个具有高输入电阻、低输出电阻、电压增益近似为 1、输入与输出同相位的放大电路。所以共集电极放大电路可用作输入级、输出级;也可作为缓冲级,以隔离前后两级之间的相互影响。必须指出,由式(7-46)、式(7-47)可知,负载电阻 R_L 对输入电阻 r_i 有影响;信号源电阻 R_S 对输出电阻 r_o 有影响。在组成多级放大电路时,应特别注意上述关系。

3. 基本共基极放大电路

基本共基极放大电路如图 7-26(a) 所示，其微变等效电路如图 7-26(b) 所示。

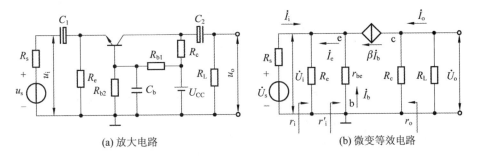

(a) 放大电路　　　　　　　　　　(b) 微变等效电路

图 7-26　基本共基极放大电路及其微变等效电路

共基极放大电路是基极作为共用端，信号从发射极输入、从集电极输出。

（1）电压放大倍数。

$$\dot{U}_o = -\beta \dot{I}_b R'_L \quad （其中 R'_L = R_c \mathbin{/\mkern-5mu/} R_L）$$

$$\dot{U}_i = -\dot{I}_b r_{be}$$

则

$$\dot{A}_u = \frac{\dot{U}_o}{\dot{U}_i} = \frac{\beta R'_L}{r_{be}} \tag{7-48}$$

其大小与共发射极放大电路相同，但输入和输出的相位是一致的。

（2）电流放大倍数。

由图 7-26(b) 可知，若 $R_L = \infty$ 时，将三极管的输出作为放大电路的输出，且忽略 R_e 上的分流，则有

$$\dot{I}_o = \dot{I}_c \quad \dot{I}_i \approx -\dot{I}_e$$

所以

$$\dot{A}_i = \frac{\dot{I}_o}{\dot{I}_i} = \frac{\dot{I}_c}{-\dot{I}_e} = -\alpha \tag{7-49}$$

输入电阻：
$$r_i = R_e \mathbin{/\mkern-5mu/} r'_i$$

因为
$$r'_i = \frac{\dot{U}_i}{-\dot{I}_e}$$

又因为
$$\dot{U}_i = -\dot{I}_b r_{be} \quad \dot{I}_e = (1+\beta)\dot{I}_b$$

所以

$$r'_i = \frac{\dot{U}_i}{-\dot{I}_e} = \frac{-\dot{I}_b r_{be}}{-(1+\beta)\dot{I}_b} = \frac{r_{be}}{1+\beta}$$

故

$$r_i = R_e \mathbin{/\mkern-5mu/} \frac{r_{be}}{1+\beta} \approx \frac{r_{be}}{1+\beta} \tag{7-50}$$

与共发射极放大电路相比，其输入电阻减小到 $\dfrac{r_{be}}{1+\beta}$。

（3）输出电阻。

由图 7-27(a)求戴维南等效电路的开路电压：

$$\dot{U}_{oc} = -\beta \dot{I}_b R_c$$

由图 7-27(b)求戴维南等效电路的短路电流：

$$\dot{I}_{sc} = -\beta \dot{I}_b$$

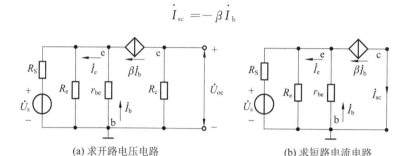

(a) 求开路电压电路　　　　　　　　　(b) 求短路电流电路

图 7-27　求共基极放大电路输出电阻

故输出电阻为

$$r_o = \frac{\dot{U}_{oc}}{\dot{I}_{sc}} = \frac{-\beta \dot{I}_b R_c}{-\beta \dot{I}_b} = R_c \tag{7-51}$$

4. 三种接法的比较

综上所述，将三极管放大电路的三种基本接法的特点归纳如下：

（1）共发射极电路既能放大电流又能放大电压，输入电阻在三种电路中居中，输出电阻较大，频带较窄。常作为低频电压放大电路的单元电路。

（2）共集电极电路只能放大电流不能放大电压，是三种接法中输入电阻最大、输出电阻最小的电路，并具有电压跟随特点。常用于电压放大电路的输入级和输出级，在功率放大电路中也常采用射极输出的形式。

（3）共基极电路只能放大电压不能放大电流，输入电阻小，电压放大倍数和输出电阻与共发射极电路相当，频率特性是三种接法中最好的电路。常用于宽频带放大电路。

三种基本接法的放大电路比较如表 7-3 所示。

表 7-3　三种基本接法的放大电路比较

	共 发 电 路	共 基 电 路	共 集 电 路
A_u	$-\dfrac{\beta R_L}{r_{be}}$（大）	$\dfrac{\beta R_L}{r_{be}}$（大）	$\dfrac{(1+\beta)R'_L}{r_{be}+(1+\beta)R'_L} \approx 1$

续表

	共 发 电 路	共 基 电 路	共 集 电 路
R_i	$R_{b1} /\!/ R_{b2} /\!/ r_{be}$（中）	$R_e /\!/ \dfrac{r_{be}}{1+\beta}$（小）	$R_{b1} /\!/ R_{b2} /\!/ [r_{be}+(1+\beta)R'_L]$ （大）
R_o	R_c（中）（考虑 r_{ce}）	R_c（大）（考虑 r_{ce}）	$R_e /\!/ \dfrac{r_{be}+R_{b1} /\!/ R_{b2} /\!/ R_S}{1+\beta}$（小）
A_i	β（大）	$-\alpha \approx -1$	$-(1+\beta)$　（大）
特点	输入、输出反相 既有电压放大作用 又有电流放大作用	输入、输出同相 有电压放大作用 无电流放大作用	输入、输出同相 有电流放大作用 无电压放大作用
应用	作多级放大器 的中间级,提供增益	作电流接续器 构成组合放大电路	作多级放大器的输 入级、中间级、隔离级

7.5　静态工作点的稳定及其偏置电路

◆ 7.5.1　静态工作点合理选择的意义

半导体器件是一种对温度十分敏感的器件,温度上升时反映在如下几个主要方面:

(1) 反向饱和电流 I_{CBO} 增加,穿透电流 $I_{CEO}=(1+\beta)I_{CBO}$ 也增加。反映在特性曲线上就是使特性曲线上移。

(2) 射-基电压 U_{BE} 下降,在外加电压和电阻不变的情况下,使基极电流 I_b 上升。

(3) 使三极管的电流放大倍数 β 增大,使特性曲线间距增大。

综合起来,温度上升,将引起集电极电流 I_c 增加,使静态工作点随之变化(提高)。我们知道,静态工作点选择过高,将产生饱和失真,如图 7-28 所示,反之亦然。显然,不解决此问题,三极管放大电路难于应

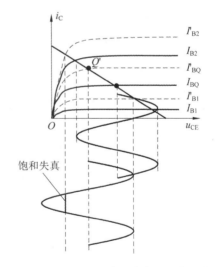

图 7-28　温度对 Q 点和输出波形的影响

用,冬天设计的电路,夏天可能工作不正常;北方设计的电路,到南方可能无法用。

◆ 7.5.2　静态工作点稳定的方法

解决办法是从两个方面入手:使外界环境处于恒温状态,把放大电路置于恒温槽中,这种办法显然不现实。另一种办法就是从放大电路自身想办法,使其工作在温度变化范围内,尽量减少工作点的变化。

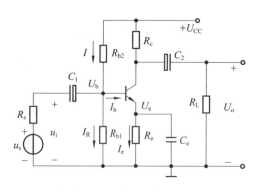

图 7-29　电流反馈式偏置电路

由上述可知,工作点的变化集中在集电极电流 I_c 的变化。因此,工作点稳定的具体表现就是使 I_c 稳定。为了克服 I_c 的漂移,可将集电极电流或电压变化量的一部分反馈到输入回路,影响基极电流 I_b 的大小,以补偿 I_c 的变化,这就是用负反馈法来稳定工作点。负反馈常用的电路有:电流反馈式偏置电路、电压反馈式偏置电路和混合反馈式偏置电路三种,其中最常用的是电流反馈式偏置电路,如图 7-29 所示,其中:C_e 是旁路电容,对于直流,C_e 相当于开路;对于交流,C_e 相当于短路。该电路利用发射极电流 I_e 在 R_e 上产生的压降 U_e,以调节 U_{BE},当 I_c 因温度升高而增大时,U_e 将使 I_b 减小,于是便减小了 I_c 的增加量,达到稳定静态工作点的目的。由于 $I_e \approx I_c$,所以只要稳定 I_e,I_c 便稳定了,为此电路上要做到:

(1) 保持基极电位 U_b 恒定,使它与 I_b 无关,由图 7-27 可得:

$$U_{CC} = (I_R + I_b)R_{b2} + I_R R_{b1}$$

若使 $I_R \gg I_b$,则

$$I_R \approx \frac{U_{CC}}{R_{b1} + R_{b2}}$$

$$U_b \approx \frac{R_{b1}}{R_{b1} + R_{b2}} U_{CC} \tag{7-52}$$

此式说明 U_b 与对温度敏感的三极管无关,不随温度变化而变化,故 U_b 可以认为恒定不变。

(2) 由于 $I_e = \dfrac{U_e}{R_e}$,所以要稳定工作点,应使 U_e 不受 U_{BE} 的影响而恒定,因此需满足的条件是 $U_b \gg U_{BE}$,则

$$I_e = \frac{U_e}{R_e} = \frac{U_b - U_{BE}}{R_e} \approx \frac{U_b}{R_e} \tag{7-53}$$

具备上述条件后,就可以基本上认为三极管的静态工作点与三极管参数无关,达到稳定静态工作点的目的。同时,当选用不同 β 值的三极管时,工作点也近似不变,有利于调试和生产。

实际应用中式(7-52)、式(7-53)满足如下关系:

$$I_R \geqslant (5 \sim 10)I_b (硅管可以更小)$$

$$U_b \geqslant (5 \sim 10)U_{BE}$$

对于硅管 $U_b = 3 \sim 5$ V;锗管 $U_b = 1 \sim 3$ V。

对图 7-29 所示电路的静态工作点可按下述公式进行估算:

$$\left.\begin{aligned}
U_b &= \frac{R_{b1}}{R_{b1} + R_{b2}} U_{CC} \\
U_e &= U_b - U_{BE} \\
I_{EQ} &= \frac{U_e}{R_e} \approx I_{CQ} \\
U_{CEQ} &\approx U_{CC} - I_{CQ}(R_c + R_e)
\end{aligned}\right\} \tag{7-54}$$

如要精确计算,应按戴维南定理,将基极回路对直流等效为

$$\left.\begin{array}{c} U_{BB} = \dfrac{R_{b1}}{R_{b1} + R_{b2}} U_{CC} \\[3mm] R_b = R_{b1} \text{ // } R_{b2} \end{array}\right\} \tag{7-55}$$

依据图 7-30 可按下列方法计算直流工作状态:

$$I_b = \frac{U_{BB} - U_{BE}}{R_b + (1 + \beta) R_e} \tag{7-56}$$

$$I_c = \beta I_b \tag{7-57}$$

$$U_{CE} = U_{CC} - I_c (R_c + R_e) \tag{7-58}$$

对于静态工作点稳定电路图 7-29 的动态分析,图 7-31 是它的微变等效电路,则:

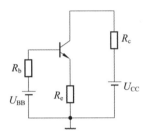

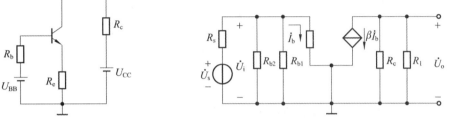

图 7-30 利用戴维南定理后的等效电路   图 7-31 图 7-29 的微变等效电路

$$\dot{U}_o = -\beta \dot{I}_b R'_L \quad (其中 R'_L = R_c \text{ // } R_L)$$

$$\dot{U}_i = \dot{I}_b r_{be}$$

所以有

$$\dot{A}_u = \frac{\dot{U}_o}{\dot{U}_i} = -\frac{\beta R'_L}{r_{be}} \tag{7-59}$$

输入电阻:

$$r_i = R_{b1} \text{ // } R_{b2} \text{ // } r_{be} \tag{7-60}$$

输出电阻:

$$r_o = R_c \tag{7-61}$$

例 7-5 设图 7-29 所示电路中 $U_{CC} = 24$ V,$R_{b1} = 20$ kΩ,$R_{b2} = 60$ kΩ,$R_e = 1.8$ kΩ,$R_c = 3.3$ kΩ,$\beta = 50$,求静态工作点。

解 由式(7-54)可得

$$U_b = \frac{R_{b1}}{R_{b1} + R_{b2}} U_{CC} = \frac{20}{20 + 60} \times 24 \text{ V} = 6 \text{ V}$$

$$U_e = U_b - U_{BE} = (6 - 0.7) \text{ V} = 5.3 \text{ V}$$

$$I_{CQ} \approx I_{EQ} = \frac{U_e}{R_e} = \frac{5.3}{1.8} \text{ mA} \approx 2.9 \text{ mA}$$

$$I_{BQ} = \frac{I_{EQ}}{1 + \beta} \approx 57 \text{ μA}$$

$$U_{CEQ} = U_{CC} - I_{CQ}(R_c + R_e) = (24 - 2.9 \times 5.1) \text{ V} = 9.21 \text{ V}$$

例 7-6 图 7-32(a)、(b)为两放大电路,已知三极管的参数均为 $\beta = 50$,$r'_{bb} =$

$200\ \Omega$, $U_{BEQ}=0.7\ \text{V}$, 电路的其他参数如图中所示。

（1）分别求出两放大电路的放大倍数和输入、输出电阻。

（2）如果三极管的 β 值都增大一倍，分析两个 Q 点将发生什么变化。

（3）三极管的 β 值都增大一倍，两个放大电路的电压放大倍数如何变化？

解 （1）图 7-32(a)是共发射极基本放大器，图 7-32(b)是具有电流负反馈的静态工作点稳定电路。它们的微变等效电路如图 7-33(a)、(b)所示。

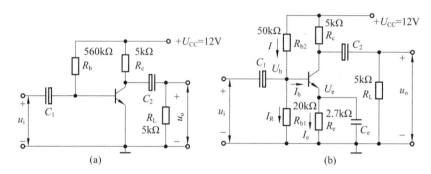

图 7-32 例 7-6 图

为求动态参数，首先得求它们的静态工作点。

图 7-32(a)所示放大电路中：

$$I_{BQ}=\frac{U_{CC}-U_{BE}}{R_b}=\frac{12-0.7}{560}\ \text{mA}\approx 0.02\ \text{mA}$$

$$I_{CQ}=\beta I_{BQ}=50\times 0.02\ \text{mA}=1\ \text{mA}$$

$$U_{CEQ}=U_{CC}-I_{CQ}R_c=(12-1\times 5)\ \text{V}=7\ \text{V}$$

图 7-32(b)所示放大电路中：

$$U_b=\frac{R_{b1}}{R_{b1}+R_{b2}}U_{CC}=\frac{20}{20+50}\times 12\ \text{V}\approx 3.4\ \text{V}$$

$$U_e=U_b-U_{BE}=(3.4-0.7)\ \text{V}=2.7\ \text{V}$$

$$I_{CQ}\approx I_{EQ}=\frac{U_e}{R_e}=\frac{2.7}{2.7}\ \text{mA}=1\ \text{mA}$$

$$U_{CEQ}\approx U_{CC}-I_{CQ}(R_c+R_e)=(12-1\times 7.7)\ \text{V}=4.3\ \text{V}$$

$$I_{BQ}=\frac{I_{CQ}}{\beta}=\frac{1}{50}\ \text{mA}=0.02\ \text{mA}$$

两个放大电路静态工作点处的 $I_{CQ}(I_{EQ})$ 值相同，且 r'_{bb} 和 β 也相同，则它们的 r_{be} 值均为

$$r_{be}=r'_{bb}+(1+\beta)\frac{26}{I_{EQ}}=(200+\frac{51\times 26}{1})\ \Omega\approx 1.5\ \text{k}\Omega$$

可由图 7-33(a)所示的微变等效电路求出图 7-32(a)所示放大电路动态参数如下：

$$\dot{A}_u=-\frac{\beta R'_L}{r_{be}}=-\frac{50\times (5\ /\!/\ 5)}{1.5}\approx -83.3$$

$$r_i=R_b\ /\!/\ r_{be}=560\ /\!/\ 1.5\ \text{k}\Omega\approx 1.5\ \text{k}\Omega$$

$$r_o=R_c=5\ \text{k}\Omega$$

由图 7-33(b)所示的微变等效电路求出图 7-32(b)所示放大电路的动态参数如下：

$$\dot{A}_u=-\frac{\beta R'_L}{r_{be}}=-\frac{50\times (5\ /\!/\ 5)}{1.5}=-83.3$$

$$r_i = r_{be} \mathbin{/\mkern-5mu/} R_{b1} \mathbin{/\mkern-5mu/} R_{b2} = 1.5 \mathbin{/\mkern-5mu/} 20 \mathbin{/\mkern-5mu/} 50 \text{ k}\Omega \approx 1.36 \text{ k}\Omega$$

$$r_o = R_c = 5 \text{ k}\Omega$$

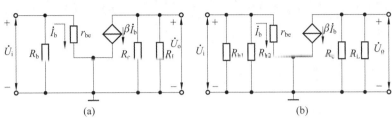

图 7-33   图 7-32 的微变等效电路

可见上述两放大电路的 $\dot{A}_u$ 和 r_o 均相同，r_i 也近似相等。

（2）当 β 由 50 增大到 100 时，对于图 7-32（a）所示放大电路，可认为 I_{BQ} 基本不变，即 I_{BQ} 仍为 0.02 mA，此时，有：

$$I_{CQ} = \beta I_{BQ} = 100 \times 0.02 \text{ mA} = 2 \text{ mA}$$

$$U_{CEQ} = U_{CC} - I_{CQ}R_c = (12 - 2 \times 5) \text{ V} = 2 \text{ V}$$

可见，β 增大后，共发射极基本放大电路的 I_{CQ} 增大，U_{CEQ} 减小，Q 点向近饱和区移动，对于本例，若 β 再增大，则三极管进入饱和区，使电路不能进行线性放大。

对于图 7-32（b）所示放大电路，当 β 增大时，U_b、U_e、I_{EQ}、I_{CQ}、U_{CEQ} 均没有变化，电路仍能正常工作，这也正是工作点稳定电路的优点。但此时 I_{BQ} 将减小：

$$I_{BQ} = \frac{I_{CQ}}{\beta} = \frac{1}{100} \text{ mA} = 0.01 \text{ mA}$$

（3）从两电路的电压放大倍数表达式可以看出其电压放大倍数是相同的，均为 $\dot{A}_u = -\dfrac{\beta R'_L}{r_{be}}$，似乎 β 上升时其 $\dot{A}_u$ 均应同样比例地增大，实际并非如此。因为：

$$r_{be} = r'_{bb} + (1 + \beta)\frac{26}{I_{EQ}}$$

与工作点电流 I_{EQ} 有关。

对于图 7-32（a），当 $\beta = 100$ 时，$I_{EQ} = 2$ mA，则：

$$r_{be} = 200 + \frac{101 \times 26}{2} \text{ }\Omega \approx 1.5 \text{ k}\Omega$$

$$\dot{A}_u = -\frac{\beta R'_L}{r_{be}} = -\frac{100 \times (5 \mathbin{/\mkern-5mu/} 5)}{1.5} = -167$$

与 $\beta = 50$ 相比，r_{be} 几乎没变，$|\dot{A}_u|$ 增大一倍。

对于图 7-32（b），当 $\beta = 100$ 时，I_{EQ} 基本不变，仍为 1 mA，则

$$r_{be} = 200 + \frac{101 \times 26}{1} \text{ }\Omega \approx 2.8 \text{ k}\Omega$$

$$\dot{A}_u = -\frac{\beta R'_L}{r_{be}} = -\frac{100 \times (5 \mathbin{/\mkern-5mu/} 5)}{2.8} = -89.3$$

与 $\beta = 50$ 相比，r_{be} 增大了，但 $|\dot{A}_u|$ 基本不变。

其他工作点稳定的偏置电路，此处不再讲述。有兴趣的读者，可参考其他书。

本章小结

半导体三极管是由两个 PN 结组成的三端有源器件,有 NPN 型和 PNP 型两大类,两者电压、电流的实际方向相反,但具有相同的结构特点,即基区宽度薄且掺杂浓度低,发射区掺杂浓度高,集电结面积大,这一结构上的特点是三极管具有电流放大作用的内部条件。

三极管是一种电流控制器件,即用基极电流或发射极电流来控制集电极电流,故所谓放大作用,实质上是一种能量控制作用。放大作用的实现,依赖于三极管发射结必须正向偏置、集电结必须反向偏置这一条件的满足,以及静态工作点的合理设置。

三极管的特性曲线是指各极间电压与各极电流间的关系曲线,最常用的是输出特性曲线和输入特性曲线。它们是三极管内部载流子运动的外部表现,因而也称外部特性。器件的参数直观地表明了器件性能的好坏和适应的工作范围,是人们选择和正确使用器件的依据。在三极管的众多参数中,电流放大系数、极间反向饱和电流和几个极限参数是三极管的主要参数,使用中应予以重视。

图解法和小信号模型分析方法是分析放大电路的两种基本方法。图解法的要领是:先根据放大电路直流通路的直流负载线方程作出直流负载线,并确定静态工作点 Q,再根据交流负载线的斜率为 $-1/(R_C /\!/ R_L)$ 及过 Q 点的特点,作出交流负载线,并对应画出输入信号、输出信号(电压、电流)的波形。

小信号模型分析方法的要领是:在小信号工作条件下,用 h 参数小信号模型等效电路(一般只考虑三极管的输入电阻和电流放大系数)代替放大电路交流通路中的三极管,再用线性电路原理分析、计算放大电路的动态性能指标,即电压增益、输入电阻 R_i 和输出电阻 R_o 等。小信号模型等效电路模型只能用于电路的动态分析,不能用来求 Q 点,但其 h 参数值却与电路的 Q 点直接相关。

温度变化将引起三极管的极间反向电流、发射结电压 u_{BE}、电流放大系数随之变化,从而导致静态电流 I_C 不稳定。因此,温度变化是引起放大电路静态工作点不稳定的主要原因,解决这一问题的办法之一是采用基极分压式射极偏置电路。

本章习题

7-1 什么是静态工作点?如何设置静态工作点?若静态工作点设置不当会出现什么问题?估算静态工作点时,应根据放大电路的直流通路还是交流通路?

7-2 试求题图 7-2 所示各电路的静态工作点。设图中的所有三极管都是硅管。

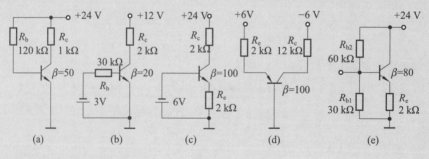

题图 7-2

7-3 放大电路组成的原则有哪些？利用这些原则分析题图 7-3 所示各电路能否正常放大，并说明理由。

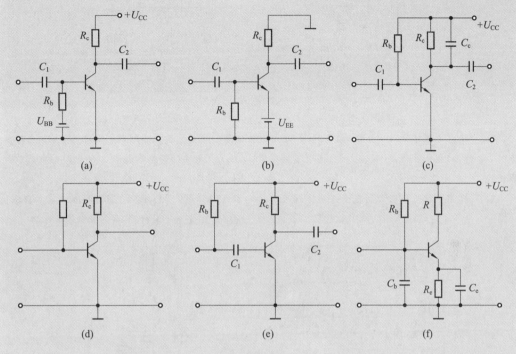

题图 7-3

7-4 电路如题图 7-4(a) 所示，三极管的输出特性曲线如题图 7-4(b) 所示：

(1) 作出直流负载线；

(2) 确定 R_b 分别为 10 MΩ、560 kΩ 和 10 kΩ 时的 I_{CQ}、U_{CEQ}；

(3) 当 $R_b = 560$ kΩ，R_c 改为 20 kΩ 时，Q 点将发生什么样的变化？三极管工作状态有无变化？

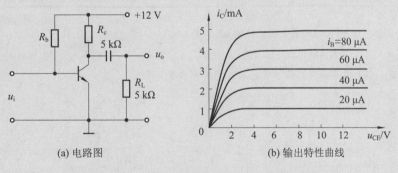

题图 7-4

7-5 电路如题图 7-5 所示，设耦合电容的容量均足够大，对交流信号可视为短路，$R_b = 300$ kΩ，$R_c = 2.5$ kΩ，$U_{BE} = 0.7$ V，$\beta = 100$，$r'_{bb} = 300$ Ω。

(1) 试计算该电路的放大倍数 A_u 及 r_i、r_o。

(2) 若将输入信号的幅值逐渐增大，在示波器上观察输出波形时，将首先出现哪一种失真？

(3) 若将电阻调整合适的话，在输出端用电压表测出的最大不失真电压的有效值是多少？

7-6 题图 7-6 是一个共发射极放大电路。

(1) 画出它的直流通路并求 I_{EQ}，然后求 r_{be}，设 $U_{BE} = 0.7$ V，$\beta = 100$，$r'_{bb} = 300$ Ω。

(2) 计算 A_u 及 r_i、r_o 的值。

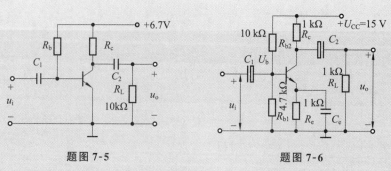

题图 7-5　　　　　　　　　　　题图 7-6

7-7　输出电阻将输入信号短路，负载 R_L 处外加电压源 U 可知：$I_b = 0$，所以 $r_o = R_c = 1\ \text{k}\Omega$，电路如题图 7-7 所示，晶体管的 $\beta = 50$，$r_{be} = 1\ \text{k}\Omega$，$U_{BE} = 0.7\ \text{V}$，求：(1) 电路的静态工作点；(2) 电路的电压放大倍数 A_u。

7-8　题图 7-8 为分压式偏置放大电路，已知 $U_{CC} = 24\ \text{V}$，$R_c = 3.3\ \text{k}\Omega$，$R_e = 1.5\ \text{k}\Omega$，$R_{b1} = 33\ \text{k}\Omega$，$R_{b2} = 10\ \text{k}\Omega$，$R_L = 5.1\ \text{k}\Omega$，$\beta = 66$，$U_{BE} = 0.7\ \text{V}$。试求：(1) 静态值 I_b、I_c 和 U_{CE}；(2) 画出微变等效电路。

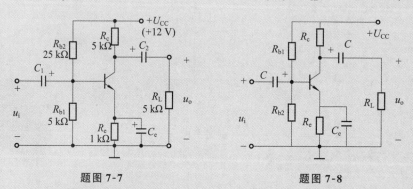

题图 7-7　　　　　　　　　　　题图 7-8

7-9　题图 7-9 为分压式偏置放大电路，已知 $U_{CC} = 15\ \text{V}$，$R_c = 3\ \text{k}\Omega$，$R_e = 2\ \text{k}\Omega$，$R_{b1} = 25\ \text{k}\Omega$，$R_{b2} = 10\ \text{k}\Omega$，$R_L = 5\ \text{k}\Omega$，$\beta = 50$，$r_{be} = 1\ \text{k}\Omega$，$U_{BE} = 0.7\ \text{V}$。试求：(1) 静态值 I_b、I_c 和 U_{CE}；(2) 计算电压放大倍数 A_u。

7-10　题图 7-10 为分压式偏置放大电路，已知 $U_{CC} = 24\ \text{V}$，$R_c = 3.3\ \text{k}\Omega$，$R_e = 1.5\ \text{k}\Omega$，$R_{b1} = 33\ \text{k}\Omega$，$R_{b2} = 10\ \text{k}\Omega$，$R_L = 5.1\ \text{k}\Omega$，$\beta = 60$，$r_{be} = 1\ \text{k}\Omega$，$U_{BE} = 0.7\ \text{V}$。试求：(1) 电压放大倍数 A_u；(2) 空载时的电压放大倍数 A_{u0}；(3) 估算放大电路的输入电阻和输出电阻。

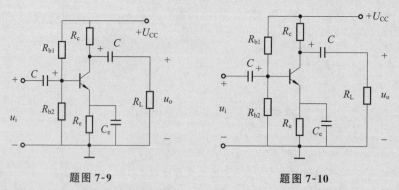

题图 7-9　　　　　　　　　　　题图 7-10

7-11　题图 7-11 为分压式偏置放大电路，已知 $U_{CC} = 12\ \text{V}$，$R_c = 3\ \text{k}\Omega$，$R_e = 2\ \text{k}\Omega$，$R_{b1} = 20\ \text{k}\Omega$，$R_{b2} = 10\ \text{k}\Omega$，$R_L = 3\ \text{k}\Omega$，$\beta = 60$，$r_{be} = 1\ \text{k}\Omega$，$U_{BE} = 0.7\ \text{V}$。(1) 画出微变等效电路；(2) 计算电压放大倍数 A_u；(3) 估算放大电路的输入电阻和输出电阻。

7-12 电路如题图 7-12 所示,晶体管的 $\beta=60$,$r_{be}=1$ kΩ,$U_{BE}=0.7$ V。

(1) 求静态工作点;(2) 求 A_u、r_i 和 r_o。

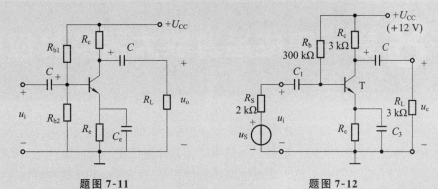

题图 7-11   题图 7-12

7-13 电路如题图 7-13 所示,晶体管的 $\beta=50$,$r_{be}=1$ kΩ,$U_{BE}=0.7$ V。

(1) 求 A_u、r_i 和 r_o;(2) 设 $U_s=10$ mV(有效值),问 $U_i=?$ $U_o=?$

7-14 如题图 7-14 所示的放大电路中,已知晶体管的 $\beta=50$,$U_{CC}=12$ V,$r_{be}=1.5$ kΩ,$R_L=\infty$,$R_{b1}=20$ kΩ,$R_{b2}=100$ kΩ,$R_e=1.5$ kΩ,$R_c=4.5$ kΩ。

(1) 估算放大器的静态工作点(取 $U_{BE}=0.5$ V)。

(2) 计算放大器的电压放大倍数 A_u。

(3) 当输入信号 $U_i=10$ mV 时,输出电压为多少?

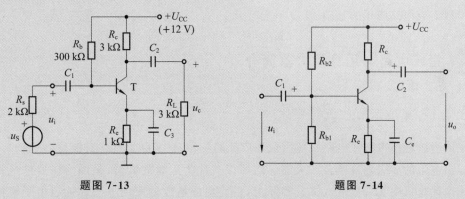

题图 7-13   题图 7-14

7-15 共集电极放大电路有哪些特点?共基极放大电路有何特点?试将三种组态放大电路的性能进行比较,说明各电路的适用场合。

第 8 章　集成运算放大器及其应用

在半导体制造工艺的基础上,把整个电路中的元器件制作在一块硅基片上,构成具有特定功能的电子电路,称为集成电路。集成电路具有体积小、重量轻、引出线和焊接点少、寿命长、可靠性高、性能好等优点,同时成本低,便于大规模生产,因此其发展速度极为惊人。目前集成电路的应用几乎遍及所有产业的各种产品中。在军事设备、工业设备、通信设备、计算机和家用电器等中都采用了集成电路。

集成电路按其功能来分,有数字集成电路和模拟集成电路。模拟集成电路种类繁多,有运算放大器、宽频带放大器、功率放大器、模拟乘法器、模拟锁相环、模/数和数/模转换器、稳压电源和音像设备中常用的其他模拟集成电路等。

在模拟集成电路中,集成运算放大器(简称集成运放)是应用极为广泛的一种,也是其他各类模拟集成电路应用的基础。

8.1　集成电路与运算放大器简介

8.1.1　集成运算放大器概述

集成运放是模拟集成电路中应用最为广泛的一种,它实际上是一种高增益、高输入电阻和低输出电阻的多级直接耦合放大器。之所以被称为运算放大器,是因为该器件最初主要用于模拟计算机中实现数值运算。实际上,目前集成运放的应用早已远远超出了模拟运算的范围,但仍沿用了运算放大器(简称运放)的名称。

集成运放的发展十分迅速。通用型产品经历了四代更替,各项技术指标不断改进。同时,发展了适应特殊需要的各种专用型集成运放。

第一代集成运放以 μA709(我国的 FC3)为代表,特点是采用了微电流的恒流源、共模负反馈等电路,它的性能指标比一般的分立元件要高。主要缺点是内部缺乏过电流保护,输出短路容易损坏。

第二代集成运放以 20 世纪 60 年代的 μA741 型高增益运放为代表,它的特点是普遍采用了有源负载,因而在不增加放大级的情况下可获得很高的开环增益。电路中还有过流保护措施。但是输入失调参数和共模抑制比指标不理想。

第三代集成运放以 20 世纪 70 年代的 AD508 为代表,其特点是输入级采用了"超 β 管",且工作电流很低,从而使输入失调电流和温漂等项参数值大大降低。

第四代集成运放以 20 世纪 80 年代的 HA2900 为代表,它的特点是制造工艺达到大规模集成电路的水平。将场效应管和双极型管兼容在同一块硅片上，输入级采用 MOS 场效应管，输入电阻达 100 MΩ 以上，而且采取调制和解调措施，成为自稳零运算放大器，使失调电压和温漂进一步降低，一般无须调零即可使用。

目前，集成运放和其他模拟集成电路正向高速、高压、低功耗、低零漂、低噪声、大功率、大规模集成、专业化等方向发展。

除了通用型集成运放外，有些特殊需要的场合要求使用某一特定指标相对比较突出的运放，即专用型运放。常见的专用型运放有高速型、高阻型、低漂移型、低功耗型、高压型、大功率型、高精度型、跨导型、低噪声型等。

◆ 8.1.2 模拟集成电路的特点

由于受制造工艺的限制，模拟集成电路与分立元件电路相比具有如下特点。

1. 采用有源器件

由于制造工艺的原因，在集成电路中制造有源器件比制造大电阻容易实现。因此大电阻多用有源器件构成的恒流源电路代替，以获得稳定的偏置电流。BJT 比二极管更易制作，一般用集-基短路的 BJT 代替二极管。

2. 采用直接耦合作为级间耦合方式

由于集成工艺不易制造大电容，集成电路中电容量一般不超过 100 pF，至于电感，只能限于极小的数值（1 μH 以下）。因此，在集成电路中，级间不能采用阻容耦合方式，均采用直接耦合方式。

3. 采用多管复合或组合电路

集成电路制造工艺的特点是晶体管特别是 BJT 或 FET 最容易制作，而复合和组合结构的电路性能较好，因此，在集成电路中多采用复合管（一般为两管复合）和组合（共射-共基、共集-共基组合等）电路。

◆ 8.1.3 集成运放的基本组成

集成运放的类型很多，电路也不尽相同，但结构具有共同之处，其一般的内部组成原理框图如图 8-1 所示，它主要由输入级、中间级、输出级和偏置电路四个主要环节组成。输入级主要由差动放大电路构成，以减小运放的零漂和其他方面的性能，它的两个输入端分别构成整个电路的同相输入端和反相输入端。中间级的主要作用是获得高的电压增益，一般由一级或多级放大器构成。输出级一般由电压跟随器（电压缓冲放大器）或互补电压跟随器组成，以降低输出电阻，提高运放的带负载能力和输出功率。偏置电路则为各级提供合适的工作点及能源。此外，为获得电路性能的优化，集成运放内部还增加了一些辅助环节，如电平移动电路、过载保护电路和频率补偿电路等。

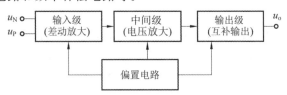

图 8-1 集成运放的组成框图

集成运放的电路符号如图 8-2 所示(省略了电源端、调零端等)。集成运放有两个输入端分别称为同相输入端 u_P 和反相输入端 u_N;一个输出端 u_o。其中的"一"、"+"分别表示反相输入端 u_N 和同相输入端 u_P。在实际应用时,需要了解集成运放外部各引出端的功能及相应的接法,如图 8-3 所示,但一般不需要画出其内部电路。

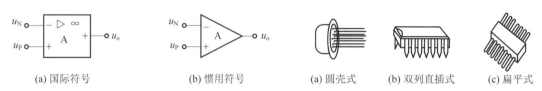

(a) 国际符号　　　　　　(b) 惯用符号　　　　(a) 圆壳式　　(b) 双列直插式　(c) 扁平式

图 8-2　集成运放的电路符号图　　　　　图 8-3　集成运放外形

◆ 8.1.4　集成运放的主要参数

集成运放的参数是否正确、合理选择是使用运放的基本依据,因此了解其各性能参数及其意义是十分必要的。集成运放的主要参数有以下几种。

1. 开环差模电压增益 A_{od}

开环差模电压增益是指运放在开环、线性放大区并在规定的测试负载和输出电压幅度的条件下的直流差模电压增益(绝对值)。一般运放的 A_{od} 为 $60\sim120$ dB,性能较好的运放 $A_{od}>140$ dB。

值得注意的是,一般希望 A_{od} 越大越好,实际的 A_{od} 与工作频率有关,当频率大于一定值后,A_{od} 随频率升高而迅速下降。

2. 温度漂移

放大器的零点漂移的主要来源是温度漂移,而温度漂移对输出的影响可以折合为等效输入失调电压 U_{IO} 和输入失调电流 I_{IO},因此可以用以下指标来表示放大器的温度稳定性即温漂指标。

在规定的温度范围内,输入失调电压的变化量 ΔU_{IO} 与引起 U_{IO} 变化的温度变化量 ΔT 之比,称为输入失调电压/温度系数 $\Delta U_{IO}/\Delta T$。$\Delta U_{IO}/\Delta T$ 越小越好,一般为 $\pm(10\sim20)$ $\mu V/℃$。

3. 最大差模输入电压 $U_{id,max}$

这是指集成运放的两个输入端之间所允许的最大输入电压值。若输入电压超过该值,则可能使运放输入级 BJT 的其中一个发射结产生反向击穿,显然这是不允许的。$U_{id,max}$ 大一些比较好,一般为几伏至几十伏。

4. 最大共模输入电压 $U_{ic,max}$

这是指运放输入端所允许的最大共模输入电压。若共模输入电压超过该值,则可能造成运放工作不正常,其共模抑制比 K_{CMR} 将明显下降。显然,$U_{ic,max}$ 大一些比较好,高质量运放最大共模输入电压可达十几伏。

5. 单位增益带宽 f_T

f_T 是指使运放开环差模电压增益 A_{od} 下降到 0 dB 时的信号频率,它与三极管的特征频率 f_T 相类似,是集成运放的重要参数。

6. 开环带宽 f_H

f_H 是指使运放开环差模电压增益 A_{od} 下降为直流增益的 $1/\sqrt{2}$ 倍(相当于 -3 dB)时的信

号频率。由于运放的增益很高,因此 f_H 一般较低,为几赫兹至几百赫兹(宽带高速运放除外)。

7. 转换速率 S_R

这是指运放在闭环状态下,输入为大信号(如矩形波信号等)时,其输出电压对时间的最大变化速率,即

$$S_R = \left| \frac{\mathrm{d}u_o(t)}{\mathrm{d}t} \right|_{max}$$

转换速率 S_R 反映运放对高速变化的输入信号的响应情况,主要与补偿电容、运放内部各管的极间电容、杂散电容等因素有关。S_R 大一些好,S_R 越大,则说明运放的高频性能越好。一般运放 S_R 小于 $1 \text{ V}/\mu s$,高速运放可达 $65 \text{ V}/\mu s$ 以上。

需要指出的是,转换速率 S_R 是由运放瞬态响应情况得到的参数,而单位增益带宽 f_T 和开环带宽 f_H 是由运放频率响应(即稳态响应)情况得到的参数,它们均反映了运放的高频性能,从这一点来看,它们的本质是一致的。但它们分别是在大信号和小信号的条件下得到的,从结果看,它们之间有较大的差别。

8. 最大输出电压 $U_{o,max}$

最大输出电压 $U_{o,max}$ 是指在一定的电源电压下,集成运放的最大不失真输出电压的峰-峰值。

除上述指标外,集成运放的参数还有共模抑制比 K_{CMR}、差模输入电阻 R_{id}、共模输入电阻 R_{ic}、输出电阻 R_o、电源参数、静态功耗 P_C 等。

8.1.5 集成运算放大器的种类

1. 按照制造工艺分类

按照制造工艺,集成运放分为双极型、CMOS 型和 BiFET 型三种,其中双极型运放功能强、种类多,但是功耗大;CMOS 运放输入阻抗高、功耗小,可以在低电源电压下工作;BiFET 型是双极型和 CMOS 型的混合产品,具有双极型和 CMOS 型运放的优点。

2. 按照工作原理分类

1)电压放大型

输入是电压,输出回路等效成由输入电压控制的电压源,F007、LM324 和 MC14573 属于这类产品。

2)电流放大型

输入是电流,输出回路等效成由输入电流控制的电流源,LM3900 就是这样的产品。

3)跨导型

输入是电压,输出回路等效成由输入电压控制的电流源,LM3080 就是这样的产品。

4)互阻型

输入是电流,输出回路等效成由输入电流控制的电压源,AD8009 就是这样的产品。

3. 按照性能指标分类

1)高输入阻抗型

对于这种类型的运放,要求开环差模输入电阻不小于 $1 \text{ M}\Omega$,输入失调电压 U_{os} 不大于

10 mV。实现这些指标的措施主要是：在电路结构上，输入级采用结型或 MOS 场效应管，这类运放主要用于模拟调解器、采样保持电路、有源滤波器中。国产型号 F3030，输入采用 MOS 管，输入电阻高达 10^{12} Ω，输入偏置电流仅为 5 pA。

2）低漂移型

这种类型的运放主要用于毫伏级或更低的微弱信号的精密检测、精密模拟计算以及自动控制仪表中。对这类运放的要求是：输入失调电压温漂 $\dfrac{\mathrm{d}U_{OS}}{\mathrm{d}T}<2$ mV/℃，输入失调电流温漂 $\dfrac{\mathrm{d}I_{OS}}{\mathrm{d}T}<200$ pA/℃，$A_{od}\geqslant120$ dB，$K_{CMRR}\geqslant110$ dB。实现这些功能的措施通常是：在电路结构上除采用超 β 管和低噪声差动输入外，还采用热匹配设计和低温度系数的精密电阻，或在电路中加入自动控温系统以减小温漂。目前，采用调制型的第四代自动稳零运放，可以获得 0.1 mV/℃ 的输入失调电压温漂。国产型号有 FC72、F032、XFC78 等。国产 FC73 的主要指标为 $\dfrac{\mathrm{d}U_{OS}}{\mathrm{d}T}=0.5$ mV/℃，$A_{od}=120$ dB，$U_{OS}=1$ mV。国产 5G7650 的 $U_{OS}=1$ mV，$\dfrac{\mathrm{d}U_{OS}}{\mathrm{d}T}=10$ nV/℃。另外市场上常见的 OP07 和 OP27 也属于低漂移型运放。

3）高速型

对于这类运放，要求转换速率 $S_R>30$ V/ms，单位增益带宽>10 MHz。实现高速的措施主要是：在信号通道中尽量采用 NPN 管，以提高转换速率；同时加大工作电流，使电路中各种电容上的电压变化加快。高速运放用于快速 A/D 和 D/A 转换器、高速采样-保持电路、锁相环精密比较器和视频放大器中。国产型号有 F715、F722、F3554 等，F715 的 $S_R=70$ V/ms，单位增益带宽为 65 MHz。国外的 mA-207 型，$S_R=500$ V/ms，单位增益带宽为 1 GHz。

4）低功耗型

对于这种类型的运放，要求在电源电压为±15 V 时，最大功耗不大于 6 mW；或要求工作在低电源电压时，具有低的静态功耗并保持良好的电气性能。在电路结构上，一般采用外接偏置电阻和用有源负载代替高阻值的电阻。在制造工艺上，尽量选用高电阻率的材料，减少外延层以提高电阻值，尽量减小基区宽度以提高 β 值。目前国产型号有 F253、F012、FC54、XFC75 等。其中，F012 的电源电压可低到 1.5 V，$A_{od}=110$ dB，国外产品的功耗可达到毫瓦级，如 ICL7600 在电源电压为 1.5 V 时，功耗为 10 mW。

低功耗的运放一般用于对能源有严格限制的遥测、遥感、生物医学和空间技术设备中。

5）高压型

为得到高的输出电压或大的输出功率，在电路设计和制作上需要解决三极管的耐压、动态工作范围等问题，在电路结构上常采取以下措施：利用三极管的 cb 结和横向 PNP 的耐高压性能；用单管串接的方式来提高耐压性；用场效应管作为输入级。目前，国产型号有 F1536、F143 和 BG315。其中，BG315 的参数是：电源电压为 48～72 V，最大输出电压大于 46 V。国外的 D41 型，电源电压可达±150 V，最大共模输入电压可达±125 V。

◆　8.1.6　运算放大器选择与使用中的一些问题

（1）运放的选择。

选择运放时尽量选择通用运放，而且是市场上销售最多的品种，只有这样才能降低成本,保证货源。只要满足要求,就不选择特殊运放。

（2）使用集成运放首先要会辨认封装方式,目前常用的封装是双列直插型和扁平型。

（3）学会辨认管脚,不同公司的产品管脚排列是不同的,需要查阅手册,确认各个管脚的功能。

（4）一定要弄清楚运放的电源电压、输入电阻、输出电阻、输出电流等参数。

（5）集成运放单电源供电时,要注意输入端是否需要增加直流偏置电路,以便能放大正负两个方向的输入信号。

（6）设计集成运放电路时,应该考虑是否增加调零电路、输入保护电路、输出保护电路。

8.1.7　集成运放的电压传输特性

集成运放输出电压 u_o 与输入电压（$u_P - u_N$）之间的关系曲线称为电压传输特性。对于采用正负电源供电的集成运放,电压传输特性如图 8-4 所示。

从传输特性可以看出,集成运放有两个工作区:线性放大区和饱和区。在线性放大区,曲线的斜率就是放大倍数;在饱和区域,输出电压不是 U_{o+} 就是 U_{o-}。由传输特性可知集成运放的放大倍数:

$$A_o = \frac{U_{o+} - U_{o-}}{u_P - u_N}$$

一般情况下,运放的放大倍数很高,可达几十万甚至上百万倍。

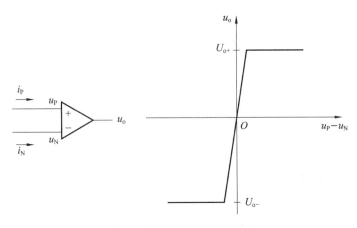

图 8-4　集成运放的传输特性

通常,运放的线性工作范围很小,比如,对于开环增益为 100 dB,电源电压为 ± 10 V 的 F007,开环放大倍数 $A_d = 10^5$,其最大线性工作范围约为

$$U_P - U_N = \frac{|U_o|}{A_d} = \frac{10}{10^5} \text{ V} = 0.1 \text{ mV}$$

8.1.8　集成运放的理想化模型

1. 理想运放的技术指标

由于集成运放具有开环差模电压增益高、输入阻抗高、输出阻抗低及共模抑制比高等特点,实际中为了分析方便,常将它的各项指标理想化。理想运放的各项技术指标如下:

（1）开环差模电压放大倍数 $A_d \rightarrow \infty$;

（2）输入电阻 $R_{id} \rightarrow \infty$；

（3）输出电阻 $R_o \rightarrow 0$；

（4）共模抑制比 $K_{CMRR} \rightarrow \infty$；

（5）3 dB 带宽 $BW \rightarrow \infty$；

（6）输入偏置电流 $I_{B1} = 0$；

（7）失调电压 U_{OS}、失调电流 I_{OS} 及它们的温漂均为零；

（8）无干扰和噪声。

由于实际运放的技术指标与理想运放比较接近，因此，在分析电路的工作原理时，用理想运放代替实际运放所带来的误差并不严重；在一般的工程计算中是允许的。

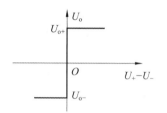

图 8-5　理想运放的电压传输特性

2. 理想运放的工作特性

理想运放的电压传输特性如图 8-5 所示。工作于线性区和非线性区的理想运放具有不同的特性。

1）线性区

当理想运放工作于线性区时，$u_o = A_d (U_P - U_N)$，而 $A_d \rightarrow \infty$，因此 $U_P - U_N = 0$，所以 $U_P = U_N$，又由输入电阻 $r_{id} \rightarrow \infty$ 可知，流进运放同相输入端和反相输入端的电流 I_P、I_N 为 $I_P = I_N = 0$；可见，当理想运放工作于线性区时，同相输入端与反相输入端的电位相等，流进同相输入端和反相输入端的电流为 0。$U_P = U_N$ 表示 U_P 和 U_N 两个电位点短路，但是由于没有电流，所以称为虚短路，简称虚短；而 $I_P = I_N = 0$ 表示流过电流 I_P、I_N 的电路断开了，但是实际上没有断开，所以称为虚断路，简称虚断。

2）非线性区

工作于非线性区的理想运放仍然有输入电阻 $R_{id} \rightarrow \infty$，因此 $I_P = I_N = 0$；但由于 $u_o \neq A_d (U_P - U_N)$，不存在 $U_P = U_N$，由电压传输特性可知其特点为：当 $U_P > U_N$ 时，$U_o = U_{o+}$；当 $U_P < U_N$ 时，$U_o = U_{o-}$；$U_P = U_N$ 为 U_{o+} 与 U_{o-} 的转折点。

8.2　差动放大电路

8.2.1　零点漂移

集成运放电路各级之间由于均采用直接耦合方式，直接耦合放大电路具有良好的低频频率特性，可以放大缓慢变化甚至接近于零频（直流）的信号（如温度、湿度等缓慢变化的传感信号），但却有一个致命的缺点，即当温度变化或电路参数等因素稍有变化时，电路工作点将随之变化，输出端电压偏离静态值（相当于交流信号零点）而上下漂动，这种现象称为"零点漂移"，简称"零漂"。

由于存在零漂，即使输入信号为零，也会在输出端产生电压变化从而造成电路误动作，显然这是不允许的。当然，如果漂移电压与输入电压相比很小，则影响不大，但如果输入端等效漂移电压与输入电压相比很接近或很大，即漂移严重时，则有用信号就会被漂移信号严重干扰，结果使电路无法正常工作。容易理解，多级放大器中第一级放大器零漂的影响最为严重。如放大器第一级的静态工作点由于温度的变化，使电压稍有偏移时，第一级的输出电压就将发生微小的变化,这种缓慢微小的变化经过多级放大器逐步放大后,输出端就会产生较大的漂移电压。显然,直流放大器的级数越多,放大倍数越高,输出的漂移现象越严重。

因此,直接耦合放大电路必须采取措施来抑制零漂。抑制零点漂移的措施通常采用以下几种:第一是采用质量好的硅管。硅管受温度的影响比锗管小得多,所以目前要求较高的直流放大器的前置放大级几乎都采用硅管。第二是采用热敏元件进行补偿。就是利用温度对非线性元件(晶体管二极管、热敏电阻等)的影响,来抵消温度对放大电路中三极管参数的影响所产生的漂移。第三是采用差动式放大电路。这是一种广泛应用的电路,它是利用特性相同的晶体管进行温度补偿来抑制零点漂移的,将在下面介绍。

◆ 8.2.2 简单差动放大电路

差动放大电路又称为差分放大器。这种电路能有效地减少三极管的参数随温度变化所引起的漂移,较好地解决了在直流放大器中放大倍数和零点漂移的矛盾,因而在分立元件和集成电路中获得十分广泛的应用。

1. 电路组成和工作原理

简单差动放大电路如图 8-6 所示,它由两个完全对称的单管放大电路构成,有两个输入端和两个输出端。其中三极管 VT_1、VT_2 的参数和特性完全相同(如 $\beta_1 = \beta_2 = \beta$ 等),$R_{b1} = R_{b2} = R_b$,$R_{c1} = R_{c2} = R_c$。显然,两个单管放大电路的静态工作点和电压增益等均相同。当然,实际电路总存在一定的差异,不可能完全对称,但在集成电路中,这种差异很小。

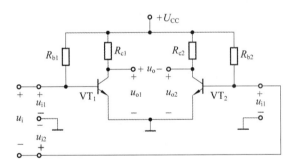

图 8-6　简单差动放大电路

由于两管电路完全对称,因此,静态($u_i = 0$)时,直流工作点 $U_{c1} = U_{c2}$,此时电路的输出 $u_o = U_{c1} - U_{c2} = 0$(这种情况称为零输入时零输出)。当温度变化引起管子参数变化时,每一单管放大器的工作点必然随之改变(存在零漂),但由于电路的对称性,U_{c1} 和 U_{c2} 同时增大或减小,并保持 $U_{c1} = U_{c2}$,即始终有输出电压 $u_o = 0$,或者说零漂被抑制了。这就是差动放大电路抑制零漂的原理。

设每个单管放大电路的放大倍数为 A_{u1},在电路完全对称的情况下,有

$$A_{u1} = \frac{u_{o1}}{u_{i1}} = \frac{u_{o2}}{u_{i2}} \approx -\frac{\beta R_c}{r_{be}} \tag{8-1}$$

显然 $u_{o1} = A_{u1} u_{i1}$,$u_{o2} = A_{u1} u_{i2}$,而差动放大电路的输出取自两个对称单管放大电路的两个输出端之间(称为平衡输出或双端输出),其输出电压

$$u_o = u_{o1} - u_{o2} = A_{u1}(u_{i1} - u_{i2}) \tag{8-2}$$

由式(8-2)可知,差动放大电路输出电压与两单管放大电路的输入电压之差成正比,"差动"的概念由此而来。

实际的输入信号(即有用信号)电压通常加到两个输入端之间(称为平衡输入或双端输入),由于电路对称,因此两管的发射结电流大小相等、方向相反,此时若一管的输出电压升高,另一管则降低,且有 $u_{o1} = -u_{o2}$,所以 $u_o = u_{o1} - u_{o2} = 2u_{o1}$,因此输出电压不但不会为 0,反而比单管输出大一倍。这就是差动放大电路可以有效放大有用输入信号的原理。

设有用信号输入时,两管各自的输入电压(参考方向均为 b 极指向 e 极)分别用 u_{id1} 和 u_{id2} 表示,则有:$u_{id1} = u_i/2$,$u_{id2} = -u_i/2$,$u_{id1} = -u_{id2}$。

显然,u_{id1} 与 u_{id2} 大小相等、极性相反,通常称它们为一对差模输入信号或差模信号。而电路的差动输入信号则为两管差模输入信号之差,即 $u_{id} = u_{id1} - u_{id2} = 2u_{id1} = u_i$。在只有差模输入电压 u_{id} 作用时,差动放大电路的输出电压就是差动输出电压 u_{od}。通常把输入差模信号时的放大器增益称为差模增益,用 A_{ud} 表示,即

$$A_{ud} = \frac{u_{od}}{u_{id}} \tag{8-3}$$

显然,差模增益就是通常的放大器的电压增益,对于简单差动放大电路,有

$$A_{ud} = A_u = A_{u1} \approx -\frac{\beta R_c}{r_{be}} \tag{8-4}$$

差模增益 A_{ud} 表示电路放大有用信号的能力。一般情况下要求 $|A_{ud}|$ 尽可能大。

以上讨论的是差动放大电路如何放大有用信号的。下面介绍它是如何抑制零漂信号(即共模信号)的。

设在一定的温度变化值 ΔT 的情况下,两个单管放大器的输出漂移电压分别为 u_{oc1} 和 u_{oc2},u_{oc1} 和 u_{oc2} 折合到各自输入端的等效输入漂移电压分别为 u_{ic1} 和 u_{ic2},显然有

$$u_{oc1} = u_{oc2},u_{ic1} = u_{ic2}$$

将 u_{ic1} 与 u_{ic2} 分别加到差动放大电路的两个输入端,它们大小相等、极性相同,通常称它们为一对共模输入信号或共模信号。共模信号可以表示为 $u_{ic1} = u_{ic2} = u_{ic}$。显然,共模信号并不是实际的有用信号,而是温度等因素变化所产生的漂移或干扰信号,因此需要进行抑制。

当只有共模输入电压 u_{ic} 作用时,差动放大电路的输出电压就是共模输出电压 u_{oc},通常把输入共模信号时的放大器增益称为共模增益,用 A_{uc} 表示,则

$$A_{uc} = \frac{u_{oc}}{u_{ic}} \tag{8-5}$$

在电路完全对称的情况下,差动放大电路双端输出时的 $u_{oc} = 0$,则 $A_{uc} = 0$。

共模增益 A_{uc} 表示电路抑制共模信号的能力。$|A_{uc}|$ 越小,电路抑制共模信号的能力也越强。当然,实际差动放大电路的两个单管放大器不可能做到完全对称,因此 A_{uc} 不可能完全等于 0。

需要指出的是,差动放大电路实际工作时,总是既存在差模信号,又存在共模信号,因此,实际的 u_{i1} 和 u_{i2} 可表示为

$$u_{i1} = u_{ic} + u_{id1}$$
$$u_{i2} = u_{ic} + u_{id2} = u_{ic} - u_{id1}$$

由上述两式容易得到:

$$u_{ic} = (u_{i1} + u_{i2})/2 \tag{8-6}$$
$$u_{id1} = -u_{id2} = (u_{i1} - u_{i2})/2$$

电路的差模输入电压

$$u_{id} = 2u_{id1} = u_{i1} - u_{i2} = u_i \tag{8-7}$$

2. 共模抑制比

在差模信号和共模信号同时存在的情况下,若电路基本对称,则对输出起主要作用的是差模信号,而共模信号对输出的作用要尽可能被抑制。为定量反映放大器放大有用的差模信号和抑制有害的共模信号的能力,通常引入参数共模抑制比,用 K_{CMR} 表示。它定义为

$$K_{CMR} = \left| \frac{A_{ud}}{A_{uc}} \right| \tag{8-8}$$

共模抑制比用分贝表示则为

$$K_{CMR} = 20 \lg \left| \frac{A_{ud}}{A_{uc}} \right| \quad (dB) \tag{8-9}$$

显然,K_{CMR} 越大,输出信号中的共模成分相对越少,电路对共模信号的抑制能力就越强。

◆ ### 8.2.3 射极耦合差动放大电路

前面所讨论的简单差动放大电路在实际应用中存在以下不足。

(1)即使电路完全对称,每一单管放大电路仍存在较大的零漂,在单端输出(非对称输出,即输出取自任一单管放大电路的输出)的情况下,该电路和普通放大电路一样,没有任何抑制零漂的能力。电路不完全对称时,抑制零漂的作用明显变差。

(2)每一单管放大电路存在的零漂(即工作点的漂移)可能使它们均工作于饱和区,从而使整个放大器无法正常工作。

采用射极耦合差动放大电路可以较好地克服简单差动放大电路的不足,一种实用的射极耦合差动放大电路如图 8-7(a)所示,电路中接入 $-U_{EE}$ 的目的是保证输入端在未接信号时基本为零输入(I_b、R_b 均很小),同时又给 BJT 发射结提供了正偏。其中,$R_{c1} = R_{c2} = R_c$,$R_{b1} = R_{b2} = R_b$。

由图 8-7(a)可以看出,射极耦合差动放大电路与简单差动放大电路的关键不同之处在于两管的发射极串联了一个公共电阻 R_e(因此也称为电阻长尾式差动放大电路),而正是 R_e 的接入使得电路的性能发生了明显变化。

当输入信号为差模信号时,则 $u_{i1} = -u_{i2} = u_{id}/2$,因此两管的发射极电流 i_{e1} 和 i_{e2} 将一个增大、另一个同量减小,即流过 R_e 的电流 $i_e = i_{e1} + i_{e2}$ 保持不变,R_e 两端的电压也保持不变(相当于交流 $i_e = 0$,$u_e = 0$),也就是说,R_e 对差模信号可视为短路,由此可得该电路的差模交流通路如图 8-7(b)所示。显然,R_e 的接入对差模信号的放大没有任何影响。

当输入(等效输入)信号为共模信号时,则 $u_{ic1} = u_{ic2} = u_{ic}$,因此两管的发射极电流 i_{e1} 和 i_{e2} 将同时同量增大或减小,相当于交流 $i_{e1} = i_{e2}$,即 $i_e = i_{e1} + i_{e2} = 2i_{e1}$,$u_e = i_e R_e = 2i_{e1} R_e$。容易看出,此时 R_e 对每一单管放大电路所呈现的等效电阻为 $2R_e$,由此可得该电路的共模交流通路如图 8-7(c)所示。显然,R_e 的接入对共模信号产生了明显影响,这个影响就是每一单管放大电路相当于引入了反馈电阻为 $2R_e$ 的电流串联负反馈。当 R_e 较大时,单端输出的共模增益也很低,有效地抑制了零漂,并稳定了静态工作点。

由图 8-7(c)可以看出,R_e 越大,共模负反馈越深,可以有效地提高差动放大电路的共模抑制比。但由于集成电路制造工艺的限制,R_e 不可能很大;另外,R_e 太大,则要求负电源电压

也很高(以产生一定的直流偏置电流),这一点对电路的实现是不利的。针对上述问题,可以考虑将 R_e 用直流恒流源来代替。

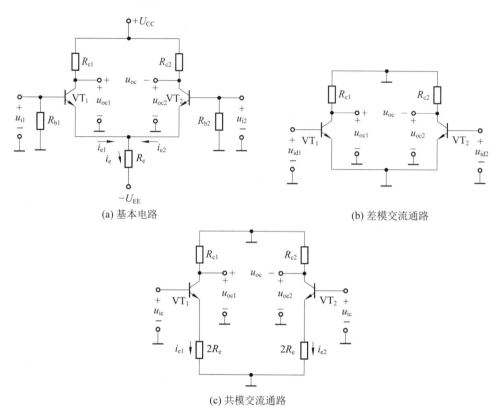

图 8-7　射极耦合差动放大电路

8.3　反馈在集成运放中的应用

实际使用集成运放组成的电路中,总要引入反馈,以改善放大电路性能,因此掌握反馈的基本概念与判断方法是研究集成运放电路的基础。

8.3.1　反馈的基本概念

1. 什么是电子电路中的反馈

在电子电路中,将输出量的一部分或全部通过一定的电路形式反馈给输入回路,与输入信号一起共同作用于放大器的输入端,称为反馈。反馈放大电路可以画成图 8-8 所示的框图。

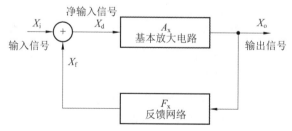

图 8-8　反馈放大电路框图

反馈放大器由基本放大器和反馈网络组成,所谓基本放大器就是保留了反馈网络的负载效应的、信号只能从它的输入端传输到输出端的放大器,而反馈网络一般是将输出信号反馈到输入端而忽略了从输入端向输出端传输效应的阻容网络。由图 8-8 可知基本放大器的净输入信号 $X_d=X_i-X_f$,反馈网络的输出 $X_f=F_x\cdot X_o$,基本放大器的输出 $X_o=A_x\cdot X_d$。其中 A_x 是基本放大器的增益,F_x 是反馈网络的反馈系数,这里 X 表示电压或电流,A_x 和 F_x 中的下标 x 表示它们是如下的一种:

(1) $A_u=\dfrac{u_o}{u_i}$ 称为电压增益,$A_i=\dfrac{i_o}{i_i}$ 称为电流增益;

(2) $A_r=\dfrac{u_o}{i_i}$ 称为互阻增益,$A_g=\dfrac{i_o}{u_i}$ 称为互导增益;

(3) $F_u=\dfrac{u_f}{u_o}$ 称为电压反馈系数,$F_i=\dfrac{i_f}{i_o}$ 称为电流反馈系数;

(4) $F_r=\dfrac{u_f}{i_o}$ 称为互阻反馈系数,$F_g=\dfrac{i_f}{u_o}$ 称为互导反馈系数。

2. 正反馈与负反馈

若放大器的净输入信号比输入信号小,则为负反馈,反之若放大器的净输入信号比输入信号大,则为正反馈。就是说若 $X_i<X_d$,则为正反馈;若 $X_i>X_d$,则为负反馈。

3. 直流反馈与交流反馈

若反馈量只包含直流信号,则称为直流反馈;若反馈量只包含交流信号,就是交流反馈。直流反馈一般用于稳定工作点,而交流反馈用于改善放大器的性能,所以研究交流反馈更有意义,本节重点研究交流反馈。

4. 局部反馈与级间反馈

只对多级放大电路中某一级起反馈作用的称为局部反馈;将多级放大电路的输出量引回到其输入级的输入回路的称为级间反馈。

5. 电压反馈与电流反馈

电压反馈与电流反馈描述放大电路和反馈网络在输出端的连接方式。

1) 电压反馈

对交流信号而言,若基本放大电路、反馈回路、负载在取样端是并联连接,则称为并联取样。由于在这种取样方式下,X_f 正比于输出电压,X_f 反映的是输出电压的变化,所以又称为电压反馈。作用是稳定输出电压。

2) 电流反馈

对交流信号而言,若基本放大电路、反馈回路、负载在取样端是串联连接,则称为串联取样。由于在这种取样方式下,X_f 正比于输出电流,X_f 反映的是输出电流的变化,所以又称为电流反馈。作用是稳定输出电流。

6. 串联反馈与并联反馈

串联反馈与并联反馈描述放大电路和反馈网络在输入端的连接方式。

1) 串联反馈

对交流信号而言,信号源、基本放大电路、反馈网络在比较端是串联连接,则为串联反馈,反馈信号和输入信号以电压的形式进行叠加,产生净输入量,$u'_i=u_i-u_f$,减少净输入电压。

2）并联反馈

对交流信号而言，信号源、基本放大电路、反馈网络在比较端是并联连接，则为并联反馈，反馈信号和输入信号以电流的形式进行叠加，产生净输入量，$i'_i = i_i - i_f$，减少净输入电流。

7. 开环与闭环

从反馈放大电路框图可以看出，放大电路加上反馈后就形成了一个环，若有反馈，则说反馈环闭合了，若无反馈，则说反馈环被打开了。所以常用闭环表示有反馈，开环表示无反馈。

◆ 8.3.2　反馈的判断

1. 有无反馈的判断

若放大电路中存在将输出回路与输入回路连接的通路，即反馈通路，并由此影响了放大器的净输入，则表明电路引入了反馈。

例如，在图 8-9 所示的电路中，图 8-9（a）所示的电路由于输入与输出回路之间没有通路，所以没有反馈；在图 8-9（b）所示的电路中，电阻 R_2 将输出信号反馈到输入端与输入信号一起共同作用于放大器输入端，所以具有反馈；而图 8-9（c）所示的电路中虽然有电阻 R_1 连接输入输出回路，但是由于输出信号对输入信号没有影响，所以没有反馈。

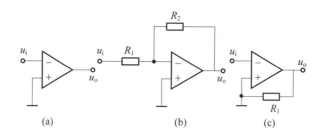

（a）　　　　　　　　　（b）　　　　　　　　　（c）

图 8-9　反馈是否存在的判断

2. 反馈极性的判断

反馈极性的判断，就是判断是正反馈还是负反馈。

判断反馈极性采用的方法是瞬时极性法。其方法是，首先规定输入信号在某一时刻的极性，然后逐级判断电路中各个相关点的电流流向与电位的极性，从而得到输出信号的极性；根据输出信号的极性判断出反馈信号的极性；若反馈信号使净输入信号增加，就是正反馈，若反馈信号使净输入信号减小，就是负反馈。

例如，在图 8-10（a）所示的电路中首先设输入电压 u_i 瞬时极性为正，所以集成运放的输出为正，产生电流流过 R_2 和 R_1，在 R_1 上产生上正下负的反馈电压 u_f，由于 $u_d = u_i - u_f$，u_f 与 u_i 同极性，所以 $u_d < u_i$，净输入减小，说明该电路引入负反馈。

在图 8-10（b）所示的电路中首先设输入电压 u_i 瞬时极性为正，所以集成运放的输出为负，产生电流流过 R_2 和 R_1，在 R_1 上产生上负下正的反馈电压 u_f，由于 $u_d = u_i - u_f$，u_f 与 u_i 极性相反，所以 $u_d > u_i$，净输入增加，说明该电路引入正反馈。

在图 8-10（c）所示的电路中首先假设 i_i 的瞬时方向是流入放大器的反相输入端 u_N，相当于在放大器反相输入端加入了正极性的信号，所以放大器输出为负，放大器输出的负极性电压使流过 R_2 的电流 i_f 的方向是从 u_N 节点流出，由于 $i_i = i_d + i_f$，有 $i_d = i_i - i_f$，所以 $i_i > i_d$，就是说净输入电流比输入电流小,所以电路引入负反馈。

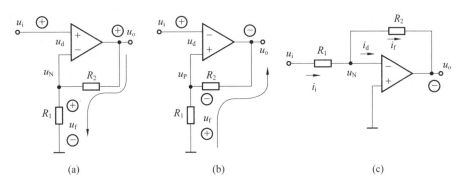

图 8-10　反馈极性的判断

3. 反馈组态的判断

1) 电压与电流反馈的判断

反馈量取自输出端的电压,并与之成比例,则为电压反馈;若反馈量取自电流,并与之成比例,则为电流反馈。判断方法是将放大器输出端的负载短路,若反馈不存在就是电压反馈,否则就是电流反馈。例如,图 8-11(a) 所示的电路,如果把负载短路,则 U_o 等于 0,这时反馈就不存在了,所以是电压反馈。而图 8-11(b) 所示的电路中,若把负载短路,反馈电压 u_f 仍然存在,所以是电流反馈。

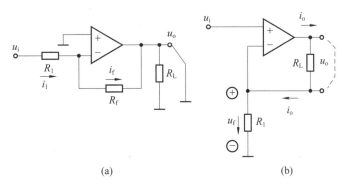

图 8-11　电压反馈与电流反馈的判断图

2) 串联反馈与并联反馈的判断

若放大器的净输入信号 u_d 是输入电压信号 u_i 与反馈电压信号 u_f 之差,则为串联反馈,等效电路如图 8-12(a) 所示。若放大器的净输入信号 i_d 是输入电流信号 i_i 与反馈电流信号 i_f 之差,则为并联反馈,等效电路如图 8-12(b) 所示。

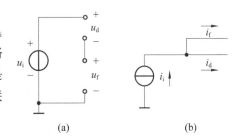

8.3.3　负反馈的四种类型

图 8-12　串联反馈与并联反馈的等效电路

根据放大电路输出端采样和输入端反馈量与输入端的接法,负反馈可分为以下四种类型。

1. 电压串联负反馈

首先判断图 8-13 所示电路的反馈组态,将负载 R_L 短路,就相当于输出端接地,这时 u_o

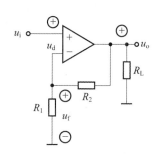

图 8-13　电压串联负反馈电路

=0,反馈的原因不存在,所以是电压反馈,从输入端来看,净输入信号 u_d 等于输入信号 u_i 与反馈信号 u_f 之差,就是说输入信号与反馈信号是串联关系,所以该电路的反馈组态是电压串联反馈。使用瞬时极性法判断正负反馈,各瞬时极性如图 8-13 所示,可见 u_i 与 u_f 极性相同,净输入信号小于输入信号,故是负反馈。

（1）输出电压的计算。

由图 8-13 可得反馈系数 F_v

$$F_v = \frac{u_f}{u_o} = \frac{R_1}{(R_1 + R_2)}$$

由于运放的电压放大倍数非常大,在输入端 $u_p \approx u_N$,故有 $u_d = u_i - u_f = 0$,从而得到 $u_i = u_f$,所以输出电压

$$u_o = \frac{u_i}{F_u} = (1 + \frac{R_2}{R_1})u_i$$

从此式可以看出,输出电压只与电阻的参数有关,可见十分稳定,所以电压反馈使输出电压稳定。

（2）对输入电阻的影响。

当无反馈时

$$R_i = \frac{u_i}{i_i} = \frac{u_d}{i_i}$$

而有反馈时

$$R_{if} = \frac{u_d + u_f}{i_i}$$

由于

$$u_d + u_f = u_d + u_d A_u F_u = u_d(1 + A_u F_u)$$

得到

$$R_{if} = \frac{u_d}{i_i}(1 + A_u F_u) = R_i(1 + A_u F_u)$$

其中 A_u 是基本放大器的电压放大倍数。

就是说反馈时输入电阻 R_{if} 是无反馈时的 $1 + A_u F_u$ 倍。

（3）对输出电阻的影响。

设运放的输出电阻为 R_o,令反馈放大器的输入 $u_i = 0$,去掉负载电阻 R_L,然后在放大器的输出端接一个实验电压源 U,如图 8-14 所示。

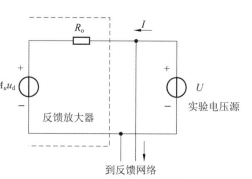

图 8-14　输出电阻计算等效电路

由图 8-14 有

$$I = \frac{U - A_u u_d}{R_o}$$

因为 $u_i = 0$,所以 $u_d = -u_f = -F_u u_o = -F_u U$,所以有

$$I = \frac{U + A_u F_u U}{R_o} = \frac{U(1 + A_u F_u)}{R_o}$$

最后得到

$$R_{of} = \frac{U}{I} = \frac{R_o}{1 + A_u F_u}$$

就是说电压反馈时的输出电阻是无反馈时输出电阻的 $1/(1 + A_u F_u)$ 倍。

2. 电流串联负反馈

首先判断图 8-15 所示电路的反馈组态,将负载 R_L 短路,这时仍有电流流过 R_1 电阻,产生反馈电压 u_f,所以是电流反馈,从输入端来看,净输入信号 u_d 等于输入信号 u_i 与反馈信号 u_f 之差,就是说输入信号与反馈信号是串联关系,所以该电路的反馈组态是电流串联反馈。使用瞬时极性法判断正负反馈,各瞬时极性如图 8-15 所示,可见 u_i 与 u_f 极性相同,净输入信号小于输入信号,故是负反馈。

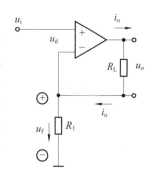

图 8-15 电流串联负反馈电路

(1)输出电流的计算。

由图 8-15 可得反馈系数 F_r。

$$F_r = \frac{u_f}{i_o} = \frac{i_o R_1}{i_o} = R_1$$

由于运放的电压放大倍数非常大,在输入端 $u_p \approx u_N$,故有 $u_d \approx u_i - u_f = 0$,从而得到 $u_i = u_f$,所以输出电流

$$i_o = \frac{u_i}{F_r} = \frac{1}{R_1} u_i$$

由此式可知输出电流只与电阻阻值有关,所以非常稳定,就是说电流反馈稳定输出电流。

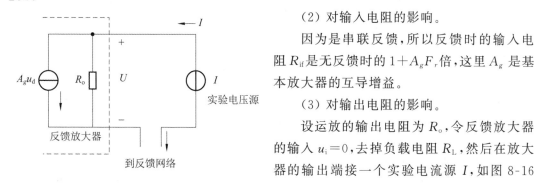

图 8-16 计算输出电阻的等效电路

(2)对输入电阻的影响。

因为是串联反馈,所以反馈时的输入电阻 R_{if} 是无反馈时的 $1 + A_g F_r$ 倍,这里 A_g 是基本放大器的互导增益。

(3)对输出电阻的影响。

设运放的输出电阻为 R_o,令反馈放大器的输入 $u_i = 0$,去掉负载电阻 R_L,然后在放大器的输出端接一个实验电流源 I,如图 8-16 所示。

由图 8-16 有

$$u_d = -u_f = -F_r i_o = -F_r I$$

所以

$$U = (I - A_g u_d) R_o = (I + A_g F_r I) = I(1 + A_g F_r) R_o$$

这里 A_g 是基本放大器的互导增益。

最后得到

$$R_{of} = \frac{U}{I} = (1 + A_g F_r) R_o$$

所以，电流反馈使输出电阻增大 $A_g F_r$ 倍。

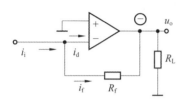

图 8-17　电压并联负反馈电路

3. 电压并联负反馈

首先判断图 8-17 所示电路的反馈组态，将负载 R_L 短路，就相当于输出端接地，这时 $u_o = 0$，反馈的原因不存在，所以是电压反馈，从输入端来看，输入信号 i_i 与反馈信号 i_f 并联在一起，净输入电流信号 i_d 等于输入电流信号 i_i 与反馈电流信号 i_f 之差，所以该电路的反馈组态是电压并联反馈。使用瞬时极性法判断正负反馈，各瞬时极性和瞬时电流方向如图 8-17 所示，可见 i_f 瞬时流向是对 i_i 分流，使 i_d 减小，净输入信号 i_d 小于输入信号 i_i，故是负反馈。

（1）输出电压的计算。

由图 8-17 可得反馈系数 F_g。

$$F_g = \frac{i_f}{u_o} \approx -\frac{u_o}{R_f u_o} = -\frac{1}{R_f}$$

由于运放的电压放大倍数非常大，在输入端 $u_P \approx u_N$，故有 $i_d = i_i - i_f \approx 0$，从而得到 $i_i = i_f$，所以输出电压

$$u_o = \frac{i_i}{F_g} = -R_f i_i$$

从此式可以看出，输出电压只与电阻的参数有关，可见十分稳定，所以电压反馈使输出电压稳定。

（2）对输入电阻的影响。

设运放的输入电阻为 R_i、电压放大倍数为 A_u，当无反馈时，$R_i = \frac{u_i}{i_i} = \frac{u_i}{i_d}$，而有反馈时

$$R_{if} = \frac{u_i}{i_i} = \frac{u_i}{i_d + i_f}$$

由于

$$i_d + i_f = i_d + i_d A_r F_g = i_d (1 + A_r F_g)$$

其中 A_r 是基本放大器的互阻增益。最后得到

$$R_{if} = \frac{R_i}{1 + A_r F_g}$$

就是说反馈时的输入电阻 R_{if} 是无反馈时的 $1/(1 + A_r F_g)$。

（3）对输出电阻的影响。

该反馈电路的输出电阻是无反馈时输出电阻的 $1/(1 + A_r F_g)$。

4. 电流并联负反馈

首先判断图 8-18 所示电路的反馈组态，将负载 R_L 短路，这时仍有电流流过 R_1 电阻，产生反馈电流 i_f，所以是电流反馈，从输入端来看，输入信号 i_i 与反馈信号 i_f 并联在一起，净输入电流信号 i_d 等于输入电流信号 i_i 与反馈电流信号 i_f 之差，所以该电路的反馈组态是电流并联反馈。使用瞬时极性法判断正负反馈，各瞬时极性和瞬时电流方向如图 8-18 所示，可见 i_f 瞬时流向是对 i_i 分流，使 i_d 减小，净输入信号 i_d 小于输入信号 i_i，故是负反馈。

（1）输出电流的计算。

由图 8-18 可得反馈系数 F_i。

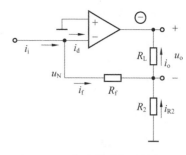

$$F_i = \frac{i_f}{i_o} = \frac{-i_o \dfrac{R_2}{R_1 + R_2}}{i_o} = -\frac{R_2}{R_1 + R_2}$$

由于运放的电压放大倍数非常大，在输入端 $u_P \approx u_N$，故有 $i_d = i_i - i_f \approx 0$，从而得到 $i_i = i_f$，所以

$$i_o = -(1 + \frac{R_1}{R_2})i_i$$

图 8-18　电流并联负反馈电路

（2）对输入电阻的影响。

由于是并联反馈，所以该电路反馈时的输入电阻 R_{if} 是无反馈时的 $1/(1 + A_i F_i)$，这里 A_i 是基本放大器的电流放大系数。

（3）对输出电阻的影响。

由于是电流反馈，所以该电路反馈时的输出电阻是无反馈时的输出电阻的（1 + $A_i F_i$）倍。

综上所述，负反馈放大器基本类型如下：

（1）电压串联负反馈，如图 8-19(a)所示；

（2）电流串联负反馈，如图 8-19(b)所示；

（3）电压并联负反馈，如图 8-19(c)所示；

（4）电流并联负反馈，如图 8-19(d)所示。

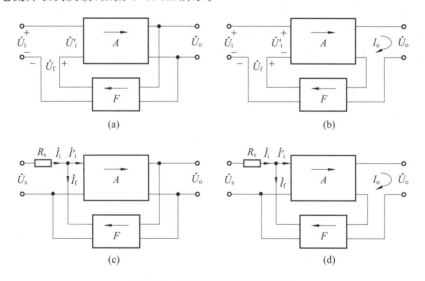

图 8-19　负反馈四种类型方框图

例 8-1　试判断图 8-20 所示电路的反馈类型。

解　由图 8-20 和题意可知：

（1）图 8-20(a)所示为电压串联负反馈；

（2）图 8-20(b)所示为电流串联负反馈；

（3）图 8-20(c)所示为电压并联负反馈；

（4）图 8-20(d)所示为电流并联负反馈。

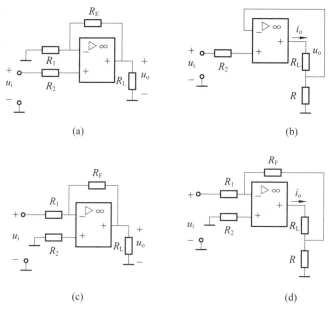

图 8-20 例 8-1 图

8.3.4 负反馈对放大电路性能的影响

负反馈都是对放大电路的哪些性能产生影响呢？从前面的分析可知，负反馈虽然使放大器的放大倍数下降，但能使电路趋于稳定，如电压负反馈将稳定输出电压，电流负反馈将稳定输出电流。当然，负反馈还能从其他的方面改善放大器的性能，下面分别进行介绍。

由图 8-8 所示的反馈放大电路框图可得：

基本放大电路的放大倍数为（也称为开环放大倍数）

$$A = \frac{X_o}{X_d} \tag{8-10}$$

反馈网络的反馈系数为

$$F = \frac{X_f}{X_o} \tag{8-11}$$

由于

$$X_d = X_i - X_f \tag{8-12}$$

所以

$$X_o = A(X_i - X_f) = A(X_i - FX_o) = AX_i - AFX_o \tag{8-13}$$

所以反馈放大电路的放大系数（又称闭环增益）为

$$A_f = \frac{X_o}{X_i} = \frac{A}{1 + AF} \tag{8-14}$$

这个式子反映了反馈放大电路的基本关系，也是分析反馈问题的基本出发点。其中 $(1+AF)$ 是描述反馈强弱的物理量，又被称为反馈深度，它是反馈电路定量分析的基础。

1. 负反馈对放大倍数的影响

1) 负反馈使放大倍数下降

由放大倍数的一般表达式 $A_f = \dfrac{A}{1 + FA}$ 我们可以看出引入负反馈后，放大倍数为原来的

$1/(1+FA)$。

2）负反馈提高放大倍数的稳定性

我们用相对变化量来表示［对式(8-14)求导］：

$$\frac{\mathrm{d}A_\mathrm{f}}{A_\mathrm{f}} = \frac{1}{1+AF}\frac{\mathrm{d}A}{A}$$

从上式我们可以看出放大倍数的稳定性也提高了$(1+FA)$倍。

■ **例 8-2** 某负反馈放大电路，其 $A=10^4$，反馈系数 $F=0.01$。如由于某些原因，使 A 变化了 $\pm 10\%$，求 A_f 的相对变化量为多少？

解 由上式得

$$\frac{\mathrm{d}A_\mathrm{f}}{A_\mathrm{f}} = \frac{1}{1+10^4 \times 0.01} \times (\pm 10\%) \approx \pm 0.1\%$$

即 A 变化 $\pm 10\%$ 的情况下，A_f 只变化了 $\pm 0.1\%$。

2. 负反馈对输入电阻的影响

负反馈对输入电阻的影响，只取决于反馈电路在输入端的连接方式，即：取决于是串联反馈还是并联反馈。

（1）串联反馈使输入电阻提高，即：$r_\mathrm{if}=(1+FA)r_\mathrm{i}$；

（2）并联反馈使输入电阻下降，即：$r_\mathrm{if}=r_\mathrm{i}/(1+FA)$。

3. 负反馈对输出电阻的影响

负反馈对输出电阻的影响，只取决于反馈电路在输出端的连接方式，即：取决于是电压反馈还是电流反馈。

（1）电压反馈使输出电阻降低，即：$r_\mathrm{of}=r_\mathrm{o}/(1+FA)$；

（2）电流反馈使输出电阻提高，即：$r_\mathrm{of}=(1+FA)r_\mathrm{o}$。

四种负反馈类型对输入电阻和输出电阻的影响如表 8-1 所示。

表 8-1 四种负反馈类型对输入电阻和输出电阻的影响

负反馈类型	串联电压	串联电流	并联电压	并联电流
输入电阻	增高	增高	降低	降低
输出电阻	降低	增高	降低	增高

4. 负反馈对放大电路非线性失真的影响

负反馈可以使放大电路的非线性失真减小，它还可以抑制放大电路自身产生的噪声。

注意：负反馈只能减小本级放大器自身产生的非线性失真和自身的噪声，对输入信号存在的非线性失真和噪声，负反馈是不能改变的。

5. 负反馈对频带的影响

引入负反馈后放大电路上、下限频率改变的表达式如下：

上限为

$$f_\mathrm{kg} = (1+FA_\mathrm{m})f_\mathrm{k}$$

下限为

$$f_\mathrm{lf} = (1+FA_\mathrm{m})f_\mathrm{l}$$

频带的变化表达式为

$$f_{bw} = f_{kf} - f_{lf} \approx (1 + FA_m)f_{bw}$$

即:引入负反馈后,上限频率提高$(1+FA_m)$倍,下限频率下降$(1+FA_m)$倍,频带展宽$(1+FA_m)$倍。

8.4 集成运放的应用

集成运放应用十分广泛,电路的接法不同,集成运放电路所处的工作状态也不同,电路也就呈现出不同的特点。因此可以把集成运放的应用分为两类:线性应用和非线性应用。

◆ 8.4.1 集成运放的线性应用

在集成运放的线性应用电路中,集成运放与外部电阻、电容和半导体器件等一起构成深度负反馈电路或兼有正反馈而以负反馈为主。此时,集成运放本身处于线性工作状态,即其输出量和净输入量呈线性关系,但整个应用电路的输出和输入也可能是非线性关系。

需要说明的是,在实际的电路设计或分析过程中常常把集成运放理想化。理想运放具有以下理想参数。

① 开环电压增益 $A_{od} \to \infty$。

② 差模输入电阻 $r_{id} \to \infty$。

③ 输出电阻 $r_{od} = 0$。

④ 共模抑制比 $K_{CMR} \to \infty$,即没有温度漂移。

⑤ 开环带宽 $f_H \to \infty$。

⑥ 转换速率 $S_R \to \infty$。

⑦ 输入端的偏置电流 $I_{BN} = I_{BP} = 0$。

⑧ 干扰和噪声均不存在。

在一定的工作参数和运算精度要求范围内,采用理想运放进行设计或分析的结果与实际情况相差很小,误差可以忽略,但却大大简化了设计或分析过程。

集成运放实际是一种高增益的电压放大器,其电压增益可达 $10^4 \sim 10^6$ 或以上。另外其输入阻抗很高,BJT 型运放达几百千欧以上,MOS 型运放则更高;而输出电阻较小,一般在几十欧左右,并具有一定的输出电流驱动能力,最大可达几十到几百毫安。

由于集成运放的开环增益很高,且通频带很低(几赫兹到几百赫兹,宽带高速运放除外),因此当集成运放工作在线性放大状态时,均引入外部负反馈,而且通常为深度负反馈。由前面关于深度负反馈放大器计算的讨论可知,运放两个输入端之间的实际输入(净输入)电压可以近似看成为 0,相当于短路,即

$$u_P = u_N \qquad (8-15)$$

但由于两输入端之间不是真正的短路,故称为"虚短"。

另外,由于集成运放的输入电阻很高,而净输入电压又近似为 0,因此,流经运放两输入端的电流可以近似看成为 0,即

$$i_{IN} = i_{IP} = 0 \qquad (8-16)$$

(以后 i_{IN} 和 i_{IP} 都用 i_1 表示,$i_1 = 0$),相当于开路。但由于两输入端间不是真正的开路,故称为"虚断"。

利用"虚短"和"虚断"的概念,可以十分方便地对集成运放的线性应用电路进行快速简捷的分析。

集成运放的线性应用主要有模拟信号的产生、运算、放大、滤波等。下面首先从基本运算电路开始讨论。

1. 比例运算电路

比例运算电路是运算电路中最简单的电路,其输出电压与输入电压成比例关系。比例运算电路有反相输入和同相输入两种。

1) 反相输入比例运算电路

图 8-21 所示为反相输入比例运算电路,该电路输入信号加在反相输入端上,输出电压与输入电压的相位相反,故得名。在实际电路中,为减小温漂提高运算精度,同相端必须加接平衡电阻 R_P 接地,R_P 的作用是保持运放输入级差分放大电路具有良好的对称性,减小温漂提高运算精度,其阻值应为 $R_P = R_1 /\!/ R_f$。后面电路同理。

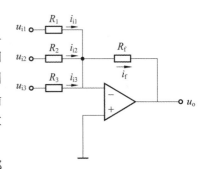

图 8-21　反相输入比例运算电路

由于运放工作在线性区,净输入电压和净输入电流都为零。

由于理想集成运放 $r_i \to \infty$,净输入电流 $i_P = i_N \approx 0$,则有 $i_1 \approx i_f$。转换成电压/电阻形式,得

$$\frac{u_i - u_N}{R_1} = \frac{u_N - u_o}{R_f} \tag{8-17}$$

根据集成运放"虚短"特性,则有 $u_N \approx u_P$,而 $u_P = 0$,故 $u_N \approx 0$,即反相输入端"虚地"——"虚短到地"之意。

把 $u_N \approx 0$ 代入式(8-1),则放大器闭环电压放大倍数 A_f 为

$$A_f = \frac{u_o}{u_i} = -\frac{R_f}{R_1} \tag{8-18}$$

即

$$\frac{u_o}{u_i} = -\frac{R_f}{R_1} \tag{8-19}$$

式中:负号表示 u_o 与 u_i 反相,故称反相放大器;由于 u_o 与 u_i 成比例关系,故又称反相比例放大器。若取 $R_f = R_1$,则比例系数为 -1,此时电路便称为反相器。

该电路引入了电压并联深度负反馈,电路输入阻抗(为 R_1)较小,但由于出现虚地,放大电路不存在共模信号,对运放的共模抑制比要求也不高,因此该电路应用场合较多。

值得注意的是,虽然电压增益只和 R_f 和 R_1 的比值有关,但是电路中电阻 R_1、R_P、R_f 的取值应有一定的范围。若 R_1、R_P、R_f 的取值太小,由于一般运算放大器的输出电流为几十毫安,若 R_1、R_P、R_f 的取值为几欧的话,输出电压最大只有几百毫伏。若 R_1、R_P、R_f 的取值太大,虽然能满足输出电压的要求,但同时又会带来饱和失真和电阻热噪声的问题。通常取 R_1 的值为几百欧至几千欧。取 R_f 的值为几千欧至几百千欧。后面电路同理。

2) 同相输入比例运算电路

如图 8-22(a)所示为同相比例放大电路,输入信号经由 R_i 送到同相端,反相端与输出端之间跨接 R_f,反相端与地之间跨接 R_1。R_1 为取样电阻,R_f 为反馈电阻。输入信号和反馈信

号分别加到集成运放的同相端和反相端,符合串联反馈特征。

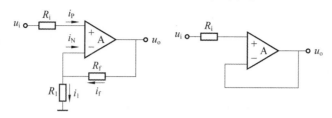

(a) 一般同相放大器   (b) 电压跟随器

图 8-22　同相输入比例运算电

（1）根据理想集成运放"虚断"特性,则

$$u_i \approx u_P$$

（2）根据理想集成运放"虚短"特性,则

$$u_P \approx u_N$$

（3）再次由"虚断"特性可知,$i_N \approx 0$,则 $i_1 \approx i_f$,转换成电压/电阻形式,得

$$\frac{u_N}{R_1} = \frac{u_o - u_N}{R_f} \tag{8-20}$$

把 $u_i \approx u_P \approx u_N$ 代入式(8-18),则放大器闭环电压放大倍数 A_f

$$A_f = \frac{u_o}{u_i} = 1 + \frac{R_f}{R_1} \tag{8-21}$$

即

$$u_o = \left(1 + \frac{R_f}{R_1}\right)u_i \tag{8-22}$$

输出电压 u_o 与 u_i 同相,故称同相放大器,又称同相比例放大器。若令 $R_f = 0$,$R_1 = \infty$（即开路状态）,则比例系数 $A_f \approx 1$,此时电路便成为电压跟随器,如图 8-22(b)所示。

同相输入电路为电压串联负反馈电路,其输入阻抗极高,但由于两个输入端均不能接地,放大电路中存在共模信号,不允许输入信号中包含有较大的共模电压,且对运放的共模抑制比要求较高,否则很难保证运算精度。

2.加法电路

若多个输入电压同时作用于运放的反相输入端或同相输入端,则实现加法运算。

1)反相加法运算电路

若多个输入电压同时作用于运放的反相输入端,则实现反相加法运算。

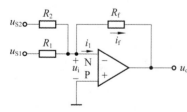

图 8-23　反相加法电路

（1）图 8-23 所示为反相加法电路,该电路可实现两个电压 u_{S1} 与 u_{S2} 相加。输入信号从反相端输入,同相端虚地。则有：$u_P = u_N = 0$；又由"虚断"的概念可知 $i_1 = 0$,因此,在反相输入节点 N 可得节点电流方程：

$$\frac{u_{S1} - u_N}{R_1} + \frac{u_{S2} - u_N}{R_2} = \frac{u_N - u_o}{R_f} \tag{8-23}$$

即

$$\frac{u_{S1}}{R_1} + \frac{u_{S2}}{R_2} = \frac{-u_o}{R_f} \tag{8-24}$$

整理可得

$$u_o = -\left(\frac{R_f}{R_1}u_{S1} + \frac{R_f}{R_2}u_{S2}\right) \tag{8-25}$$

若 $R_1 = R_2 = R_f$，则上式变为

$$u_o = -(u_{S1} + u_{S2}) \tag{8-26}$$

实现了真正意义的反相求和。

图 8-23 所示的加法电路也可以扩展到实现多个输入电压相加的电路。

（2）在反相比例放大器的基础上，增加几个输入支路便可组成反相加法运算电路，也称反相加法器，如图 8-24 所示。

方法一：

根据理想集成运放"虚断"特性 $i_N \approx 0$，则

$$i_{i1} + i_{i2} + i_{i3} = i_f \tag{8-27}$$

把式（8-27）转换成电压/电阻形式，得

$$\frac{u_{i1} - u_N}{R_1} + \frac{u_{i2} - u_N}{R_2} + \frac{u_{i3} - u_N}{R_3} = \frac{u_N - u_o}{R_f}$$

由于集成运放反相输入端"虚地"，即 $u_N = 0$，代入式

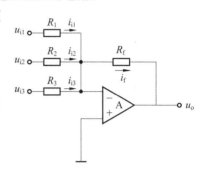

图 8-24　反相加法运算电路

（8-27）整理，得

$$u_o = -R_f\left(\frac{u_{i1}}{R_1} + \frac{u_{i2}}{R_2} + \frac{u_{i3}}{R_3}\right) \tag{8-28}$$

式中：负号表示输出电压与输入电压相位相反。由于反相输入端为虚地点，所以各输入信号电压之间相互影响极小。若 $R_1 = R_2 = R_3 = R_f$，则有

$$u_o = -(u_{i1} + u_{i2} + u_{i3}) \tag{8-29}$$

上式表明，输出电压为各输入电压之和，实现了加法运算。该电路常用在测量和控制系统中，实现对各种信号按不同比例进行组合运算。

方法二：叠加原理。

u_{i1} 单独作用：

$$u_o = -R_f\frac{u_{i1}}{R_1} \tag{8-30}$$

u_{i2} 单独作用：

$$u_o = -R_f\frac{u_{i2}}{R_2} \tag{8-31}$$

u_{i3} 单独作用：

$$u_o = -R_f\frac{u_{i3}}{R_3} \tag{8-32}$$

当 u_{i1}、u_{i2}、u_{i3} 同时作用：

$$u_o = -R_f\left(\frac{u_{i1}}{R_1} + \frac{u_{i2}}{R_2} + \frac{u_{i3}}{R_3}\right) \tag{8-33}$$

■ 例 8-3　运算电路如图 8-24 所示。若 $R_f = 10R_1 = 5R_2 = 2R_3$。

（1）写出输出电压 u_o 的表达式；

（2）若 $u_{i1} = 0.2\ V$，$u_{i2} = 0.5\ V$，$u_{i3} = 0.4\ V$，计算出 u_o 的结果。

解　（1）已知 $u_o = -R_f\left(\frac{u_{i1}}{R_1} + \frac{u_{i2}}{R_2} + \frac{u_{i3}}{R_3}\right)$，代入数据，得

$$u_o = -(10u_{i1} + 5u_{i2} + 2u_{i3})$$

（2）　　　　　$u_o = -(10 \times 0.2 + 5 \times 0.5 + 2 \times 0.4)V = -7.5\ V$

2）同相加法运算电路

若多个输入电压同时作用于运放的同相输入端，则实现同相加法运算。

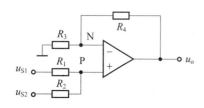

图 8-25　同相加法电路

（1）如图 8-25 所示为同相加法电路，该电路可实现两个电压 u_{S1} 与 u_{S2} 相加。输入信号从同相端输入，反相端虚地。则有：$u_P = u_N = 0$；又由"虚断"的概念可知 $i_N = 0$，则输出电压为

$$u_o = \left(1 + \frac{R_f}{R_3}\right)u_P \tag{8-34}$$

又式中

$$u_P = \frac{R_2}{R_1 + R_2}u_{S1} + \frac{R_2}{R_1 + R_2}u_{S2} \tag{8-35}$$

即

$$u_o = \left(1 + \frac{R_f}{R_3}\right)\left(\frac{1}{R_1 + R_2}\right)(R_2 u_{S1} + R_1 u_{S2}) \tag{8-36}$$

又 $R_+ = R_1 /\!/ R_2$，则

$$u_o = \left(1 + \frac{R_f}{R_3}\right)R_+ \left(\frac{u_{S1}}{R_1} + \frac{u_{S2}}{R_2}\right) \tag{8-37}$$

又 $R_- = R_f /\!/ R_3$，若 $R_+ = R_-$，即 $R_1 /\!/ R_2 = R_f /\!/ R_3$ 时：

$$u_o = R_f \left(\frac{u_{S1}}{R_1} + \frac{u_{S2}}{R_2}\right) \tag{8-38}$$

若 $R_1 = R_2 = R_3 = R_f$，则

$$u_o = u_{S1} + u_{S2} \tag{8-39}$$

（2）如图 8-26 所示为同相加法运算电路，该电路可实现两个电压 u_{i1}、u_{i2} 和 u_{i3} 相加。输入信号从同相端输入，反相端虚地。则由理想运放"虚断"和"虚短"的概念可知：

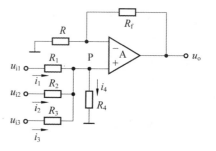

图 8-26　同相加法运算电路

$$\frac{0 - u_-}{R} = \frac{u_- - u_o}{R_f} \tag{8-40}$$

$$u_- = \left(\frac{R}{R + R_f}\right)u_o \tag{8-41}$$

$$i_{i1} + i_{i2} + i_{i3} = i_4 \tag{8-42}$$

$$\frac{u_{i1} - u_+}{R_1} + \frac{u_{i2} - u_+}{R_2} + \frac{u_{i3} - u_+}{R_3} = \frac{u_+}{R_4} \tag{8-43}$$

又 $R_+ = R_1 /\!/ R_2 /\!/ R_3 /\!/ R_4$，则

$$u_+ = R_+ \left(\frac{u_{i1}}{R_1} + \frac{u_{i2}}{R_2} + \frac{u_{i3}}{R_3}\right) \tag{8-44}$$

又 $u_+ = u_- = 0$

$$u_o = \left(1 + \frac{R_f}{R}\right)R_+ \left(\frac{u_{i1}}{R_1} + \frac{u_{i2}}{R_2} + \frac{u_{i3}}{R_3}\right) \tag{8-45}$$

又 $R_- = R_f /\!/ R$，若 $R_+ = R_-$，即 $R_1 /\!/ R_2 /\!/ R_3 /\!/ R_4 = R_f /\!/ R$ 时，则

$$u_o = R_f \left(\frac{u_{i1}}{R_1} + \frac{u_{i2}}{R_2} + \frac{u_{i3}}{R_3} \right) \qquad (8\text{-}46)$$

相比较而言,从反相输入端输入加量的运算简单得多。

3. 减法电路

1)差分比例运算电路

差分比例运算电路如图 8-27 所示。该电路是
反相输入和同相输入相结合的放大电路。

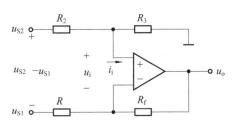

根据"虚短"和"虚断"的概念可知

$$u_P = u_N, u_i = 0, i_i = 0$$

并可得下列方程式:

$$\frac{u_{S1} - u_N}{R} = \frac{u_N - u_o}{R_f} \qquad (8\text{-}47)$$

图 8-27 差分比例运算电路

$$\frac{u_{S2} - u_P}{R_2} = \frac{u_P}{R_3} \qquad (8\text{-}48)$$

利用 $u_N = u_P$,并联解式(8-47)和式(8-48)可得

$$u_o = \left(\frac{R + R_f}{R} \right) \left(\frac{R_3}{R_2 + R_3} \right) u_{S2} - \frac{R_f}{R} u_{S1} \qquad (8\text{-}49)$$

在上式中,若满足 $R_f/R = R_3/R_2$,则该式可简化为

$$u_o = \frac{R_f}{R} (u_{S2} - u_{S1}) \qquad (8\text{-}50)$$

当 $R_f = R$,有

$$u_o = u_{S2} - u_{S1} \qquad (8\text{-}51)$$

式(8-51)表明,输出电压 u_o 与两输入电压之差($u_{S2} - u_{S1}$)成比例,实现了两信号 u_{S2} 与
u_{S1} 的相减。

2)减法电路

减法电路如图 8-28 所示。

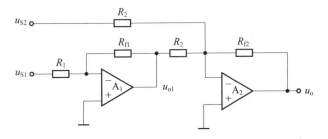

图 8-28 减法电路

电路第一级为反相比例放大电路,则

$$u_{o1} = -\frac{R_{f1}}{R_1} u_{S1} \qquad (8\text{-}52)$$

第二级为反相加法电路,则

$$u_o = -\frac{R_{f2}}{R_2} (u_{o1} + u_{S2}) \qquad (8\text{-}53)$$

设 $R_{f1} = R_1$,则 $u_{o1} = -u_{S1}$

$$u_o = \frac{R_{f2}}{R_2}(u_{S1} - u_{S2}) \tag{8-54}$$

若 $R_2 = R_{f2}$，则式（8-54）变为

$$u_o = u_{S1} - u_{S2} \tag{8-55}$$

即实现了两信号 u_{S1} 与 u_{S2} 的相减。

此电路的优点是调节比较灵活方便。由于反相输入端与同相输入端"虚地"，因此在选用集成运放时，对其最大共模输入电压的指标要求不高，此电路应用比较广泛。

4. 加减法电路

若多个输入电压有的作用于反相输入端，有的作用于同相输入端，则实现加减法运算，其电路如图 8-29 所示。

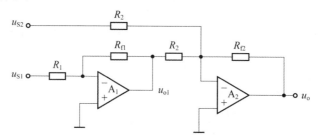

图 8-29　加减法运算电路

如图 8-29 可知：

$$\frac{u_{i1} - u_-}{R_1} + \frac{u_{i2} - u_-}{R_2} = \frac{u_- - u_o}{R_f} \tag{8-56}$$

$$\frac{u_{i1}}{R_1} + \frac{u_{i2}}{R_2} + \frac{u_o}{R_f} = (\frac{1}{R_1} + \frac{1}{R_2} + \frac{1}{R_f})u_- = \frac{1}{R_-}u_- \tag{8-57}$$

$$\frac{u_{i3} - u_+}{R_3} + \frac{u_{i4} - u_+}{R_4} = \frac{u_+}{R_5} \tag{8-58}$$

$$\frac{u_{i3}}{R_3} + \frac{u_{i4}}{R_4} = (\frac{1}{R_3} + \frac{1}{R_4} + \frac{1}{R_5})u_+ = \frac{1}{R_+}u_+ \tag{8-59}$$

其中，$R_- = R_1 // R_2 // R_f$，$R_+ = R_3 // R_4 // R_5$。

$$u_o = \frac{R_f}{R_-}(\frac{R_+}{R_3}u_{i3} + \frac{R_+}{R_4}u_{i4} - \frac{R_-}{R_1}u_{i1} - \frac{R_-}{R_2}u_{i2}) \tag{8-60}$$

由运放端外接电阻的平衡条件 $R_+ = R_-$，可得

$$u_o = R_f(\frac{u_{i3}}{R_3} + \frac{u_{i4}}{R_4} - \frac{u_{i1}}{R_1} - \frac{u_{i2}}{R_2}) \tag{8-61}$$

5. 积分电路

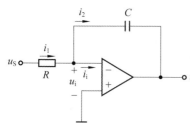

图 8-30　简单积分电路

在电子电路中，常用积分运算电路和微分运算电路作为调节环节，此外，积分运算电路还用于延时、定时和非正弦波发生电路中。积分电路有简单积分电路、同相积分电路、求和积分电路等。下面重点介绍一下简单积分电路。

简单积分电路如图 8-30 所示。反相比例运算电路中的反馈电阻由电容阻所取代，便构成了积分电路。

根据"虚短"和"虚断"的概念有：

$$u_i = 0, i_i = 0, i_1 = i_2 = u_S/R$$

电流 i_2 对 C 进行充电，且为恒流充电（充电电流与电容 C 及电容上电压无关）。假设电容 C 初始电压为 0，则

$$u_o = -\frac{1}{C}\int i_2 dt = -\frac{1}{C}\int i_1 dt$$

$$u_o = -\frac{1}{C}\int \frac{u_S}{R} = -\frac{1}{RC}\int u_S dt \qquad (8-62)$$

式(8-62)表明，输出电压与输入电压的关系满足积分运算要求，负号表示它们在相位上是相反的。RC 称为积分时间常数，记为 τ。

实际的积分器因集成运算放大器不是理想特性和电容有漏电等原因而产生积分误差，严重时甚至使积分电路不能正常工作。最简便的解决措施是，在电容两端并联一个电阻 R_f，引入直流负反馈来抑制上述各种原因引起的积分漂移现象，但 $R_f C$ 的数值应远大于积分时间。通常在精度要求不高、信号变化速度适中的情况下，只要积分电路功能正常，对积分误差可不加考虑。若要提高精度，则可采用高性能集成运放和高质量积分电容器。

利用积分运算电路能够将输入的正弦电压变换为输出的余弦电压，实现了波形的移相；将输入的方波电压变换为输出的三角波电压，实现了波形的变换；对低频信号增益大，对高频信号增益小，当信号频率趋于无穷大时增益为零，实现了滤波功能。

6. 微分电路

微分是积分的逆运算。将图 8-30 所示积分电路的电阻和电容元件互换位置，即构成微分电路，如图 8-31 所示。微分电路选取相对较小的时间常数 RC。

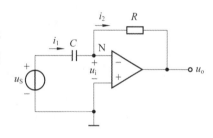

图 8-31　微分电路

同样根据"虚地"和"虚断"的概念有：

$$u_i = 0, i_i = 0, i_1 = i_2$$

设 $t=0$ 时，电容 C 上的初始电压为 0，则接入信号电压 u_S 时有：

$$i_1 = C\frac{du_S}{dt}$$

$$u_o = -i_2 R = -RC\frac{du_S}{dt} \qquad (8-63)$$

式(8-63)表明，输出电压与输入电压的关系满足微分运算的要求。因此微分电路对高频噪声和突然出现的干扰（如雷电）等非常敏感，故它的抗干扰能力较差，限制了其应用。

7. 有源滤波器

允许某一部分频率的信号顺利通过，而使另一部分频率的信号被急剧衰减（即被滤掉）的电子器件称为滤波器。

滤波器按照其功能，可以分为低通、带通、高通、带阻滤波器。图 8-32 所示为四种滤波器的幅频特性。图中 f_H 为上限截止频率；f_L 为下限截止频率；f_0 为中心频率，即通带和阻带的中点。

滤波器具有"选频"的功能。在电子通信、电子测试及自动控制系统中，常常利用滤波器具有"选频"的功能来进行模拟信号的处理（用于数据传送、抑制干扰等）。此外，滤波器在无线电

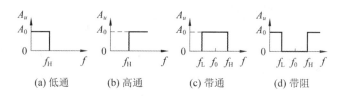

图 8-32　四种滤波器的幅频特性

通信、信号检测和自动控制中对信号处理、数据传输和干扰抑制等方面也获得了广泛应用。

滤波器可分为有源滤波器和无源滤波器两种。一般主要采用无源元件 R、L 和 C 组成的模拟滤波器称为无源滤波器;由集成运放和 R、C 组成的滤波器称为有源滤波器。有源滤波器具有不用电感、体积小、重量轻等优点。此外,由于集成运放的开环电压增益和输入阻抗均很高,输出阻抗又很低,构成有源滤波电路后还具有一定的电压放大和缓冲作用。不过,有源滤波器的工作频率不高,一般在几千赫兹以下。在频率较高的场合,常采用 LC 无源滤波器或固态滤波器。

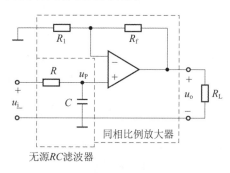

图 8-33　一阶 RC 有源低通滤波电路

无源滤波器一般不存在噪声问题,而有源滤波器由于使用了放大器滤波器的噪声性能就比较突出,信噪比很差的有源滤波器也很常见。因此,使用有源滤波器时要注意以下几点:一是滤波器的电阻要尽可能小一些,电容则要大一些;二是反馈量尽可能大一些,以减小增益;三是放大器的开环频率特性应该比滤波器的通频带要宽。

如图 8-33 所示为一简单的一阶 RC 有源低通滤波电路。该电路在一级无源 RC 低通滤波电路的输出端再加上一个同相比例放大器,使之与负载很好地隔离开来,由于同相比例放大器的输入阻抗很高,输出阻抗很低,因此,其带负载能力很强,同时该电路还具有电压放大作用。

◆ 8.4.2　集成运放的非线性应用

在集成运放的非线性应用电路中,运放一般工作在开环或仅正反馈状态,而运放的增益很高,在非负反馈状态下,其线性区的工作状态是极不稳定的,因此主要工作在非线性区,实际上这正是非线性应用电路所需要的工作区。电压比较电路是用来比较两个电压大小的电路。在自动控制、越限报警、波形变换等电路中得到应用。

由集成运放所构成的比较电路,其重要特点是运放工作于非线性状态。开环工作时,由于其开环电压放大倍数很高,因此,在两个输入端之间有微小的电压差异时,其输出电压就偏向于饱和值;当运放电路引入适时的正反馈时,更加速了输出状态的变化,即输出电压不是处于正饱和状态(接近正电源电压 $+U_{CC}$),就是处于负饱和状态(接近负电源电压 $-U_{EE}$)。处于运放电压传输特性的非线性区。由此可见,分析比较电路时应注意:

① 比较器中的运放,"虚短"的概念不再成立,而"虚断"的概念依然成立。

② 应着重抓住输出发生跳变时的输入电压值来分析其输入/输出关系,画出电压传输特性曲线。

电压比较器简称比较器,它常用来比较两个电压的大小,比较的结果(大或小)通常由输出的高电平 U_{oH} 或低电平 U_{oL} 来表示。

1. 简单电压比较器

简单电压比较器的基本电路如图 8-34(a)所示,它将一个模拟量的电压信号 u_i 和一个参考电压 U_{REF} 相比较。模拟量信号可以从同相端输入,也可从反相端输入。图 8-34(a)所示的信号为反相端输入,参考电压接于同相端。

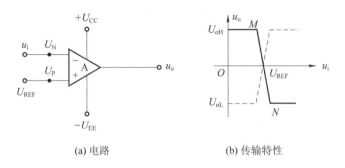

(a) 电路   (b) 传输特性

图 8-34 简单电压比较器的基本电路

当输入信号 $u_i < U_{REF}$,输出即为高电平 $u_o = U_{oH}(+U_{CC})$

当输入信号 $u_i > U_{REF}$,输出即为高电平 $u_o = U_{oL}(-U_{EE})$

显然,当比较器输出为高电平时,表示输入电压 u_i 比参考电压 U_{REF} 小;反之当输出为低电平时,则表示输入电压 u_i 比参考电压 U_{REF} 大。

根据上述分析,可得到该比较器的传输特性如图 8-34(b)中实线所示。可以看出,传输特性中的线性放大区(MN 段)输入电压变化范围极小,因此可近似认为 MN 与横轴垂直。

通常把比较器的输出电压从一个电平跳变到另一个电平时对应的临界输入电压称为阈值电压或门限电压,简称为阈值,用符号 U_{TH} 表示。对这里所讨论的简单比较器,有 $U_{TH} = U_{REF}$。

也可以将图 8-34(a)所示电路中的 U_{REF} 和 u_i 的接入位置互换,即 u_i 接同相输入端,U_{REF} 接反相输入端,则得到同相输入电压比较器。不难理解,同相输入电压比较器的阈值仍为 U_{REF},其传输特性如图 8-34(b)中虚线所示。

作为上述两种电路的一个特例,如果参考电压 $U_{REF} = 0$(该端接地),则输入电压超过零时,输出电压将产生跃变,这种比较器称为过零比较器。

2. 迟滞电压比较器

当基本电压比较电路的输入电压若正好在参考电压附近上下波动时,不管这种波动是信号本身引起的还是干扰引起的,输出电平必然会跟着变化翻转。这表明虽然简单电压比较器结构简单,灵敏度高,但抗干扰能力差。在实际运用中,有的电路过分灵敏会对执行机构产生不利的影响,甚至使之不能正常工作。实际电路希望输入电压在一定的范围内,输出电压保持原状不变。迟滞比较器电路就具有这一特点。

迟滞比较器电路如图 8-35(a)所示,由于输入信号由反相端加入,因此为反相迟滞比较器。为限制和稳定输出电压幅值,在电路的输出端并接了两个互为串联反向连接的稳压二极管。同时通过 R_3 将输出信号引到同相输入端即引入了正反馈。正反馈的引入可加速比较电路的转换过程。由运放的特性可知,外接正反馈时,迟滞比较电路工作于非线性区,即输出电压不是正饱和电压(高电平 U_{oH}),就是负饱和电压(低电平 U_{oL}),两者大小不一定相等。设稳压二极管的稳压值为 U_Z,忽略正向导通电压,则比较器的输出高电平 $U_{oH} \approx U_Z$,输出低电平 $U_{oL} \approx -U_Z$。

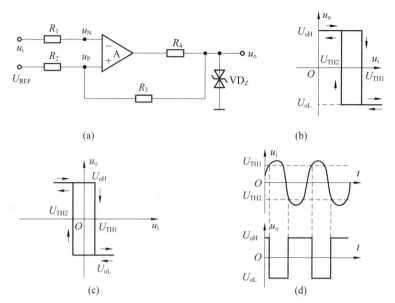

图 8-35　迟滞比较器

当运放输出高电平时($u_o = U_{oH} \approx U_Z$)，根据"虚断"的概念，有 $u_N = u_P$，运放同相端输入电压为参考电压 U_{REF} 和输出电压 U_Z 共同作用的结果，利用叠加定理有：

$$u_P = \frac{R_2 u_o}{R_2 + R_3} + \frac{R_3 U_{REF}}{R_2 + R_3} = \frac{R_3 U_{REF} + R_2 u_o}{R_2 + R_3} = \frac{R_3 U_{REF} + R_2 U_Z}{R_2 + R_3}$$

又因为输入信号 $u_i = u_N$，所以此时的输入电压和 u_P 比较，令 $u_P = U_{TH1}$ 称为上阈值电压。

$$U_{TH1} = \frac{R_3 U_{REF} + R_2 U_Z}{R_2 + R_3} \tag{8-64}$$

当运放输出低电平时($u_o = U_{oL} \approx -U_Z$)，根据"虚断"的概念，有 $u_N = u_P$，同理可得

$$u_P = \frac{R_2 u_o}{R_2 + R_3} + \frac{R_3 U_{REF}}{R_2 + R_3} = \frac{R_3 U_{REF} + R_2 u_o}{R_2 + R_3} = \frac{R_3 U_{REF} - R_2 U_Z}{R_2 + R_3}$$

令 $u_P = U_{TH2}$ 称为下阈值电压。

$$U_{TH2} = \frac{R_3 U_{REF} - R_2 U_Z}{R_2 + R_3} \tag{8-65}$$

得到了两个阈值电压，显然有 $U_{TH1} > U_{TH2}$。

当输入信号 $u_i = u_N$ 很小，$u_N < u_P$，则比较器输出高电平 $u_o = U_{oH}$，此时比较器的阈值为 U_{TH1}；当增大 u_i 直到 $u_i = u_N > U_{TH1}$ 时，才有 $u_o = U_{oL}$，输出高电平翻转为低电平，此时比较器的阈值变为 U_{TH2}；若 u_i 反过来又由较大值($> U_{TH1}$)开始减小，在略小于 U_{TH1} 时，输出电平并不翻转，而是减小 u_i 直到 $u_i = u_N < U_{TH2}$ 时，才有 $u_o = U_{oH}$，输出低电平翻转为高电平，此时比较器的阈值又变为 U_{TH1}。以上过程可以简单概括为：输出高电平翻转为低电平的阈值为 U_{TH1}，输出低电平翻转为高电平的阈值为 U_{TH2}。

由上述分析可得到迟滞比较器的传输特性，如图 8-35(b)所示。可见该比较器的传输特性与磁滞回线类似，故称为迟滞（或滞回）比较器。

特别是当 $U_{REF} = 0$ 时，相应的传输特性如图 8-35(c)所示，两个阈值则为

$$U_{TH1} = \frac{R_2 U_Z}{R_2 + R_3} \tag{8-66}$$

$$U_{TH2} = \frac{-R_2 U_Z}{R_2 + R_3} \tag{8-67}$$

显然有 $\qquad\qquad\qquad\qquad U_{TH2} = -U_{TH1}$

如图 8-35(d)所示为 $U_{REF} = 0$ 的迟滞比较器在 u_i 为正弦电压时的输入和输出电压波形。显然,其输出的方波较过零比较器延迟了一段时间。

由于迟滞比较器输出高、低电平相互翻转的阈值不同,因此具有一定的抗干扰能力。当输入信号值在某一阈值附近时,只要干扰量不超过两个阈值之差的范围,输出电压就可保持高电平或低电平不变。

令两个阈值之差为

$$\Delta U = U_{TH1} - U_{TH2} = \frac{2R_2 U_Z}{R_2 + R_3} \qquad\qquad (8-68)$$

称为回差电压。回差电压是表明滞回比较器抗干扰能力的一个参数。

另外,由于迟滞比较器输出高、低电平相互翻转的过程是在瞬间完成的,即具有触发器的特点,因此又称为施密特触发器。

电压比较器将输入的模拟信号转换成输出的高低电平,输入模拟电压可能是温度、压力、流量、液面等通过传感器采集的信号,因而它首先广泛用于各种报警电路;其次,在自动控制、电子测试、模数转换、各种非正弦波的产生和变换电路中也得到广泛的应用。

3. 集成电压比较器

随着集成技术的不断发展,根据比较器的工作特点和要求,集成电压比较器得到了广泛应用,现在市场上用得比较多的产品有 LM239/LM339 系列、LM293/LM393 系列和 LM111/LM211/LM311 系列。LM293/LM393 系列为双电压比较器;LM239/LM339 系列为四电压比较器。LM111/LM211/LM311 系列为单电压比较器。它们都是集电极开路输出,均可采用双电源或单电源方式供电,供电电压从 +5 V 到 ±15 V。LM111/LM211/LM311 的不同在于工作温度分别为 −55 ℃到 +125 ℃ 、−25 ℃到 +85 ℃、0 ℃到 70 ℃。如图 8-36 所示为 LM311 的引脚图。

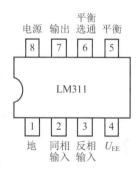

图 8-36　LM311 的引脚图

图 8-37 所示为 LM311 在超声波接收器中的应用电路图。JSQ 为超声波接收器,接收发射器发射过来的超声波信号,TL082 为双集成运放,由于信号比较微弱,经过两级放大后至 LM311 电压比较器的反相输入端,调节电位器,使没有超声波时 LM311 输出为零,有超声波信号时,电压比较器有输出,由于是集电极开路门,输出端通过一个上拉电阻至 +5 V,以便和单片机电源相匹配。

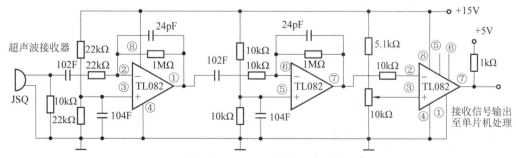

图 8-37　LM311 的应用电路

集成电压比较器除了用作比较器功能外,通过不同的接法,可以组成不同用途的电路,如继电器驱动电路、振荡器电路、电平检测电路等。

 本章小结

　　集成运算放大器是用集成工艺制成的、具有高增益的直接耦合多级放大器。它一般由输入级、中间级、输出级和偏置电路四部分组成。为了抑制温漂和提高共模抑制比,常采用差动式放大电路作为输入级;中间为电压增益级;互补对称电压跟随电路常用于输出级。

　　差动式放大电路是集成运算放大器的重要组成单元,它既能放大直流信号,又能放大交流信号;它对差模信号具有很强的放大能力,而对共模信号却具有很强的抑制能力。

　　集成运放是模拟集成电路的典型组件。对于它的内部电路只要求定性了解,目的在于掌握它的主要技术指标,能根据电路系统的要求正确选用。

　　集成运放工作在线性工作区时,运放接成负反馈的电路形式,此时电路可实现加、减、积分和微分等多种模拟信号的运算。分析这类电路可利用“虚短”和“虚断”这两个重要概念,以求出输出与输入之间的关系。

　　有源滤波电路通常是由运放和 RC 反馈网络构成的,根据幅频响应不同,可分为低通、高通、带通、带阻等滤波电路。

　　集成运放工作在非线性工作区时,运放接成开环或正反馈的电路形式,此时电路的输出电压受电源电压限制,且通常为二值电平(非高即低)。

　　电压比较器常用于比较信号大小、开关控制、波形整形和非正弦波信号发生器等电路中。集成电压比较器由于电路简单、使用方便而得到广泛应用。

　　表 8-2 总结了集成运算放大器线性应用的基本电路以及输出电压与输入电压的关系。

表 8-2　集成运算放大器线性应用的基本电路以及输出电压与输入电压的关系

名　　称	电　　路	电压传输关系	说　　明
反相比例运算		$u_o = -\dfrac{R_f}{R_1} u_i$ $R_2 = R_1 \mathbin{/\!/} R_f$	电压并联负反馈 $u_- = u_+ = 0$ R_2 为平衡电阻
同相比例运算		$u_o = \left(1 + \dfrac{R_f}{R_1}\right) u_i$ $R_2 = R_1 \mathbin{/\!/} R_f$	电压串联负反馈 $u_- = u_+ = u_i$ R_2 为平衡电阻
电压跟随器		$u_o = u_i$	电压串联负反馈 $u_- = u_+ = u_i$

续表

名　称	电　路	电压传输关系	说　明
反相加法运算		$u_o = -\left(\dfrac{R_f}{R_1}u_{i1} + \dfrac{R_f}{R_2}u_{i2}\right)$ $R_3 = R_1 /\!/ R_2 /\!/ R_f$	电压并联负反馈 $u_- = u_+ = 0$ R_2 为平衡电阻
减法运算		$u_o = -\dfrac{R_f}{R_1}u_{i1} + \left(1+\dfrac{R_f}{R_1}\right)\dfrac{R_3}{R_2+R_3}u_{i2}$ 当 $R_f = R_1, R_3 = R_2$ 时 $u_o = \dfrac{R_f}{R_1}(u_{i2} - u_{i2})$ $R_2 /\!/ R_3 = R_1 /\!/ R_f$	R_f 对 u_{i1} 电压并联负反馈, 对 u_{i2} 电压串联负反馈 $u_- = u_+ = 0$ 运用叠加定理分析
积分运算		$u_o = -\dfrac{1}{RC}\displaystyle\int u_i \, dt$ $R_1 = R$	电压并联负反馈 $u_- = u_+ = 0$ R_1 为平衡电阻
微分运算		$u_o = -RC\dfrac{du_i}{dt}$ $R_1 = R$	电压并联负反馈 $u_- = u_+ = 0$ R_1 为平衡电阻
有源低通滤波器		$\dfrac{U_o}{U_i} = \dfrac{1+\dfrac{R_f}{R_1}}{\sqrt{1+\left(\dfrac{\omega}{\omega_c}\right)^2}}$	电压并联负反馈 $u_- = u_+ = 0$ $\omega_c = \dfrac{1}{RC}$
有源高通滤波器		$\dfrac{U_o}{U_i} = \dfrac{1+\dfrac{R_f}{R_1}}{\sqrt{1+\left(\dfrac{\omega_c}{\omega}\right)^2}}$	电压并联负反馈 $u_- = u_+ = 0$ $\omega_c = \dfrac{1}{RC}$

本章习题

8-1 什么是反馈？如何判断反馈的极性？

8-2 如何判断电压反馈和电流反馈？如何判断串联反馈和并联反馈？

8-3 为了使反馈效果好，对信号源内阻 R_S 和负载电阻 R_L 有何要求？

8-4 对下面的要求，如何引入反馈：

（1）要求稳定静态工作点；

（2）要求输出电流基本不变，且输入电阻提高；

（3）要求电路的输入端向信号源索取的电流较小；

（4）要求降低输出电阻；

（5）要求增大输入电阻。

8-5 电路如题图8-5所示。判断电路引入了什么性质的反馈（包括局部反馈和级间反馈：正、负、电流、电压、串联、并联、直流、交流）。

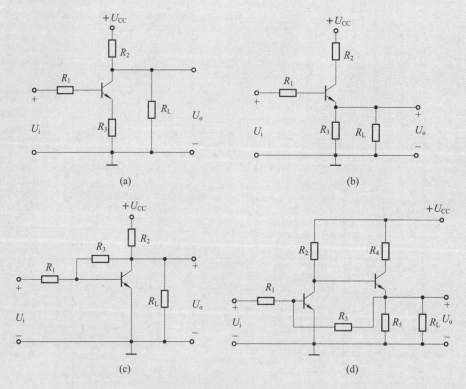

题图 8-5

8-6 为什么在串联反馈中希望信号源内阻越小越好，而在并联反馈中希望信号源内阻越大越好？

8-7 在深度负反馈条件下，闭环增益 $A_f = 1/F$，A_f 的大小只取决于反馈网络的参数，而与晶体管的参数无关，因此，凡深度负反馈电路都可以随便选择晶体管，你认为这种说法对吗？为什么？

8-8 电路及 u_{i1}、u_{i2} 的波形如题图8-8所示，试写出 u_o 的表达式。

8-9 电路及 u_{i1}、u_{i2} 的波形如题图8-9所示，试写出 u_o 的表达式。

8-10 求如题图8-10所示电路中 u_o 与 u_i 的关系。

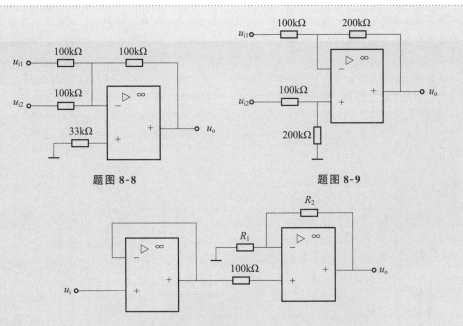

题图 8-8   题图 8-9

题图 8-10

8-11　在题图 8-11 所示的放大电路中,已知 $R_1=R_2=R_5=R_7=R_8=10\ \text{k}\Omega$, $R_6=R_9=R_{10}=20\ \text{k}\Omega$。

(1) 试问 R_3 和 R_4 分别应选用多大的电阻?

(2) 列出 u_{o1}、u_{o2} 和 u_o 的表达式;

(3) 设 $u_{i1}=0.3\ \text{V}$, $u_{i2}=0.1\ \text{V}$,则输出电压 u_o 为多大?

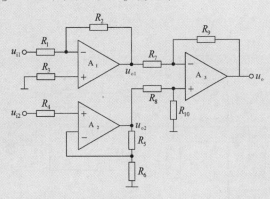

题图 8-11

8-12　求题图 8-12 所示电路的输出电压 u_o,假设运放是理想的。

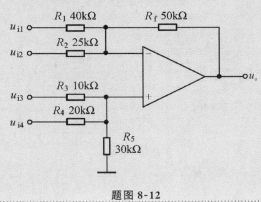

题图 8-12

8-13 分析题图 8-13(a)、(b)、(c)所示电路中两个理想集成运放分别构成何种基本运算电路,并写出输入输出关系表达式。

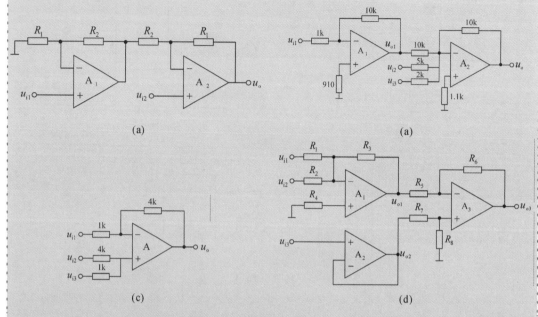

(a)

(a)

(c)

(d)

题图 8-13

8-14 试用集成运放组成一个运算电路,要求实现以下运算关系:使 $u_o = 10u_{i1} + 8u_{i2} - 20u_{i3}$(设 R_f = 240 kΩ)。

8-15 求如题图 8-15 所示电路中 u_o 与 u_{i1}、u_{i2} 的关系。

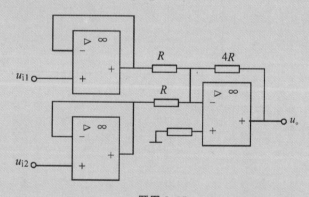

题图 8-15

8-16 求如题图 8-16 所示电路中 u_o 与 u_{i1}、u_{i2} 的关系。

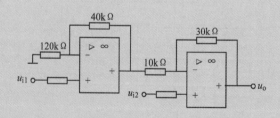

题图 8-16

8-17 求如题图 8-17 所示电路中 u_o 与 u_{i1}、u_{i2} 的关系。

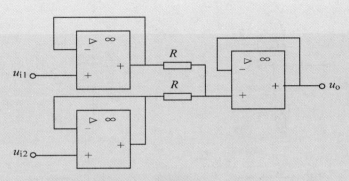

题图 8-17

8-18 求如题图 8-18 所示电路中 u_o 与 u_{i1}、u_{i2}、u_{i3} 的关系。

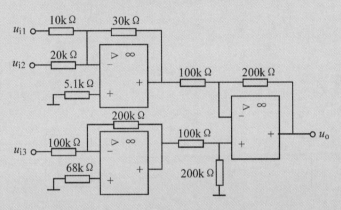

题图 8-18

8-19 电路如题图 8-19 所示,运算放大器最大输出电压 $U_{oM} = \pm 12$ V,$u_i = 3$ V,分别求 $t = 1$ s、2 s、3 s 时电路的输出电压 u_o。

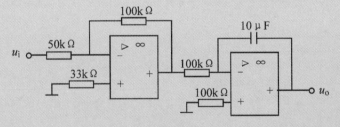

题图 8-19

8-20 试分别写出题图 8-20 所示各电路的输入电压与输出电压的关系表达式。

8-21 按下列运算关系设计运算电路,并计算各电阻的阻值。

(1) $u_o = -2u_i$(已知 $R_f = 100$ kΩ)。

(2) $u_o = 2u_i$(已知 $R_f = 100$ kΩ)。

(3) $u_o = -2u_{i1} - 5u_{i2} - u_{i3}$(已知 $R_f = 100$ kΩ)。

(4) $u_o = 2u_{i1} - 5u_{i2}$(已知 $R_f = 100$ kΩ)。

(5) $u_o = -2\int u_{i1} \, dt - 5\int u_{i2} \, dt$(已知 $C = 1$ μF)。

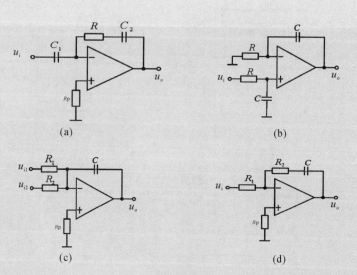

题图 8-20

8-22 在如题图 8-22 所示的各电路中,运算放大器的 $U_{oM} = \pm 12$ V,稳压管的稳定电压 U_Z 为 6 V,正向导通电压 U_D 为 0.7 V,试画出各电路的电压传输特性曲线。

题图 8-22

8-23 在如题图 8-23(a)所示的电路中,运算放大器的 $U_{oM} = \pm 12$ V,双向稳压管的稳定电压 U_Z 为 6 V,参考电压 U_R 为 2 V,已知输入电压 u_i 的波形如题图 8-23(b)所示,试对应画出输出电压 u_o 的波形及电路的电压传输特性曲线。

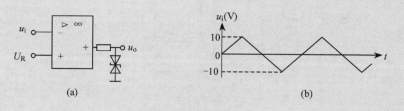

题图 8-23

第 9 章　数字逻辑基础

连续变化的物理量为模拟量(analog value),如温度、水位的变化。用来表示模拟量的信号称为模拟信号,而处理模拟信号的电子电路叫作模拟电路。在时间和数值上都是离散的物理量为数字量(digital value)。用来表示数字量的信号叫作数字信号,而处理数字信号的电子电路叫作数字电路。

数字电路中采用二进制表示数量的大小,每一位只有 1 和 0 两种状态。在数字电路中,研究的主要问题是电路的逻辑功能,即输入信号的状态和输出信号的状态之间的逻辑关系。数字电路具有便于集成与系列化生产,成本低廉,使用方便;工作准确可靠,精度高,抗干扰能力强;不仅能完成数值计算,还能完成逻辑运算和判断,运算速度快,保密性强;维修方便,故障的识别和判断较为容易等特点。使用数字量来传递和加工处理信息的系统称之为数字系统(digital system),数字系统主要研究的是数字电路组成及其输出与输入之间的逻辑关系,而逻辑代数是分析和设计数字逻辑电路的基本数学工具。

本章主要以数字逻辑代数为基础,在简要介绍集成门电路的基础上,重点介绍组合逻辑电路、时序逻辑电路的功能特点、分析与设计方法以及典型的应用。

本章提要:随着数字技术的发展,逻辑代数已成为计算机、通信、自动化等领域研究数字电路必不可少的重要工具,本章详细介绍了计算机中常用的数制、编码以及有关逻辑代数的基本知识。具体介绍了数制和码制的概念、不同数制间的转换方法,简要介绍编码的概念和几种常用的代码,然后具体介绍逻辑代数的基本公式和定理、逻辑函数的各种描述方法及互相转换,重点介绍代数法和卡诺图法对逻辑函数的化简和变换,最后介绍了数字电路基础器件的工作原理和开关特性,介绍 TTL 集成逻辑门电路的内部结构、工作原理和逻辑功能,以及 OC 门、三态门的工作特点及应用。

9.1　数制与编码

数制(number system)是进位计数制度的简称,它是表示数值大小的一种方法,就是计数的方法,按进位方法的不同,有十进制计数、八进制计数、二进制计数和十六进制计数等。

按位计数制(positional number system)主要包含系数、基数和位权三个要素。一种数值包含的数字符号个数称为数制的基数或基,在 R 进制中共包含 $0,1,\cdots,R-1$ 共 R 个数制符号,进位规则是"逢 R 进一"。如二进制包含 0、1 两个数字符号。在某一进位制的数中,每一位的大小都对应着该位上数码乘上一个固定的数,这个固定的数就是这一位的权数,权数是一个幂。

任意 r 进制数按权展开式为

$$D = \sum_{i=-m}^{n-1} a_i \times r^i \qquad (9\text{-}1)$$

式中：r 为计数基数，位序号是大于或等于 2 的整数；i 为位序号，对应的权值为 r_i；a_i 为第 i 位的系数（数码）；n、m 分别为整数部分和小数部分的位数。

◆ 9.1.1 数制

1. 几种常见的数制

1）十进制数

以 10 为基数的计数体制为十进制，十进制数的系数 a_i 可以取十个不同的数码，包含 0、1、2、3、4、5、6、7、8、9 十个数字符号，计数基数为 10，即"逢十进一"。任意一个十进制数都可以写成：

$$M_{10} = \sum_{i=-m}^{n-1} a_i \times 10^i \qquad (9\text{-}2)$$

式中：n 是整数位位数；a_i 是第 i 位系数；10^i 是第 i 位的权，10 是基数；m 是小数位位数任意进制数的按权展开式。

2）二进制数

以 2 为基数的计数体制为二进制，二进制数的系数 a_i 可以取 0 或 1 。计数基数为 2，即"逢二进一"。

任意一个二进制数 M_2 都可以表示为

$$M_2 = a_{n-1} \times 2^{n-1} + a_{n-2} \times 2^{n-2} + \cdots + a_1 \times 2^1 + a_0 \times 2^0 + a_{-1} \times 2^{-1} + a_{-2} \times 2^{-2}$$
$$+ \cdots + a_{-m} \times 2^{-m} = \sum_{i=-m}^{n-1} a_i \times 2^i \qquad (9\text{-}3)$$

例：$M_2 = (101.01)_2 = 1 \times 2^2 + 0 \times 2^1 + 1 \times 2^0 + 0 \times 2^{-1} + 1 \times 2^{-2} = (5.25)_{10}$。

3）八进制数

以 8 为基数的计数体制为八进制，八进制数的系数 a_i 可以取 8 个不同的数码，即 0，1，2，3，4，5，6，7 。计数基数为 8，即"逢八进一"。任意一个八进制数 M_8 都可以表示为

$$M_8 = \sum_{i=-m}^{n-1} a_i \times 8^i \qquad (9\text{-}4)$$

4）十六进制

以 16 为基数的计数体制为十六进制，十六进制数的系数 a_i 可以取十六个字符，即 0，1，2，3，4，5，6，7，8，9，A，B，C，D，E，F 之任何一个。计数基数为 16，即"逢十六进一"。任意一个十六进制数 M_{16} 都可以表示为

$$M_{16} = \sum_{i=-m}^{n-1} a_i \times 16^i \qquad (9\text{-}5)$$

表 9-1 所示为二进制、八进制、十进制和十六进制的数码对照表。

表 9-1 二进制、八进制、十进制和十六进制的数码对照表

数 制	对 应 值							
十进制	0	1	2	3	4	5	6	7
二进制	0000	0001	0010	0011	0100	0101	0110	0111

续表

数 制	对 应 值							
八进制	0	1	2	3	4	5	6	7
十六进制	0	1	2	3	4	5	6	7
十进制	8	9	10	11	12	13	14	15
二进制	1000	1001	1010	1011	1100	1101	1110	1111
八进制	10	11	12	13	14	15	16	17
十六进制	8	9	A	B	C	D	E	F

2. 数制的转换

1）十进制数转换为二进制数、八进制数和十六进制数

（1）二进制与十进制之间的转换。

十进制转换为二进制：十进制数转换成二进制数，应对整数部分和小数部分分别进行转换。整数部分的转换：利用"除基取余法"将十进制数连续不断地除以 2，直至商为零，所得余数从下往上排列。小数部分的转换：利用"乘基取整法"将十进制数的小数部分乘 2，取其整数；再将小数部分乘 2，取其整数；再将小数部分乘 2……直到小数部分为零或者满足精度要求为止，所得整数从上往下排列。

■ **例 9-1** 将二进制数 $(110.11)_2$ 转换成十进制数。

解

$$(110.11)_2 = 1 \times 2^2 + 1 \times 2^1 + 0 \times 2^0 + 1 \times 2^{-1} + 1 \times 2^{-2}$$
$$= 4 + 2 + 0 + 0.5 + 0.25$$
$$= (6.75)_{10}$$

■ **例 9-2** 将十进制数 $(25.8125)_{10}$ 转换为二进制数。

解 ① 整数部分的转换：除 2 取余数。

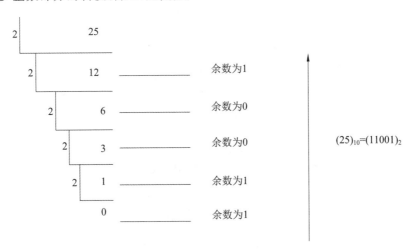

② 小数部分的转换：乘 2 取整数。

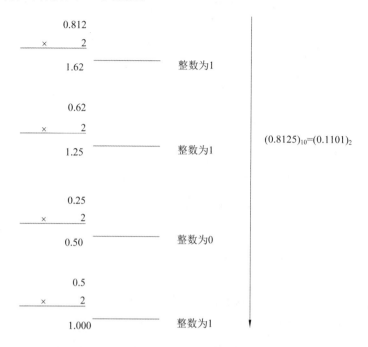

所以，$(25.8125)_{10} = (11001.1101)_2$。

例 9-3 将十进制数 $(0.6875)_{10}$ 转换成二进制数。

解

```
        0.6875
    ×        2          ——— 整数部分为1
        1.3750
        0.3750
    ×        2          ——— 整数部分为0
        0.7500
        0.7500
    ×        2          ——— 整数部分为1
        1.5000
        0.5000
    ×        2          ——— 整数部分为1
        1.0000
```

所以，$(0.6875)_{10} = (0.1011)_2$。

(2)十进制与八进制之间的转换。

例 9-4 将十进制数 $(234)_{10}$ 转换成八进制数。

解

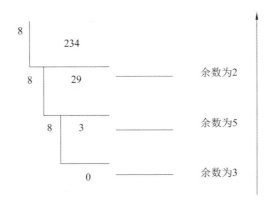

所以，$(234)_{10} = (352)_8$。

（3）十进制与十六进制之间的转换。

十进制转化为十六进制：先将十进制数转化为二进制数，再将二进制数转换为十六进制数。

例 9-5 将十进制数$(234)_{10}$转换成十六进制数。

解

$$
\begin{array}{r|l}
16 & 234 \\
\hline
1 & 1 \quad\text{——— 余数10} \\
\hline
& 0 \quad\text{——— 余数14}
\end{array}
$$

所示，$(234)_{10} = (EA)_{16}$。

2）二进制与八进制之间的转换

整数部分转换方法：从低位（小数点左边第一位）开始，每三位二进制数分为一组，最后不足三位的前面补零，每组用一位等价的八进制数来代替；小数部分转换方法：从高位（小数点右边第一位）开始，每三位二进制数分为一组，最后不足三位的后面补零，然后按顺序写出对应的八进制数。

例 9-6 将二进制数$(10111101.01110111)_2$转换为八进制数。

解

$$
\underset{2}{\underline{0}}\ \underset{7}{\underline{10}}\ \underset{5}{\underline{111}}\ \underset{.3}{\underline{101.011}}\ \underset{5}{\underline{101}}\ \underset{6}{\underline{11\ 0}}
$$

则$(10111101.01110111)_2 = (275.356)_8$。

3）二进制与十六进制之间的转换

例 9-7 将$(1001010.11)_2$转换为十六进制数。

解

$$
(0100\quad 1010\quad .\quad 1100)_2
$$

$$
= (\quad 4\quad\quad A\quad .\quad\quad C)_{16}
$$

例 9-8 将 $(B5.C7)_{16}$ 转换为二进制数。

解

$$(B \quad 5 \quad . \quad C \quad 7)_{16}$$
$$\downarrow \quad \downarrow \quad \quad \downarrow \quad \downarrow$$
$$(1011 \quad 0101 \quad . \quad 1100 \quad 0111)_2$$

表 9-2 所示为不同进制之间相互变换对照表。

表 9-2 不同进制之间相互变换对照表

十进制数	二进制数	八进制数	十六进制数	十进制数	二进制数	八进制数	十六进制数
0	0000	0	0	8	1000	10	8
1	0001	1	1	9	1001	11	9
2	0010	2	2	10	1010	12	A
3	0011	3	3	11	1011	13	B
4	0100	4	4	12	1100	14	C
5	0101	5	5	13	1101	15	D
6	0110	6	6	14	1110	16	E
7	0111	7	7	15	1111	17	F

9.1.2 编码

码制指编制代码所要遵循的规则,编码是用数码表示特定对象的过程。而代码是用于编码的数码,码制则是编码所采用的制式。

1. 十进制代码

二进制代码的位数(n),与需要编码的事件(或信息)的个数(N)之间应满足以下关系:

$$2n - 1 \leqslant N \leqslant 2n$$

用 4 位二进制数来表示一位十进制数中的 $0\sim9$ 十个数码,从 4 位二进制数 16 种代码中,选择 10 种来表示 $0\sim9$ 个数码的方案有很多种。每种方案产生一种 BCD 码。

2. 二进制代码

通常把这种表示特定对象的多位二进制数称为二进制代码。用于表示 1 位十进制数的 4 位二进制代码称为二-十进制代码,简称 BCD 码。常见的三种 BCD 码:8421 码、2421 码、余 3 码,其中 8421 码是使用最多的一种编码。用 4 位二进制数码来表示 1 位十进制数时,每 1 位二进制数的位权依次为 2^3、2^2、2^1、2^0,即 8421,因此称为 8421 码。表 9-3 所示为几种常用的进制代码。

表 9-3 几种常用的进制代码

十 进 制 数	8421 码	余 3 码	2421 码
0	0000	0011	0000
1	0001	0100	0001
2	0010	0101	0010

十 进 制 数	8421 码	余 3 码	2421 码
3	0011	0110	0011
4	0100	0111	0100
5	0101	1000	1011
6	0110	1001	1100
7	0111	1010	1101
8	1000	1011	1110
9	1001	1100	1111

3. 格雷码

每一位的状态变化都按一定的顺序循环,且编码顺序依次变化,按表9-4中顺序变化时,相邻代码只有一位改变状态,这种编码称为格雷码。

表 9-4　格雷码进制代码的转化

十 进 制	格 雷 码	十 进 制	格 雷 码
0	0000	8	1100
1	0001	9	1101
2	0011	10	1111
3	0010	11	1110
4	0110	12	1010
5	0111	13	1011
6	0101	14	1001
7	0100	15	1000

4. ASCⅡ 码

美国信息交换标准代码(ASCⅡ)是一组七位二进制代码,它共有 128 个代码,可以表示大、小写英文字母、十进制数、标点符号、运算符号、控制符号等。

9.2　逻辑代数及运算

逻辑关系指的是事件产生的条件和结果之间的因果关系。当两个二进制数码表示不同的逻辑状态时,它们之间可按照指定的某种因果关系进行推理运算,这种运算称为逻辑运算。逻辑代数中用字母表示变量,这种字母称为逻辑变量。在二值逻辑中,每个逻辑变量只有 1 和 0 两种可能。其中 1 和 0 表示两种不同的逻辑状态。其中,高电平为 1、低电平为 0 称为正逻辑,低电平为 1、高电平为 0 称为负逻辑。逻辑"0"和逻辑"1"对应的电压范围宽,因此在数字电路中,对电子元件、器件参数精度的要求及其电源的稳定度的要求比模拟电路要低。

逻辑关系按逻辑功能不同分与门、或门、非门、异或门、与非门、或非门、与或非门;按电路结构不同分为 TTL 集成门电路、CMOS 集成门电路,输入端和输出端都用三极管的逻辑门电路是 TTL 集成门电路,用互补对称 MOS 管构成的逻辑门电路是 CMOS 集成门电路;按功能特点不同分为普通门(推拉式输出)、输出开路门、三态门、CMOS 传输门。

◆ 9.2.1 基本逻辑门电路

用以实现基本和常用逻辑运算的电子电路,简称门电路。电子电路中通常把高电平表示为逻辑 1;把低电平表示为逻辑 0(正逻辑)。利用半导体开关元件(二极管、三极管)的导通、截止(即开、关)两种工作状态获得高、低电平的实现。

1. 与门电路

当决定某事件的全部条件同时具备时,结果才会发生,这种因果关系叫作"与"逻辑,也称为逻辑乘。实现与逻辑关系的电路称为与门。在逻辑代数中,将与逻辑称为与运算或逻辑乘。符号"·"表示逻辑乘,在不致混淆的情况下,常省去符号"·"。

$$F = AB \tag{9-6}$$

实现与逻辑的单元电路称为与门,其逻辑符号如图 9-1 所示,其中图 9-1(a)为我国常用的传统符号,图 9-1(b)为国外流行的符号,图 9-1(c)为国标符号。

图 9-2 所示为逻辑与的实例,图中 D_1 和 D_2 的工作状态如表 9-5 所示。

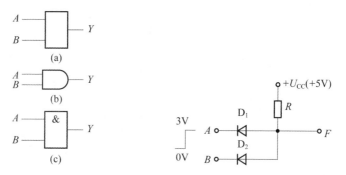

图 9-1 与门逻辑符号 　图 9-2 逻辑与的实例

表 9-5 D_1 和 D_2 的工作状态

u_A　u_B	u_F	D_1　D_2
0 V　0 V	0 V	导通 导通
0 V　3 V	0 V	导通 截止
3 V　0 V	0 V	截止 导通
3 V　3 V	3 V	导通 导通

从表 9-6 所示真值表可知,一个"与"门的输入端至少为两个,输出端只有一个。

表 9-6 与门真值表

A　B	Y
0　0	0
0　1	0
1　0	0
1　1	1

"与"逻辑(逻辑乘)的运算规则如下：
$$0 \cdot 0 = 0 \quad 0 \cdot 1 = 0 \quad 1 \cdot 0 = 0 \quad 1 \cdot 1 = 1$$
与逻辑功能：有 0 出 0，全 1 出 1。

2. 或门电路

当某事件发生的全部条件中至少有一个条件满足时，事件必然发生，当全部条件都不满足时，事件绝不会发生，这种因果关系叫作"或"逻辑，也称为逻辑加。符号"＋"表示逻辑加。
$$F = A + B$$

实现或逻辑的单元电路称为或门，其逻辑符号如图 9-3 所示，其中图 9-3(a)为我国常用的传统符号，图 9-3(b)为国外流行的符号，图 9-3(c)为国标符号。

图 9-4 所示为逻辑或的实例。或门真值表如表 9-7 所示。

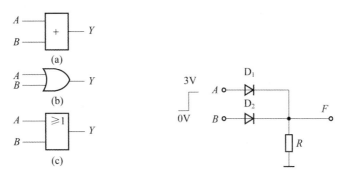

图 9-3　或门逻辑符号　　　　图 9-4　逻辑或的实例

表 9-7　或门真值表

$A \quad B$	Y
0　0	0
0　1	1
1　0	1
1　1	1

"或"逻辑(逻辑加)的运算规则如下：
$$0 + 0 = 0 \quad 0 + 1 = 1 \quad 1 + 0 = 1 \quad 1 + 1 = 1$$
或逻辑功能：有 1 出 1，全 0 出 0。

3. 非门电路

当某事件相关的条件不满足时，事件必然发生；当条件满足时，事件绝不会发生，这种因果关系叫作"非"逻辑。非运算(逻辑反)是逻辑的否定：当条件具备时，结果不会发生；而条件不具备时，结果一定会发生。

$$F = \bar{A} \tag{9-7}$$

式中：A 为原变量；$\bar{A}$ 为反变量。

非门逻辑符号如图 9-5 所示，其中图 9-5(a)为我国常用的传统符号，图 9-5(b)为国外流行的符号，图 9-5(c)为国标符号。

图 9-6 所示为逻辑非的实例。非门真值表如表 9-8 所示。

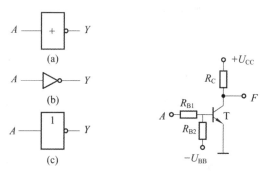

图 9-5　非门逻辑符号　　　图 9-6　逻辑非的实例

输入 A 为高电平 1(3 V)时,三极管饱和导通,输出 F 为低电平 0(0 V);输入 A 为低电平 0(0 V)时,三极管截止,输出 F 为高电平 1(3 V)。

表 9-8　非门真值表

A	Y
0	1
1	0

逻辑非(逻辑反)的运算规则如下:

$$0 \cdot 0 = 0 \quad\quad 0 \cdot 1 = 0 \quad\quad 1 \cdot 0 = 0 \quad\quad 1 \cdot 1 = 1$$

一个"非"门的输入端只有 1 个,输出端只有一个。

非逻辑功能:给 1 出 0,给 0 出 1。

◆ 9.2.2　复合逻辑电路

将与门、或门、非门组合起来,可以构成多种复合门电路。

1. 与非门电路

由与门和非门构成与非门。与非门的构成及逻辑符号如图 9-7 所示。与非门真值表如表 9-9 所示。

$$F = \overline{AB} \tag{9-8}$$

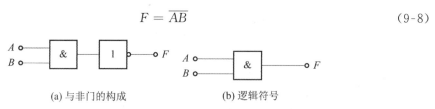

(a) 与非门的构成　　　　　　　(b) 逻辑符号

图 9-7　与非门的构成及逻辑符号

表 9-9　与非门真值表

A　B	Y
0　0	1
0　1	1
1　0	1
1　1	0

与非门的逻辑功能:有 0 出 1;全 1 出 0。

2. 或非门电路

由或门和非门构成或非门。或非门的构成及逻辑符号如图 9-8 所示。或非门真值表如表 9-10 所示。

$$F = \overline{A + B} \tag{9-9}$$

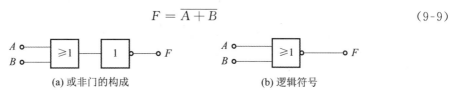

(a) 或非门的构成　　　　　　　　(b) 逻辑符号

图 9-8　或非门的构成及逻辑符号

表 9-10　或非门真值表

A　B	Y
0　0	1
0　1	0
1　0	0
1　1	0

或非门的逻辑功能:全 0 出 1;有 1 出 0。

3. 与或非门电路

与或非门的构成及逻辑符号如图 9-9 所示。

$$F = \overline{AB + CD} \tag{9-10}$$

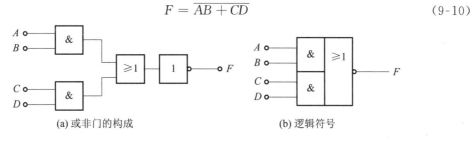

(a) 或非门的构成　　　　　　　　(b) 逻辑符号

图 9-9　与或非门的构成及逻辑符号

4. 异或门电路

异或门的逻辑符号如图 9-10 所示。异或门真值表如表 9-11 所示。

$$F = \overline{A}B + A\overline{B} = A \oplus B \tag{9-11}$$

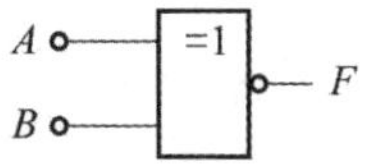

图 9-10　异或门的逻辑符号

表 9-11　异或门真值表

A　B	Y
0　0	0
0　1	1
1　0	1
1　1	0

异或门功能:相异出 1;相同出 0。

5. 同或门电路

同或门真值表如表 9-12 所示。

$$F = \overline{\overline{A}B + A\overline{B}}$$ (9-12)

表 9-12 同或门真值表

A B	Y
0 0	1
0 1	0
1 0	0
1 1	1

同或门功能：相同出 1；相异出 0。

9.3 逻辑代数的基本公式和运算规则

◆ 9.3.1 逻辑代数的基本公式

公理、公式和定理是逻辑运算和逻辑式化简的基本依据。

1. 公理

$$0 \cdot 0 = 0$$
$$0 \cdot 1 = 0$$
$$1 \cdot 1 = 1$$
$$0 + 0 = 0$$
$$0 + 1 = 1$$
$$1 + 1 = 1$$
$$\overline{0} = 1$$
$$\overline{1} = 0$$

2. 基本公式

$$A \cdot 1 = A$$
$$A \cdot 0 = 0$$
$$A \cdot A = A$$
$$A \cdot \overline{A} = 0$$
$$A + 1 = 1$$
$$A + 0 = A$$
$$A + A = A$$
$$A + \overline{A} = 1$$
$$A = \overline{\overline{A}}$$

3. 定理

1）交换律

$$AB = BA$$

$$A + B = B + A$$

2）结合律

$$A(BC) = (AB)C$$
$$A + (B + C) = (A + B) + C$$

3）分配律

$$A(B + C) = AB + AC$$
$$A + BC = (A + B)(A + C)$$

4）摩根定理

$$\overline{A \cdot B} = \overline{B} + \overline{A}$$
$$\overline{A + AB} = \overline{A} \cdot \overline{B}$$

5）常用公式

$$A \cdot B + A \cdot \overline{B} = A$$
$$A + A \cdot B = A$$
$$A + A \cdot B = A + B$$

（1）证明：$A + BC = (A + B) \cdot (A + C)$。

右式 $= A + AC + AB + BC = A(1 + C + B) + BC = A + BC =$ 左式。

（2）证明：$A \cdot B + A \cdot \overline{B} = A$。

左式 $= A(B + \overline{B}) = A =$ 右式。

（3）证明：$A + A \cdot B = A$。

左式 $= A(1 + B) = A =$ 右式。

（4）证明：$A + \overline{A} \cdot B = A + B$。

右式 $= (A + B)(A + \overline{A}) = A + AB + A\overline{A} + \overline{A}B = A + \overline{A}B =$ 左式。

（5）证明：$A \cdot B + A \cdot \overline{C} + B \cdot C = A \cdot B + \overline{A} \cdot C$。

左式 $= AB + \overline{A}C + BC(A + \overline{A}) = AB + \overline{A}C + ABC + \overline{A}BC = AB + \overline{A}C =$ 右式。

（6）证明：$\overline{A \cdot B} + \overline{\overline{A} \cdot C} = A \cdot \overline{B} + \overline{A} \cdot \overline{C}$。

左式 $= \overline{AB} \cdot \overline{\overline{A}C} = (\overline{A} + \overline{B})(A + \overline{C}) = A\overline{B} + \overline{A}\overline{C} + \overline{B}C(A + \overline{A}) = A\overline{B} + \overline{A}\overline{C} =$ 右式。

表 9-13 所示为逻辑代数的基本公式。

表 9-13 逻辑代数的基本公式

名　　称	公　　式		运 算 规 律
0−1 律	$A \cdot 0 = 0$	$A + 1 = 1$	变量与常量的关系
自等律	$A \cdot 1 = A$	$A + 0 = A$	
重叠律	$A \cdot A = A$	$A + A = A$	
互补律	$A \cdot \overline{A} = 0$	$A + \overline{A} = 1$	
交换律	$A \cdot B = B \cdot A$	$A + B = B + A$	与普通代数相似
结合律	$A \cdot (B \cdot C) = (AB) \cdot C$	$A + (B + C) = (A + B) + C$	
分配律	$A \cdot (B + C) = AB + AC$	$A + BC = (A + B)(A + C)$	加对乘的分配律

续表

名 称	公 式		运 算 规 律
反演律	$\overline{A \cdot B} = \overline{A} + \overline{B}$	$\overline{A+B} = \overline{A} \cdot \overline{B}$	逻辑代数中的特殊规律
合并律	$(A+B)(A+B) = A$	$AB + \overline{A}B = A$	
吸收律	$A(A+B) = A$	$A + AB = A$	
	$A(\overline{A}+B) = AB$ $(A+B)(\overline{A}+C)(B+C)$ $=(A+B)(\overline{A}+C)$	$A + \overline{A}B = A+B$ $AB + \overline{A}C + BC = AB + \overline{A}C$	
还原律	$\overline{\overline{A}} = A$		

◆ 9.3.2 逻辑代数的运算规则

为了更好地利用已知公式推出更多的公式,下面介绍逻辑代数中的三个重要规则。

1. 代入规则

在任何一个含变量 A 的等式中,将其中所有的 A 均用逻辑函数 Y 来取代,则等式仍然成立,这个规则称为代入规则。

因为任何一个逻辑函数 Y 的取值也只有 0 和 1 两种可能,所以代入规则是正确的。利用代入规则可扩大等式的应用范围。

2. 反演规则

对逻辑函数 Y 取"非"称为"反演"。

反演可以通过"反复"使用摩根定理求得,也可以运用由摩根定理得到的反演定理一次求得。

反演规则规定:对于任意一个逻辑表达式 L,若将其中所有的与(·)换成或(+),或(+)换成与(·);原变量换为反变量,反变量换为原变量;将 1 换成 0,0 换成 1。则得到的结果就是原函数的反函数。

注意两点:(1) 变换时要保持原式中的运算顺序。(2) 不是在"单个"变量上面的"非"号应保持不变。

3. 对偶规则

设 Y 是一个逻辑函数表达式,如果将 Y 中所有的"·"换成"+","+"换成"·","0"换成"1","1"换成"0",而变量保持不变就得到表达式 Y',这个表达式 Y' 称为 Y 的对偶式,这一变换方式称为对偶规则。

9.4 逻辑函数的表示方法

以逻辑变量作为输入,以运算结果作为输出,当输入变量的取值确定之后,输出的取值也随之而定。因此,输入与输出之间是一种函数关系,这种函数关系称为逻辑函数。

写作:

$$Y = F(A, B, C) \tag{9-13}$$

逻辑函数的表示方法有逻辑真值表、逻辑函数式、逻辑图、卡诺图等。

1. 逻辑真值表

将输入变量所有取值下对应的输出找出来,列成表格,即得逻辑真值表。

2. 逻辑函数式

将输入输出的逻辑关系写成与、或、非等运算的组合式,即逻辑代数式,就得到了所需的逻辑函数式,或称逻辑式、表达式。

3. 逻辑图

将逻辑函数中的与、或、非等逻辑关系用逻辑符号表示出来,就得到了逻辑图。

4. 卡诺图

将逻辑函数输入变量每一种可能出现的取值与对应的输出值按时间顺序排列起来,就得到了逻辑函数的卡诺图。

5. 各种表示方法之间的转换

1) 真值表与逻辑函数式

通过真值表写出逻辑函数式的过程:先找出真值表中使 $Y=1$ 的输入变量取值组合,写出每组输入变量取值对应一个乘积项,其中取值为 1 的写原变量,取值为 0 的写反变量。然后将这些变量相加即得 Y,最后把输入变量取值的所有组合逐个代入逻辑式中求出 Y。

例 9-9 已知举重裁判电路的真值表如表 9-14 所示,写出它的逻辑函数式。

表 9-14 例 9-9 真值表

$A\ B\ C$	Y
0 0 0	0
0 0 1	0
0 1 0	0
0 1 1	0
1 0 0	0
1 0 1	1
1 1 0	1
1 1 1	1

解 由表 9-14 可知:

$$Y = A\bar{B}C + AB\bar{C} + ABC = A(B+C)$$

2) 逻辑式与逻辑图

通过逻辑式得出逻辑图的过程:先用图形符号代替逻辑式中的逻辑运算符,然后从输入到输出逐级写出每个图形符号对应的逻辑运算式。

例 9-10 已知逻辑式 $Y = A \cdot (B+C)$,画出它的逻辑图。

解 用图形符号代替逻辑式中的逻辑运算符,如图 9-11(a)所示。

通过逻辑运算符得出逻辑图如图 9-11(b)所示。

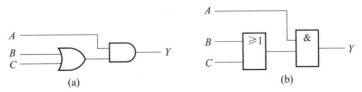

图 9-11 例 9-10 逻辑图

例 9-11 已知逻辑图如图 9-12 所示,试写出逻辑表达式。

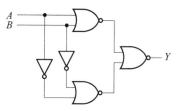

图 9-12　例 9-11 逻辑图

解

$$Y = ((A+B)' + (A'+B'))'$$
$$Y = ((A+B)' + (A'+B'))'$$
$$= (A+B)(A'+B')$$
$$= AB' + A'B$$
$$= A \oplus B$$

9.5　逻辑函数的化简

在进行逻辑运算时会看到,同一个逻辑函数可写成不同的逻辑表达式。逻辑式越简单,所表达的逻辑关系越明显,所用器件越少,便于实现。化简逻辑函数的目的就是要消去多余的乘积项和每个乘积项中多余的因子,以得到逻辑函数的最简形式。常用的化简方法有代数法、卡诺图法、Q-M(奎因-麦克拉斯基)法。

◆ 9.5.1　代数法

代数法就是反复应用基本公式和常用公式,消去多余的乘积项和多余的因子,有并项法、吸收法、消项法、配项法和消因子法等。

1. 并项法

利用 $AB + AB' = A$ 化简。

例 9-12 试用并项法化简下列逻辑函数。

$$Y_1 = A[(B'CD)' + B'CD] = A$$
$$Y_2 = A(B' + CD) + A'(B' + CD) = B' + CD$$
$$Y_3 = A'BC' + (A+B')C' = (A'B)C' + (A'B)'C' = C'$$
$$Y_4 = B(C'D + CD') + B(C'D' + CD) = B$$

解　略。

2. 吸收法

利用 $A + AB = A$ 可将 AB 消去。

例 9-13 试用吸收法化简下列逻辑函数。

$$Y_1 = [(A'B)' + C]ABD + AD = AD\{1 + [(A'B)' + CB]\} = AD$$
$$Y_2 = AB + AB[C' + D + (C' + D')] = AB$$
$$Y_3 = (A + BC) + (A + BC)[A' + (B'C' + D')] = A + BC$$

解　略。

3. 消项法

利用 $AB + A'C + BC = AB + A'C$ 可将多余的 BC 项消去。

例 9-14 试用消项法化简下列逻辑函数。

$$Y_1 = \overline{\overline{AC}} + AB' + \overline{B'C'} = AC + B'C'$$

$$Y_2 = \overline{\overline{(AB')CD'} + \overline{(AB')'E}} + (CD')EA' = AB'CD' + AB'E$$

$$Y_3 = \overline{\overline{(A'B' + AB)C} + \overline{(A'B + AB')D'}} + BCD'(A' + E')$$

$$= (A'B' + AB)C + (A'B + AB')D'$$

$$= (A \oplus B)'C + (A \oplus B)D'$$

解 略。

4. 消因子法

利用 $A + A'B = A + B$ 可将多余的因子 A' 消去。

▌**例 9-15** 试用消因子法化简下列逻辑函数。

$$Y_1 = B' + ABC = B' + AC$$

$$Y_2 = AB' + B + A'B = A + B + A'B = A + B$$

$$Y_3 = AC + A'D + C'D = AC + (A' + C')D$$

$$= AC + (AC)'D = AC + D$$

5. 配项法

利用 $A + A = A$ 或 $A + A' = 1$ 化简逻辑函数。

▌**例 9-16** 用配项法化简下列逻辑函数。

$$Y_1 = A'BC' + A'BC + ABC$$

$$= (A'BC' + \overline{\overline{A'BC}}) + (\overline{\overline{A'BC}} + ABC)$$

$$= A'B + BC$$

$$Y_2 = AB' + A'B + BC' + B'C$$

$$= AB' + A'B(C + C') + BC' + B'C(A + A')$$

$$= (AB' + AB'C) + (BC' + A'BC') + (A'BC + A'B'C)$$

$$= AB' + BC' + A'C$$

◆ ### 9.5.2　卡诺图法

1. 最小项

n 个变量的最小项是 n 个变量的"与项",其中每个变量都以原变量或反变量的形式出现一次。两个变量 A、B 可以构成 4 个最小项,三个变量 A、B、C 可以构成 8 个最小项,可见 n 个变量的最小项共有 2^n 个。如两变量 A、B 的最小项有:$A'B$、$A'B'$、AB'、AB;三变量 A、B、C 的最小项有:ABC、$A'BC$、$AB'C$、ABC'、$A'B'C$、$AB'C'$、$A'BC'$、$A'B'C'$。

▌**例 9-17** 求出 $Y(A,B,C) = ABC' + BC$ 的最小项。

解
$$Y(A,B,C) = ABC' + BC$$

$$= ABC' + BC(A + A')$$

$$= ABC' + ABC + A'BC$$

$$= \sum m(3,6,7)$$

2. 逻辑函数的卡诺图表示法

逻辑函数的卡诺图表示法的实质是将逻辑函数的最小项之和以图形的方式表示出来。以 2^n 个小方块分别代表 n 变量的所有最小项,并将它们排列成矩阵,而且使几何位置相邻的两个最小项在逻辑上也是相邻的(只有一个变量不同),就得到表示 n 变量全部最小项的卡诺图,如图 9-13 所示。

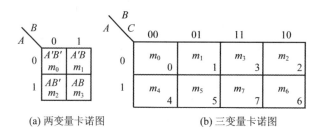

(a) 两变量卡诺图   (b) 三变量卡诺图

图 9-13   卡诺图

卡诺图具有如下特点:

(1) n 变量的卡诺图有 2^n 个方格,对应表示 2^n 个最小项。当变量数增加一个,卡诺图的方格数就扩大一倍。

(2) 卡诺图中任何几何位置相邻的两个最小项,在逻辑上都是相邻的,保证了各相邻行(列)之间只有一个变量取值不同,从而保证画出来的最小项方格图具有这一重要特点。

所谓几何相邻,一是相接,即紧挨着;二是相对,即任意一行或一列的两头;三是相重,即对折起来位置重合。所谓逻辑相邻,是指除了一个变量不同外其余变量都相同的两个与项。

只要将构成逻辑函数的最小项在卡诺图上相应的方格中填 1,其余的方格填 0(或不填),则可以得到该函数的卡诺图。也就是说,任何一个逻辑函数都等于其卡诺图上填 1 的那些最小项之和。

例 9-18   画出 Y_1、Y_2 的卡诺图。

$$Y_1 = \sum m(0,3,4,6)$$
$$Y_2 = \sum m(0,2,4,7,9,10,12,15)$$

解 Y_1、Y_2 的卡诺图如图 9-14 所示。

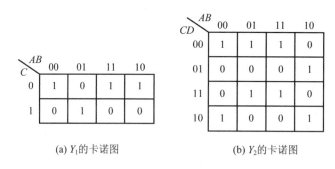

(a) Y_1 的卡诺图   (b) Y_2 的卡诺图

图 9-14   例 9-18 卡诺图

3. 卡诺图化简的步骤

卡诺图化简的步骤如下:

(1) 将函数化为最小项之和的形式;

(2) 画出表示该逻辑函数的卡诺图;

(3) 找出可以合并的最小项;

(4) 选取化简后的乘积项。

选取的原则如下：

① 这些乘积项应包含函数式中所有的最小项(应覆盖卡诺图中所有的1)；

② 所用的乘积项最少,也就是每个可以合并的最小项组成的矩形组数目最少；

③ 每个乘积项包含的因子最少,也就是每个可以合并的最小项矩形组中应包含尽量多的最小项。

例 9-19 用卡诺图化简下列逻辑函数。

(1) $F = \sum m(0,1,3,4,6,7)$

$$F = \overline{BC} + \overline{A}AC + AB$$

(2) $Y(A,B,C) = AC' + A'C + B'C + BC'$

$$Y = AC' + A'B + B'C$$

例 9-19 的卡诺图如图 9-15 所示。

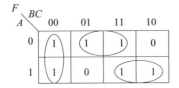
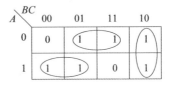

图 9-15　例 9-19 卡诺图

9.6　逻辑门电路

门电路是构成各种复杂数字电路的基本逻辑单元,掌握各种门电路的逻辑功能和电气特性,对于正确使用数字集成电路是十分必要的。

TTL 集成逻辑门电路的输入和输出结构均采用半导体三极管,所以称为晶体管-晶体管逻辑门电路,简称 TTL 电路。数字集成电路有双极型集成电路(如 TTL、ECL)和单极型集成电路(如 CMOS)两大类,每类中又包含有不同的系列品种。

以 MOS 管作为开关元件构成的门电路为 MOS 门电路。MOS 门电路具有制造工艺简单、集成度高、抗干扰能力强、功耗低、价格便宜等优点,得到了十分迅速的发展。

◆ 9.6.1　TTL 逻辑门电路

1. TTL 集成电路

1) TTL 与非门电路的组成

如图 9-16 所示,输入级由一个多发射极晶体管 T_1 和电阻 R_1 组成,相当于一个与门。$F_1 = ABC$ 相当于与门。中间级也称倒相级,即在 T_2 的集电极和发射极同时输出两个相位相反的信号。由晶体管 T_2 及电阻 R_2、R_3 组成,起倒相作用,在 T_2 的集电极和发射极各提供一个电压信号,两者相位相反,供给推拉式结构的输出级。由晶体管 T_3、T_4、T_5 和电阻 R_4、R_5 组成推拉式结构的输出电路,其作用是实现反相,目的是降低输出电阻,提高负载能力。输出级中 T_3、T_4 复合管电路构成达林顿电路,与电阻 R_5 作为 T_5 的负载,不仅可降低电路的输出电阻,提高其负载能力,还可改善门电路输出波形,提高工作速度。

2）TTL 与非门电路的工作原理

（1）输入级。

如图 9-17 所示，当输入有一个或数个为低电平时，$u_{IL}=0.3$ V，发射结正向导通，$u_{B1}=1.0$ V；当输入全为高电平时，$u_{IH}=3.6$ V，发射结受后级电路的影响将反向截止。u_{B1} 由后级电路决定。

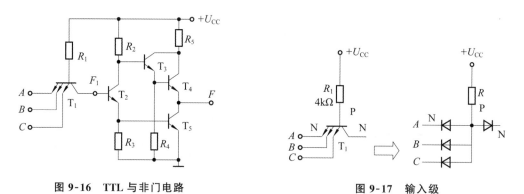

图 9-16　TTL 与非门电路　　　　　　图 9-17　输入级

（2）中间级。

如图 9-18 所示，反相器 T_2：实现非逻辑；T_2：输入高电压时饱和，输入低电压时截止；中间级：向后级提供反相与同相输出。

（3）输出级（推拉式输出）。

如图 9-19 所示，采用推拉式输出级有利于提高开关速度和负载能力，T_3 组成射极输出器，优点是既能提高开关速度，又能提高负载能力。

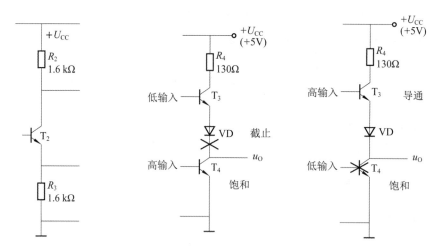

图 9-18　中间级　　　　　　　　图 9-19　输出级

当输入高电平时，T_4 饱和，$u_{B3}=u_{C2}=0.3$ V$+0.7$ V$=1$ V，T_3 和 VD 截止，T_4 的集电极电流可以全部用来驱动负载；当输入低电平时，T_4 截止，T_3 导通（为射极输出器），其输出电阻很小，带负载能力很强。可见，无论输入如何，T_3 和 T_4 总是一管导通而另一管截止。

TTL 与非门真值表如表 9-15 所示。

表 9-15　TTL 与非门真值表

$A\ \ B\ \ C$	F
0　0　0	1
0　0　1	1
0　1　0	1
0　1　1	1
1　0　0	1
1　0　1	1
1　1　0	1
1　1　1	0

逻辑表达式：

$$F = \overline{A \cdot B \cdot C}$$

功能：输入有 0，输出为 1；输入全 1，输出为 0。

2. 三态门

三态门具有三种输出状态：高电平、低电平和高阻状态。悬空、悬浮状态，又称为禁止状态。测电阻为∞，故称为高阻状态，测电压为 0 V，但不是接地，测其电流也为 0 A。

三态门主要用于总线结构，实现用一根导线轮流传送多路数据。通常把用于传输多个门输出信号的导线叫作总线（母线）。如图 9-20 所示，只要控制端轮流地出现高电平（每一时刻只允许一个门正常工作），总线上就轮流送出各个与非门的输出信号，由此可省去大量的机内连线。

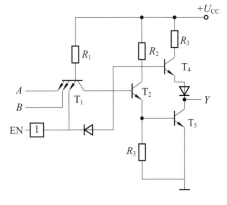

图 9-20　三态门的电路结构

1）三态输出门工作原理

当 EN=0 时，电路为正常的与非工作状态，所以控制端低电平有效。

当 EN=1 时，门电路输出端处于悬空的高阻状态。

三态门真值表如表 9-16 所示。

表 9-16　三态门真值表

EN　B　C	F
1　0　0	1
1　0　1	1
1　1　0	1
1　1　1	0
0　×　×	高阻态

2）三态门的逻辑符号

三态门的逻辑符号如图 9-21 所示。

其中，用"▽"表示输出为三态。

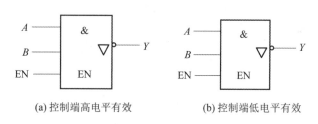

(a) 控制端高电平有效　　　　(b) 控制端低电平有效

图 9-21　三态门的逻辑符号

3) 三态输出门应用举例

如图 9-22(a)所示,用三态输出门构成单向总线:EN_1、EN_2、EN_3 轮流为高电平,且任何时刻只有一个三态门工作,则三个门电路轮流将信号送到总线上。

如图 9-22(b)所示,用三态输出门构成双向总线:当 $EN=1$ 时,G_2 呈高阻态,G_1 工作,输入数据 D_0 经 G_1 反相后送到总线上;当 $EN=0$ 时,G_1 呈高阻碍态,G_2 工作,总线上的数据 D_1 经 G_2 反相后输出。

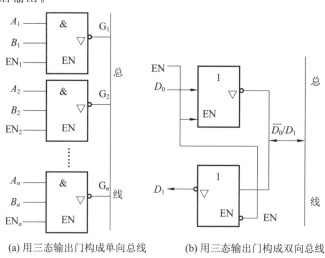

(a) 用三态输出门构成单向总线　　　(b) 用三态输出门构成双向总线

图 9-22　三态输出门应用举例

3. OC 门

若将两个或多个逻辑门的输出端直接与总线相连,就会得到附加的"线与"逻辑功能。TTL 与非门由于采用了推拉式输出电路,因此其输出电阻很低,使用时输出端不能长久接地或与电源短接。因此不能直接让输出端与总线相连,即不允许直接进行上述"线与"。

1) OC 门的工作原理

多个普通 TTL 与非门电路的输出端也不能连接在一起后上总线。因为,当它们的输出端连接在一起上到总线上,只要有一个与非门的输出为高电平时,这个高电平输出端就会直接与其他低电平输出端连通而形成通路,总线上就会有一个很大的电流 I_C 由高电平输出端经总线流向低电平输出端的门电路,该门电路将因功耗过大而极易烧毁。解决的办法:集电极开路,称为集电极开路的与非门,简称 OC 门。OC 门在结构上将一般 TTL 门输出级的有源负载部分(如普通 TTL 与非门中的 T_3、T_4、R_4)去除,输出级晶体管 T_5 的集电极在集成电路内部不连接任何元件,直接作为输出端(集电极开路),如图 9-23 所示。

OC 门在使用时,应根据负载的大小和要求,合理选择外接电阻 R_C 的数值,并将 R_C 和电源 U_{CC} 连接在 OC 门的输出端。OC 门工作时需要在输出端和电源之间外接一个上拉电

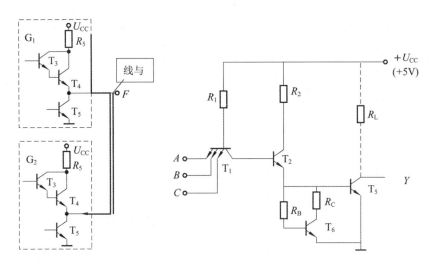

图 9-23 OC 门结构图

阻。其工作原理如下：

当 A、B、C 全为高电平时，T_2 和 T_5 饱和导通，输出低电平；

当 A、B、C 中有低电平时，T_2 和 T_5 截止，输出高电平。图 9-24 所示为 OC 门的逻辑符号。

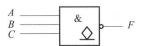

图 9-24 OC 门的逻辑符号

2）OC 门的应用

OC 门不但可以实现"线与"逻辑；还可以作为接口电路实现逻辑电平的转换；另外 OC 门还可以实现总线传输，如图 9-25 所示。

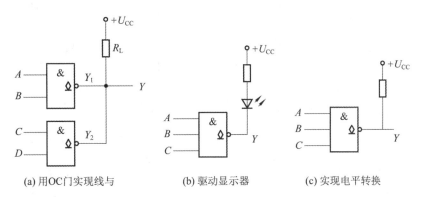

(a) 用OC门实现线与   (b) 驱动显示器   (c) 实现电平转换

图 9-25 OC 门的应用

◆ 9.6.2 常用的集成 TTL 门电路

TTL 集成逻辑门电路的输入和输出结构均采用半导体三极管，所以称为晶体管-晶体管逻辑门电路，简称 TTL 门电路。这类集成电路内部输入级和输出级都是晶体管结构，属于双极型数字集成电路。常见的 TTL 门电路有 74LS00、74LS20、74LS86、74LS132 等，如图 9-26 所示。

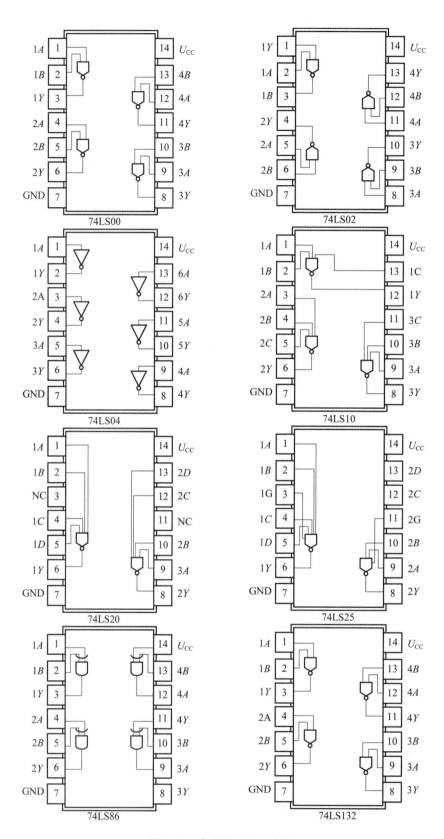

图 9-26　常用的 TTL 门电路

本章小结

由于数字信号便于存储、分析和传输,通常都将模拟信号转换为数字信号。数字电路的优越性能使其得到广泛的应用和迅猛的发展。数字电路不仅在计算机、通信技术中应用广泛,而且在医疗、检测、控制、自动化生产线以及人们的日常生活中,也都产生了越来越深刻的影响。数字系统主要研究的是数字电路组成及其输出与输入之间的逻辑关系,而逻辑代数是分析和设计数字逻辑电路的基本数学工具。

常用数制是十进制、二进制、十六进制,不同进制表示的数之间可以相互转换。为了便于信息交换,制定了一些通用的标准代码。本章介绍了数字电路及其特点、常用的计数进制和不同进制的互相转换、编码的概念和几种常用的代码。

算术运算和逻辑运算是数字电路中两种不同的运算,算术运算指表示数量大小的两个数码之间的数值运算。逻辑运算指事物因果关系之间的推理运算。根据电路的形式不同,数字电路可分为集成电路和分立电路;根据器件不同,数字电路可分为 TTL 和 CMOS 电路;根据电路的结构特点及其对输入信号的响应规则的不同,数字电路可分为组合逻辑电路和时序逻辑电路。门电路是构成各种复杂数字电路的基本逻辑单元,掌握各种门电路的逻辑功能和电气特性,对于正确使用数字集成电路是十分必要的。根据电路确定电路输出与输入之间的逻辑关系对数字电路进行分析,从给定的逻辑功能要求出发,选择适当的逻辑器件,设计出符合要求的逻辑电路。本章重点讲述逻辑代数的基本公式和定理、逻辑函数的各种描述方法及互相转换、逻辑函数的化简和变换、逻辑函数的无关项及其在化简中的应用、组合逻辑电路逻辑功能和电路结构的特点,以及 TTL 集成逻辑门电路的内部结构、工作原理和逻辑功能。

本章习题

9-1 将十进制数 123、37、133、39 转换成二进制数。

9-2 将十进制数 215 转换为十六进制数。

9-3 将下列二进制数转换为十进制数。

(1) 1110.01;(2) 1010.11;(3) 1100.101;(4) 1001.0101。

9-4 将下列自然二进制码转换成格雷码。

000;001;010;011;100;101;110;111。

9-5 某生产设备上有水压信号 A 与重量信号 B,当两信号同时为低电平时,检测电路输出高电平信号报警,试用逻辑门实现该报警装置。

9-6 如果如下乘积项的值为 1,试写出该乘积项中每个逻辑变量的取值。

(1) AB;(2) $AB\overline{C}$;(3) $\overline{A}\,\overline{B}C$;(4) $A\,\overline{BC}$。

9-7 根据题图 9-7,写出每个图形符号所表示的逻辑运算式。

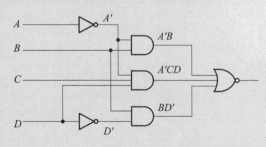

题图 9-7

9-8 将如下逻辑函数式画成真值表。

(1) $Y_1 = AB + BC$；

(2) $Y_3 = (A+B)(\bar{B}+C)$；

(3) $F_1 = A\bar{B}C + \bar{A}\bar{B}C + ABC$。

9-9 试画出题图9-9(a)所示电路在输入题图9-9(b)所示波形时的输出端 X、Y 的波形。

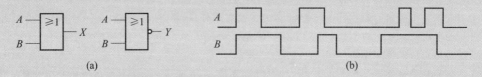

(a)　　　　　　　　　　　　　　　(b)

题图 9-9

9-10 对如下逻辑函数式实行摩根定理变换。

(1) $Y_1 = \overline{A+\bar{B}}$；(2) $Y_2 = \overline{\overline{AB}}$；(3) $Y_3 = \overline{A\bar{B}(C+\bar{D})}$；(4) $Y_4 = \overline{(A+\overline{B\bar{C}}+CD)+\overline{\overline{BC}}}$。

9-11 证明下列公式成立。

(1) $A + \bar{A}B = A + B$；

(2) $AB + \bar{A}C + BC = AB + \bar{A}C$。

9-12 将如下逻辑函数式转换成最小项之和形式。

(1) $Y_1 = (A+\bar{B})(C+B)$；(2) $Y_2 = (A+\bar{B}\bar{C})C$；(3) $Y_3 = AB + CD(A\bar{B}+CD)$；

(4) $Y_4 = AB(\bar{B}\bar{C}+BD)$；(5) $Y(A,B,C) = A'BC + AC' + B'C$；

(6) $Y(A,B,C,D) = (AD + A'D' + B'D + C'D')'$。

9-13 利用代数法化简下列逻辑函数式。

(1) $Y_1 = AB + \bar{A}C + BCD$；(2) $Y_2 = AB + \overline{AB}C + A$；

(3) $Y_3 = AB + (\bar{A}+\bar{B})C + AB$；(4) $Y_4 = A + A'B(A'+C'D) + A'B'CD'$。

9-14 利用卡诺图法化简下列逻辑函数式。

(1) $Y = ABC + ABD + AC'D + C'D' + AB'C + A'CD'$；

(2) $F = \bar{A}B\bar{C} + AB\bar{C} + \overline{BC}D + \bar{B}C\bar{D}$；

(3) $F = \sum m(1,3,4,5,7,10,12,14)$；

(4) $F = \sum m(0,2,5,6,7,8,9,10,11,14,15)$；

(5) $F(A,B,C,D) = \sum m(2,4,5,6,7,11,12,14,15)$；

(6) $Y(A,B,C,D) = A'B'D + A'BC + AB'D' + ABC + ABC'D'$。

第10章　组合逻辑电路

数字逻辑电路按照逻辑功能不同,可以分为两类:一类是组合逻辑电路,另一类是时序逻辑电路。本章重点介绍组合逻辑电路的分析方法和设计方法及其应用,以及逻辑门组合逻辑电路的分析方法。首先介绍组合逻辑电路的概念和特点,然后介绍常用组合逻辑电路部件,重点介绍组合逻辑电路的一般分析方法和设计方法的步骤,接着重点介绍几种常用的组合逻辑电路,如译码器、编码器、全加器、数值比较器的工作原理、逻辑功能及应用,并对上述各种集成组合逻辑电路的应用和使用方法进行介绍,最后简述组合逻辑电路中的竞争-冒险现象。

10.1　组合逻辑电路的分析和设计

数字电路根据逻辑功能特点的不同分为组合逻辑电路和时序逻辑电路,组合逻辑电路指任何时刻的输出仅取决于该时刻输入信号的组合,而与电路原有的状态无关的电路。时序逻辑电路指任何时刻的输出不仅取决于该时刻输入信号的组合,而且与电路原有的状态有关的电路。组合逻辑电路结构框图如图 10-1 所示。

图 10-1　组合逻辑电路结构框图

输出与输入之间的逻辑关系可以用一组逻辑函数表示:

$$Y_1 = f_1(A_1, A_2, \cdots, A_n)$$
$$Y_2 = f_2(A_1, A_2, \cdots, A_n)$$
$$\vdots$$
$$Y_m = f_m(A_1, A_2, \cdots, A_n)$$

$$(10-1)$$

组合逻辑电路的逻辑功能特点如下:

(1) 电路输入状态确定后,输出状态则唯一地被确定,因而输出变量是输入变量的逻辑函数。

(2) 电路的输出状态不影响输入状态,电路的历史状态不影响输出状态。

组合逻辑电路的结构特点如下:

(1) 电路中不存在输出端到输入端的反馈通路。

(2) 电路中不包含存储信号的记忆元件,一般由门电路组成。

◆ 10.1.1　组合逻辑电路的分析

组合逻辑电路的分析步骤如下:

（1）根据给定的逻辑电路图，写出输出的逻辑函数式。

（2）对逻辑函数式进行化简或变换，求出最简逻辑函数式。

（3）设定输入状态，求对应的输出状态，列出逻辑真值表。

（4）由真值表分析确定电路的逻辑功能。

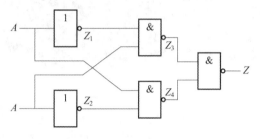

图 10-2　例 10-1 逻辑电路图

例 10-1　分析图 10-2 所示逻辑电路的功能。

解　（1）写出输出逻辑函数式：

$$Z_1 = \bar{A} \quad Z_2 = \bar{B} \quad Z_3 = \overline{\overline{A}B} \quad Z_4 = \overline{A\bar{B}}$$

$$Z = \overline{\overline{\overline{A}B} \cdot \overline{A\bar{B}}} = \overline{A}B + A\bar{B} = A \oplus B$$

（2）列逻辑函数真值表，如表 10-1 所示。

表 10-1　例 10-1 真值表

输　　入	输　　出
A　B	Z
0　0	0
0　1	1
1　0	1
1　1	0

（3）分析逻辑功能。

图 10-2 所示电路是由五个与非门构成的异或门。

例 10-2　已知组合逻辑电路如图 10-3 所示，分析该电路的逻辑功能。

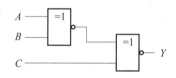

图 10-3　例 10-2 逻辑电路图

解　（1）写出逻辑函数式：

$$Y = A \odot B \odot C$$

（2）最简函数式即为上式，不需化简变换。

（3）写出真值表，如表 10-2 所示。

表 10-2　例 10-2 真值表

$A\,B\,C$	$A \odot B$	$A \odot B \odot C$	Y
0 0 0	1	0	0
0 0 1	1	1	1
0 1 0	0	1	1
0 1 1	0	0	0
1 0 0	0	1	1
1 0 1	0	0	0
1 1 0	1	0	0
1 1 1	1	1	1

（4）逻辑功能分析。

由真值表可知，当三个输入变量 A、B、C 中有奇数个 1 时，则输出为 1，否则输出为 0。

此电路可用于检查三位二进制代码的奇偶性,所以该组合逻辑电路称为奇偶校验电路。

例 10-3 已知逻辑电路如图 10-4 所示,分析该电路的逻辑功能。

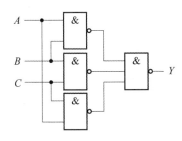

图 10-4 例 10-3 逻辑电路图

解 (1)写出逻辑函数式:

$$Y = \overline{\overline{AB} \cdot \overline{BC} \cdot \overline{AC}} = AB + BC + AC$$

(2)上式已是最简函数式,不需化简变换。

(3)列出真值表,如表 10-3 所示。

表 10-3 例 10-3 真值表

$A\ B\ C$	$AB\ \ BC\ \ AC$	$AB+BC+AC$	Y
0 0 0	0 0 0	0	0
0 0 1	0 0 0	0	0
0 1 0	0 0 0	0	0
0 1 1	0 1 0	1	1
1 0 0	0 0 0	0	0
1 0 1	0 0 1	1	1
1 1 0	1 0 0	1	1
1 1 1	1 1 1	1	1

(4)逻辑功能分析。

由真值表可知,在三个输入变量中,只要有两个以上(包括两个)变量为 1 时,则输出为 1,该电路为三变量的多数表决器。

10.1.2 组合逻辑电路的设计

设计思路:分析给定逻辑要求,设计出能实现该功能的组合逻辑电路。

基本步骤:分析设计要求并列出真值表→求最简输出逻辑式→画逻辑图。

首先分析给定问题,弄清楚输入变量和输出变量是哪些,并规定它们的含义与逻辑取值(即规定它们何时取值 0,何时取值 1)。然后分析输出变量和输入变量间的逻辑关系,列出真值表。根据真值表用代数法或卡诺图法求最简与或式,然后根据题中对门电路类型的要求,将最简与或式变换为与门类型对应的最简式。

例 10-4 设计一个楼上、楼下开关的控制逻辑电路来控制楼梯上的电灯,使之在上楼前,用楼下开关打开电灯,上楼后,用楼上开关关灭电灯;或者在下楼前,用楼上开关打开电灯,下楼后,用楼下开关关灭电灯。

解 设楼上开关为 A,楼下开关为 B,灯泡为 Y。并设 A、B 闭合时为 1,断开时为 0;灯亮时 Y 为 1,灯灭时 Y 为 0。根据逻辑要求列出真值表,如表 10-4 所示。

表 10-4　例 10-4 真值表

输　　入	输　　出
A　B	Y
0　0	0
0　1	1
1　0	1
1　1	0

逻辑函数式：

$$Y = \overline{A}B + A\overline{B}$$

$$Y = \overline{\overline{\overline{A}B} \cdot \overline{A\overline{B}}}$$

实现上述表达式的逻辑电路图如图 10-5 所示。

逻辑函数式：

$$Y = A \oplus B$$

实现上述表达式的逻辑电路图如图 10-6 所示。

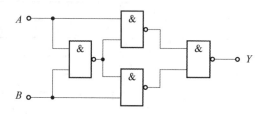

图 10-5　例 10-4 逻辑电路图 1

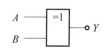

图 10-6　例 10-4 逻辑电路图 2

例 10-5　设计三变量表决器，其中 A 具有否决权。

解　（1）根据题意，设输入变量为 A、B、C，输出变量为 Y，列出真值表，如表 10-5 所示。

表 10-5　例 10-5 真值表

$A\ B\ C$	Y
0 0 0	0
0 0 1	0
0 1 0	0
0 1 1	0
1 0 0	0
1 0 1	1
1 1 0	1
1 1 1	1

（2）由真值表写出逻辑函数式：

$$Y = A\overline{B}C + AB\overline{C} + ABC$$

（3）化简逻辑函数式，用与非门：

$$Y = AB + AC = \overline{\overline{AB} \cdot \overline{AC}}$$

（4）画逻辑电路图，如图 10-7 所示。

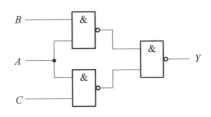

图 10-7　例 10-5 逻辑电路图

例 10-6　某教学楼自动电梯系统，有四部电梯，主电梯为 A、B、C 三部，备用电梯为 D，当主电梯两部以上（包括两部）被占用时，备用电梯 D 才允许使用，设计一个用与非门构成的主电梯监控逻辑电路。

解　（1）根据题意要求，设 A、B、C 主电梯为输入变量，当满足条件通知备用电梯准备运行，输出信号为 Y，主电梯运行状态为逻辑 1，不运行为逻辑 0，通知备用电梯运行为逻辑 1，不允许使用备用电梯为逻辑 0。列出真值表，如表 10-6 所示。

表 10-6　例 10-6 真值表

$A\ B\ C$	Y
0 0 0	0
0 0 1	0
0 1 0	0
0 1 1	1
1 0 0	0
1 0 1	1
1 1 0	1
1 1 1	1

（2）由真值表写出逻辑函数式：

$$Y = \bar{A}BC + A\bar{B}C + AB\bar{C} + ABC$$

（3）用卡诺图化简逻辑函数式：

$$Y = AC + AB + BC = \overline{\overline{AC + AB + BC}} = \overline{\overline{AC} \cdot \overline{AB} \cdot \overline{BC}}$$

（4）画逻辑电路图，如图 10-8 所示。

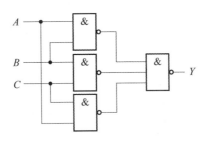

图 10-8　例 10-6 逻辑电路图

10.2 常用中规模集成组合逻辑电路部件

常用中规模集成组合逻辑电路部件主要有:加法器、编码器、译码器、数值比较器、数据选择器。

◆ 10.2.1 加法器

1.半加器

不考虑低位进位的两个一位二进制数相加,称为半加,可实现半加运算的电路叫半加器。

一位半加器的设计步骤如下。

(1)列真值表,如表10-7所示。

表 10-7　半加器真值表

A　B	S	C_i
0　0	0	0
0　1	1	0
1　0	1	0
1　1	1	1

(2)写出逻辑函数式:

$$S = \bar{A}B + A\bar{B} = A \oplus B \tag{10-2}$$

$$C_i = AB \tag{10-3}$$

(3)画逻辑电路图,如图10-9所示。

(4)半加器逻辑符号如图10-10所示。

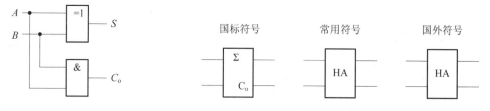

图 10-9　半加器逻辑电路图

图 10-10　半加器逻辑符号

2.全加器

包括低位进位的加法器称为全加器。

1)一位全加器

(1)真值表。

设输入变量为 A_i、B_i、C_{i-1};输出变量本位和为 S_i,向高位进位为 C_i,其真值表如表10-8所示。

表 10-8　全加器真值表

$A_i\,B_i\,C_{i-1}$	C_i	S_i
0　0　0	0	0
0　0　1	0	1
0　1　0	0	1
0　1　1	1	0
1　0　0	0	1
1　0　1	1	0
1　1　0	1	0
1　1　1	1	1

（2）写出逻辑函数式：

$$S_i = \bar{A}_i\bar{B}_iC_{i-1} + \bar{A}_iB_i\bar{C}_{i-1} + A_i\bar{B}_i\bar{C}_{i-1} + A_iB_iC_{i-1} \tag{10-4}$$

$$C_i = \bar{A}_iB_iC_{i-1} + A_i\bar{B}_iC_{i-1} + A_iB_i\bar{C}_{i-1} + A_iB_iC_{i-1} \tag{10-5}$$

（3）化简变换逻辑函数式：

$$\begin{aligned}
S_i &= \bar{A}_i\bar{B}_iC_{i-1} + \bar{A}_iB_i\bar{C}_{i-1} + A_i\bar{B}_i\bar{C}_{i-1} + A_iB_iC_{i-1} \\
&= (A_i \oplus B_i)\bar{C}_{i-1} + \overline{(A_i \oplus B_i)}C_{i-1} = A_i \oplus B_i \oplus C_{i-1}
\end{aligned} \tag{10-6}$$

$$\begin{aligned}
C_i &= \bar{A}_iB_iC_{i-1} + A_i\bar{B}_iC_{i-1} + A_iB_i\bar{C}_{i-1} + A_iB_iC_{i-1} \\
&= (A_i \oplus B_i)C_{i-1} + A_iB_i
\end{aligned} \tag{10-7}$$

（4）画逻辑电路图，如图 10-11 所示。

（5）全加器逻辑符号如图 10-12 所示。

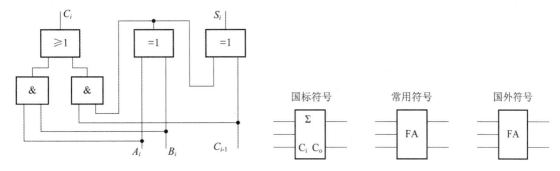

图 10-11　全加器逻辑电路图　　　　　图 10-12　全加器逻辑符号

2）多位加法器

（1）串行进位加法器。

串行进位加法器逻辑电路图如图 10-13 所示。

$$\begin{aligned}
(C_i)_i &= (C_o)_{i-1} \\
S_i &= A_i \oplus B_i \oplus (C_i)_i \\
(C_o)_i &= A_iB_i + (A_i + B_i)(C_i)_i
\end{aligned} \tag{10-8}$$

（2）超前进位加法器。

基本原理：加到第 i 位的进位输入信号是两个加数第 i 位以前各位（$0 \sim j-1$）的函数，可在相加前由 A、B 两数确定。超前进位加法器逻辑电路图如图 10-14 所示。

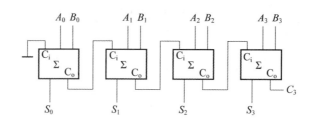

图 10-13　串行进位加法器逻辑电路图

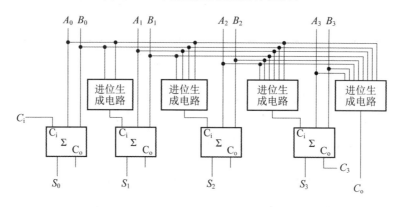

图 10-14　超前进位加法器逻辑电路图

超前进位加法器的优点:快,每1位的和及最后的进位基本同时产生;缺点:电路复杂。

◆ 10.2.2　编码器

能将输入的每一个高、低电平信号编成一个对应的二进制代码的电路称为编码器。

常用的编码器分为普通编码器(单输入端有效)和优先编码器(允许多输入端有效)。

普通编码器:任何时刻只允许输入一个编码信号,即单输入端输入信号有效,否则输出端发生混乱。

优先编码器:允许同时输入两个或两个以上编码信号,但是当 N 个输入信号同时出现时,只对其中优先权最高的一个信号进行编码。

图 10-15 所示为 8 线-3 线编码器;图 10-16 所示为二进制编码器。

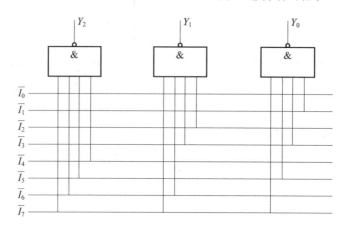

图 10-15　8 线-3 线编码器

图 10-16　二进制编码器

1. 普通编码器

普通编码器真值表如表 10-9 所示。

表 10-9　普通编码器真值表

输　入								输　出		
I_0	I_1	I_2	I_3	I_4	I_5	I_6	I_7	Y_2	Y_1	Y_0
1	0	0	0	0	0	0	0	0	0	0
0	1	0	0	0	0	0	0	0	0	1
0	0	1	0	0	0	0	0	0	1	0
0	0	0	1	0	0	0	0	0	1	1
0	0	0	0	1	0	0	0	1	0	0
0	0	0	0	0	1	0	0	1	0	1
0	0	0	0	0	0	1	0	1	1	0
0	0	0	0	0	0	0	1	1	1	1

利用无关项化简,得:

$$Y_2 = \overline{\overline{I_7}\,\overline{I_6}\,\overline{I_5}\,\overline{I_4}} = I_7 + I_6 + I_5 + I_4$$

$$Y_1 = \overline{\overline{I_7}\,\overline{I_6}\,\overline{I_3}\,\overline{I_2}} = I_7 + I_6 + I_3 + I_2$$

$$Y_0 = \overline{\overline{I_7}\,\overline{I_5}\,\overline{I_3}\,\overline{I_1}} = I_7 + I_5 + I_3 + I_1$$

普通编码器的逻辑电路图如图 10-17 所示。

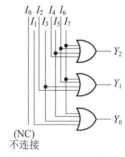

图 10-17　普通编码器的逻辑电路图

2. 优先编码器

8 线-3 线优先编码器(设 I_7 优先权最高$\cdots I_0$ 优先权最低)真值表如表 10-10 所示。

表 10-10　优先编码器真值表

输　入								输　出		
I_0	I_1	I_2	I_3	I_4	I_5	I_6	I_7	Y_2	Y_1	Y_0
1	0	0	0	0	0	0	0	0	0	0
$\times$	1	0	0	0	0	0	0	0	0	1
$\times$	$\times$	1	0	0	0	0	0	0	1	0
$\times$	$\times$	$\times$	1	0	0	0	0	0	1	1
$\times$	$\times$	$\times$	$\times$	1	0	0	0	1	0	0
$\times$	$\times$	$\times$	$\times$	$\times$	1	0	0	1	0	1
$\times$	$\times$	$\times$	$\times$	$\times$	$\times$	1	0	1	1	0
$\times$	$\times$	$\times$	$\times$	$\times$	$\times$	$\times$	1	1	1	1

如图 10-18 所示,74LS148 为典型的 8 线-3 线优先编码器,其特点为:低电平有效;选通输入端为 0 时,电路工作;扩展端为 0 时,电路工作有编码输入;选通输出端为 0 时,电路工

作无编码输入。其真值表如表 10-11 所示。

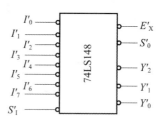

图 10-18　74LS148

表 10-11　74LS148 真值表

S'_1	I'_0	I'_1	I'_2	I'_3	I'_4	I'_5	I'_6	I'_7	Y'_2	Y'_1	Y'_0	S'_0	E'_x
1	×	×	×	×	×	×	×	×	1	1	1	1	1
0	1	1	1	1	1	1	1	1	1	1	1	0	1
0	×	×	×	×	×	×	×	0	0	0	0	1	0
0	×	×	×	×	×	×	0	1	0	0	1	1	0
0	×	×	×	×	×	0	1	1	0	1	0	1	0
0	×	×	×	×	0	1	1	1	0	1	1	1	0
0	×	×	×	0	1	1	1	1	1	0	0	1	0
0	×	×	0	1	1	1	1	1	1	0	1	1	0
0	×	0	1	1	1	1	1	1	1	1	0	1	0
0	0	1	1	1	1	1	1	1	1	1	1	1	0

附加输出信号的状态及含义如表 10-12 所示。

表 10-12　附加输出信号的状态及含义

S'_0	E'_x	状　态
0　0		不工作
0　1		工作但无输入
1　0		工作且有输入
1　1		可能出现

10.2.3　译码器

译码：将输入的代码"翻译"成另外一种代码输出。

常用的译码器有二进制译码器、二-十进制译码器和七段显示译码器等几类。

1. 二进制译码器

1）2 线-4 线译码器

2 线-4 线译码器的逻辑函数式为

$$\begin{cases} Y_0 = A'_1 A'_0 = m_0 \\ Y_1 = A'_1 A_0 = m_1 \\ Y_2 = A_1 A'_0 = m_2 \\ Y_3 = A_1 A_0 = m_3 \end{cases}$$

(10-9)

其结构框图和逻辑电路图如图 10-19 所示。

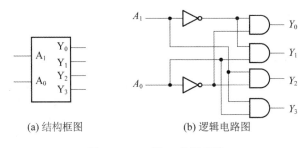

(a) 结构框图　　　　(b) 逻辑电路图

图 10-19　2 线-4 线译码器

2）双 2 线-4 线译码器 74HC139

双 2 线-4 线译码器 74HC139 的逻辑函数式为

$$\begin{cases} Y'_0 = (GA'_1A'_0)' \\ Y'_1 = (GA'_1A_0)' \\ Y'_2 = (GA_1A'_0)' \\ Y'_3 = (GA_1A_0)' \\ Y'_i = (Gm_i)' \end{cases} \tag{10-10}$$

其逻辑电路图和结构框图如图 10-20 所示。

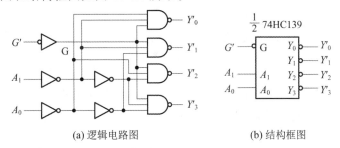

(a) 逻辑电路图　　　　(b) 结构框图

图 10-20　双 2 线-4 线译码器 74HC139

74HC139 的真值表如表 10-13 所示。

表 10-13　74HC139 的真值表

输　　入			输　　出			
	A_1	A_0				
1	×	×	1	1	1	1
0	0	0	1	1	1	0
0	0	1	1	1	0	1
0	1	0	1	0	1	1
0	1	1	0	1	1	1

■ **例 10-7**　　用 74HC139（双 2 线-4 线译码器）设计为一个 3 线-8 线译码器。

解　输出逻辑函数为

$$Z'_0 = (A'_2A'_1A'_0)'$$
$$Z'_1 = (A'_2A'_1A_0)'$$
$$Z'_2 = (A'_2A_1A'_0)'$$
$$Z'_3 = (A'_2A_1A_0)'$$
$$Z'_4 = (A_2A'_1A'_0)'$$

$$Z'_5 = (A_2 A'_1 A_0)'$$

$$Z'_6 = (A_2 A_1 A'_0)'$$

$$Z'_7 = (A_2 A_1 A_0)'$$

所设计的 3 线-8 线译码器 74LS138 如图 10-21 所示。

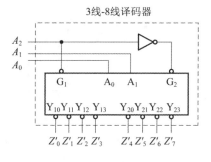

例 10-8　试利用 3 线-8 线译码器 74LS138 设计一个多输出的组合逻辑电路。输出逻辑函数为

$$Z_1 = A\bar{C} + \bar{A}BC + \bar{A}B\bar{C}$$

图 10-21　3 线-8 线译码器 74LS138

$$Z_2 = BC + \bar{A}\bar{B}C$$

$$Z_3 = \bar{A}B + \bar{A}\bar{B}C$$

$$Z_4 = \bar{A}\bar{B}\bar{C} + B\bar{C} + ABC$$

解　(1) 将给定的逻辑函数化为最小项之和的标准形式。

$$Z_1 = \bar{A}BC + A\bar{B}\bar{C} + A\bar{B}C + AB\bar{C} = m_3 + m_4 + m_5 + m_6$$

$$Z_2 = \bar{A}\bar{B}C + \bar{A}BC + ABC = m_1 + m_3 + m_7$$

$$Z_3 = \bar{A}B\bar{C} + \bar{A}BC + \bar{A}\bar{B}C = m_2 + m_3 + m_5$$

$$Z_4 = \bar{A}\bar{B}\bar{C} + \bar{A}B\bar{C} + A\bar{B}\bar{C} + ABC = m_0 + m_2 + m_4 + m_7$$

(2) 令 $A_0 = A, A_1 = B, A_2 = C, S_1 = 1, \overline{S_2} + \overline{S_3} = 0$,逻辑电路图如图 10-22 所示。

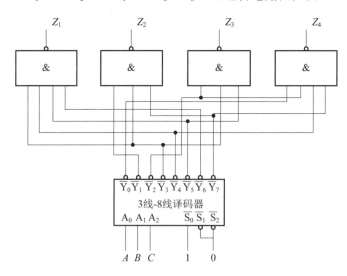

图 10-22　例 10-8 逻辑电路图

2. 二-十进制译码器

二-十进制译码器的功能是将输入的 10 个 BCD 码分别译成 10 个输出端上的高(或低)电平信号。BCD 码以外的伪码,输出均无低电平信号产生。

3. 七段显示译码器

七段显示译码器的功能是将 BCD 码译成七段字符显示器驱动电路所需的 7 位输入代码。图 10-23 所示为七段字符显示器。

七段显示译码器 74LS49 的逻辑图如图 10-24 所示,电路上设置了"消隐",(BI)′为控制端,正常工作时应将(BI)′接高电平。

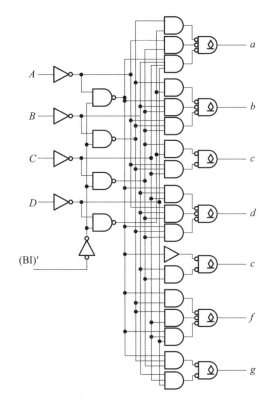

图 10-23　七段字符显示器　　　图 10-24　七段显示译码器 74LS49 的逻辑图

■ **例 10-9**　用图 10-25 所示译码器实现逻辑函数。

解　当 $E_3=1, E_2=E_1=0$ 时:

$$\overline{Y_0} = \overline{\overline{A_2} \cdot \overline{A_1} \cdot \overline{A_0}} = \overline{m_0} \tag{10-11}$$

$$\overline{Y_1} = \overline{\cdot \overline{A}\overline{B}C} = \overline{m_1} \tag{10-12}$$

$$\overline{Y_2} = \overline{\cdot \overline{A}B\overline{C}} = \overline{m_2} \tag{10-13}$$

$$\vdots$$

$$\overline{Y_7} = \overline{A \cdot B \cdot C} = \overline{m_7} \tag{10-14}$$

3 线-8 线译码器的 $Y_0 \sim Y_7$ 含三变量函数的全部最小项。

■ **例 10-10**　用一片 74HC138 实现函数 $L = \overline{A}C + AB$。

解　首先将函数式变换为最小项之和的形式:

$$L = \overline{A}\overline{B}\overline{C} + \overline{A}B\overline{C} + AB\overline{C} + ABC$$

$$= m_0 + m_2 + m_6 + m_7$$

$$= \overline{\overline{m_0} \cdot \overline{m_2} \cdot \overline{m_6} \cdot \overline{m_7}}$$

$$= \overline{\overline{Y_0} \cdot \overline{Y_2} \cdot \overline{Y_6} \cdot \overline{Y_7}}$$

其逻辑电路图如图 10-26 所示。

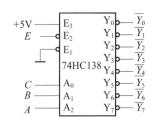

图 10-25   74HC138 译码器

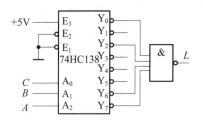

图 10-26   例 10-10 逻辑电路图

◆ 10.2.4 数据选择器

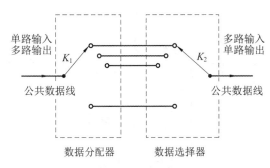

图 10-27   数据选择器示意图

1. 数据选择器的定义

将多条传输线上的不同数字信号,按需要选择其中一个送到公共数据线上的电路称为数据选择器,简称 MUX,又称为多路选择器,如图 10-27 所示。

2. 数据选择器的功能

数据选择器能实现数据选择功能的逻辑电路。它的作用相当于多个输入的单刀多掷开关,又称"多路开关"。从多个输入数据中选择其中的一个数据,并将其送到输出端。

数据选择器电路广泛地应用于计算机和数字通信系统。常用的数据选择器有四选一型、八选一型等,例如 MSI 中规模集成电路 74LS150、74LS151、74LS153 等。

3. 四选一数据选择器的分析

四选一数据选择器从四个数据中按要求选出一个数据送到传输通道或公共数据线上。$\overline{S_1}$、$\overline{S_2}$ 为控制端,用于控制电路工作状态和扩展功能,低电平有效。

逻辑函数式:

$$Y_1 = [D_{10}(\overline{A_1}\ \overline{A_0}) + D_{11}(\overline{A_1}\ \overline{A_0}) + D_{12}(\overline{A_1}\ \overline{A_0}) + D_{13}(\overline{A_1}\ \overline{A_0})] \cdot S_1 \quad (10\text{-}15)$$

$$Y_2 = [D_{20}(\overline{A_1}\ \overline{A_0}) + D_{21}(\overline{A_1}\ \overline{A_0}) + D_{22}(\overline{A_1}\ \overline{A_0}) + D_{23}(\overline{A_1}\ \overline{A_0})] \cdot S_1 \quad (10\text{-}16)$$

四选一数据选择器功能表如表 10-14 所示,则有:

$$\overline{S_1} = 0、A_1 A_0 = 00、Y = D_0$$
$$\overline{S_1} = 0、A_1 A_0 = 01、Y = D_1$$
$$\overline{S_1} = 0、A_1 A_0 = 10、Y = D_2$$
$$\overline{S_1} = 0、A_1 A_0 = 11、Y = D_3 \quad (10\text{-}17)$$

表 10-14   四选一数据选择器功能表

输	入		输 出
$\overline{S_1}$	A_1	A_0	Y
1	×	×	0
0	0	0	D_0
0	0	1	D_1
0	1	0	D_2
0	1	1	D_3

实际双四选一数据选择器(CC14539-CMOS)如图 10-28 所示。

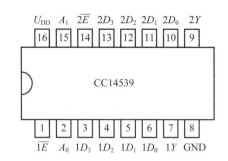

图 10-28 CC14539-CMOS

CC14539 各个引脚的名称及功能:A_1、A_0 为地址选择端、数据选择端;$1D_0 \sim 1D_3$,$2D_0 \sim$ $2D_3$ 为数据输入端;Y_1、Y_2 为数据输出端;控制端为 $\overline{S}$。

4. 八选一数据选择器

两个四选一数据选择器可接成一个八选一数据选择器。

利用八选一数据选择器组成函数产生器的一般步骤如下:将函数变换成最小项表达式,将使器件处于使能状态,地址信号 S_2、S_1、S_0 作为函数的输入变量,处理数据输入 $D_0 \sim D_7$ 信号电平。逻辑表达式中有 m_i,则相应 $D_i = 1$,其他的数据输入端均为 0。

逻辑函数式:

$$Y = \overline{S_2}\,\overline{S_1}\,\overline{S_0}D_0 + \overline{S_2}\,\overline{S_1}S_0D_1 + \overline{S_2}S_1\overline{S_0}D_2 + \overline{S_2}S_1S_0D_3$$
$$+ S_2\overline{S_1}\,\overline{S_0}D_4 + S_2\overline{S_1}S_0D_5 + S_2S_1\overline{S_0}D_6 + S_2S_1S_0D_7$$

$$(10\text{-}18)$$

5. 数据选择器的应用

数据选择器不仅可以实现数据选择的传输,还可以产生逻辑函数、并行数据与串行数据之间的转换、实现某种组合电路的功能。

例 10-11 用四选一数据选择器实现"异或"逻辑。

解 异或逻辑函数式为

$$Y = A_1\overline{A_0} + \overline{A_1}A_0$$

根据函数式列真值表,如表 10-15 所示。

表 10-15 例 10-11 真值表

A_1	A_0	D_i	Y
0	0	D_0	0
0	1	D_1	1
1	0	D_2	1
1	1	D_3	0

电路连接:其逻辑电路图如图 10-29 所示。

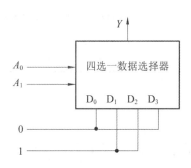

图 10-29 例 10-11 逻辑电路图

例 10-12 用八选一数据选择器设计三变量多数表决器。

解 （1）列真值表，如表 10-16 所示。

表 10-16 例 10-12 真值表

$A_2 \quad A_1 \quad A_0$	D_i	Y
0 0 0	D_0	0
0 0 1	D_1	0
0 1 0	D_2	0
0 1 1	D_3	1
1 0 0	D_4	0
1 0 1	D_5	1
1 1 0	D_6	1
1 1 1	D_7	1

（2）逻辑电路图如图 10-30 所示。

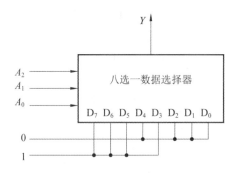

图 10-30 例 10-12 逻辑电路图

例 10-13 用八选一数据选择器产生逻辑函数：

$$Y = A\bar{B}\bar{C} + \bar{A}C + BC$$

解 （1）根据逻辑函数写出其最小项之和的标准形式：

$$Y = A\bar{B}\bar{C} + \bar{A}\bar{B}C + \bar{A}BC + ABC$$

令 $A_2=A$，$A_1=B$，$A_0=C$。

列出真值表，如表 10-17 所示。

表 10-17　例 10-13 真值表

$A_2 \quad A_1 \quad A_0$	D_i	Y
0　0　0	D_0	0
0　0　1	D_1	1
0　1　0	D_2	0
0　1　1	D_3	1
1　0　0	D_4	1
1　0　1	D_5	0
1　1　0	D_6	0
1　1　1	D_7	1

（2）逻辑电路图如图 10-31 所示。

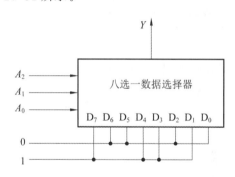

图 10-31　例 10-13 逻辑电路图

◆ 10.2.5　数值比较器

数值比较器用来比较两个数的数值大小，给出"大于"、"小于"或者"相等"的输出信号。

1. 一位数值比较器

一位数值比较器逻辑电路图如图 10-32 所示。

$$\because A=B(A、B \text{同为 0 或 1}),\therefore Y_{(A=B)}=(A\oplus B)'$$
$$\because A>B(A=1,B=0),AB'=1,\therefore Y_{(A>B)}=AB' \tag{10-19}$$
$$\because A<B(A=0,B=1),A'B=1,\therefore Y_{(A<B)}=A'B$$

2. 多位数值比较器

74LS85 为典型的多位数值比较器，如图 10-33 所示。

原理：从高位比起，只有高位相等，才比较下一位。

$I_{(A<B)}$、$I_{(A=B)}$ 和 $I_{(A>B)}$ 为附加端，用于扩展。

例 10-14　　比较 $A_3A_2A_1A_0$ 和 $B_3B_2B_1B_0$。

解

$$Y_{(A<B)} = A'_3 B_3 + (A_3 \oplus B_3)' A'_2 B_2 + (A_3 \oplus B_3)'(A_2 \oplus B_2)' A'_1 B_1$$
$$+ (A_3 \oplus B_3)'(A_2 \oplus B_2)'(A_1 \oplus B_1)' A'_0 B_0$$
$$+ (A_3 \oplus B_3)'(A_2 \oplus B_2)'(A_1 \oplus B_1)'(A_0 \oplus B_0)' I_{(A<B)} I'_{(A=B)}$$

$$Y_{(A>B)} = A'_3 B_3 + (A_3 \oplus B_3)' A_2 B'_2 + (A_3 \oplus B_3)'(A_2 \oplus B_2)' A_1 B'_1$$
$$+ (A_3 \oplus B_3)'(A_2 \oplus B_2)'(A_1 \oplus B_1)' A_0 B'_0$$
$$+ (A_3 \oplus B_3)'(A_2 \oplus B_2)'(A_1 \oplus B_1)'(A_0 \oplus B_0)' I_{(A>B)} I'_{(A=B)}$$

$$Y_{(A=B)} = (A_3 \oplus B_3)'(A_2 \oplus B_2)'(A_1 \oplus B_1)'(A_0 \oplus B_0)' I'_{(A=B)}$$

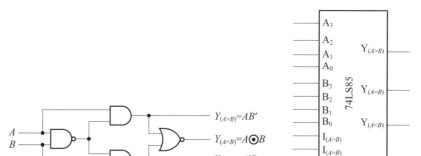

图 10-32　一位数值比较器逻辑电路图　　　图 10-33　74LS85

例 10-15　比较两个 8 位二进制数的大小。

解　根据题意,其逻辑电路图如图 10-34 所示。

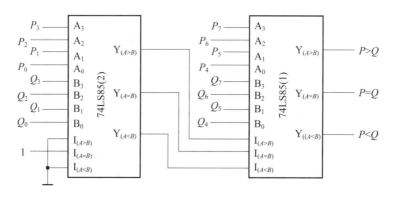

图 10-34　例 10-15 逻辑电路图

10.3　组合逻辑电路的竞争和冒险

1. 竞争-冒险现象及其成因

门电路两个输入信号同时向相反的逻辑电平跳变的现象叫作竞争。由于竞争而在电路输出端可能产生尖峰脉冲的现象叫作竞争-冒险。

2. 检查竞争-冒险现象的方法

$Y = A + \overline{A}$ 或 $Y = A \cdot \overline{A}$,则可判定存在竞争-冒险现象。其逻辑电路如图 10-35 所示。

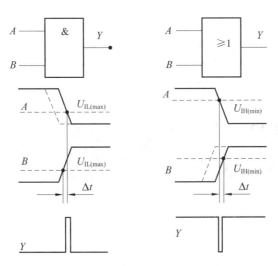

图 10-35　竞争-冒险现象的逻辑电路

3. 消除竞争-冒险现象的方法

1）接入滤波电容

尖峰脉冲很窄，用很小的电容就可将尖峰削弱到 U_{TH} 以下。

2）引入选通信号

将选通信号的有效作用时间选在输入信号变化结束后，$S=1$ 期间的输出信号不会出现尖峰。其逻辑电路如图 10-36 所示。

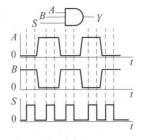

图 10-36　消除竞争-冒险现象的逻辑电路

本章小结

  数字电路根据逻辑功能特点的不同分为组合逻辑电路和时序逻辑电路。组合逻辑电路指任何时刻的输出仅取决于该时刻输入信号的组合，而与电路原有的状态无关的电路。本章对组合逻辑电路逻辑功能和电路结构的特点进行简述，对组合逻辑电路的分析方法和设计方法进行了具体介绍，组合逻辑电路的分析步骤：由逻辑图写出各输出端的逻辑表达式；化简和变换逻辑表达式；列出真值表；根据真值表或逻辑表达式，经分析最后确定其功能。简单电路的设计：（1）逻辑抽象；分析因果关系，确定输入/输出变量，定义逻辑状态的含义（赋值），列出真值表；（2）由真值表写出逻辑函数式；（3）选定器件的类型；（4）根据所选器件，对逻辑式化简、变换或进行相应的描述；（5）根据逻辑式画出逻辑图。

  本章并对常用中规模集成组合逻辑电路部件加法器、编码器、译码器、数值比较器、数据选择器的工作原理、功能、应用进行了介绍。全加器将两个 1 位二进制数及来自低位的进位相加；译码器将输入的代码"翻译"成另外一种代码输出，常用的译码器有二进制译码器，二-十进制译码器和七段显示译码器等几类；编码器将一组编码输入的每一个信号编成一个与之对应的输出代码。普通编码器在正常工作时只允许输入一个编码信号，不允许同时输入两个或两个以上的编码输入信号，否则输出将出现错误状态。优先编码器能够同时有两个或两个以上的编码输入信号，只对其中优先权最高的一个进行编码；数据选择器是能实现数据选择功能的逻辑电路。它的作用相当于多个输入的单刀多掷开关，又称"多路开关"。在通道选择信号的作用下，将多个通道的数据分时传送到公共的数据通道上去；数值比较器用来比较两个数的数值大小，给出"大于"、"小于"或者"相等"的输出信号。

两个输入信号"同时向相反的逻辑电平变化",称存在"竞争"。只要存在输入信号的竞争,就有产生输出尖峰脉冲噪声的危险,这种现象称为"竞争-冒险"现象。消除竞争-冒险现象的方法主要是:接入滤波电容,尖峰脉冲很窄,用很小的电容就可将尖峰削弱到 U_{TH} 以下;引入选通信号,将选通信号的有效作用时间选在输入信号变化结束后,$S=1$ 期间的输出信号不会出现尖峰。

本章习题

10-1 分析题图 10-1 所示电路的逻辑功能。

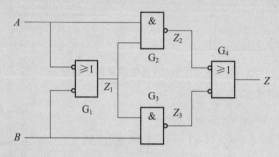

题图 10-1

10-2 写出题图 10-2 所示电路的输出逻辑函数式。

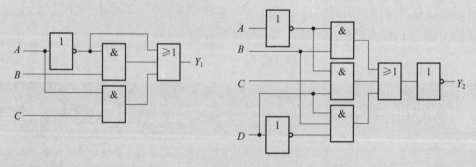

题图 10-2

10-3 画出逻辑函数式 $Y=\overline{AB}(C+\overline{D})$ 的逻辑电路图。

10-4 用与非门实现如下逻辑函数。

(1) $F=ABC$;

(2) $F=\overline{AB}+\overline{CD}$。

10-5 用或非门实现下列逻辑函数。

(1) $F=ABC$;

(2) $F=\overline{AB}+\overline{CD}$。

10-6 试分析题图 10-6 所示电路的逻辑功能。

10-7 试分析题图 10-7 所示电路的逻辑功能。

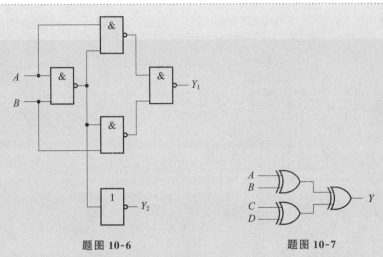

题图 10-6 · · · · · · · · · · · 题图 10-7

10-8 已知一个三输出端组合逻辑电路如题图 10-8 所示,分析该电路功能。

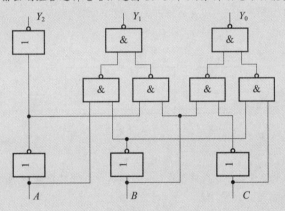

题图 10-8

10-9 用与非门设计一个举重裁判表决电路。设举重比赛有三个裁判,一个主裁判和两个副裁判。杠铃完全举上的裁决由每一个裁判按一下自己面前的按钮来确定。只有当两个或两个以上裁判判明成功,并且其中有一个为主裁判时,表明成功的灯才亮。

10-10 分析题图 10-10 所示电路的逻辑功能。

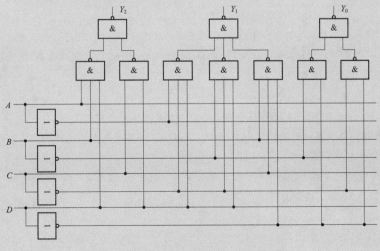

题图 10-10

10-11 分析题图 10-11 所示电路的逻辑功能。

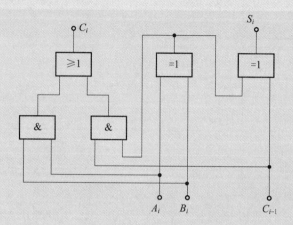

题图 **10-11**

10-12 试写出题图 10-12 所示加法器的输出表达式。

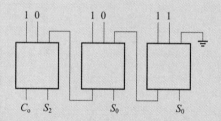

题图 **10-12**

10-13 试用简单门电路设计一位数值比较器。要求两个二进制数 A、B，当 $A<B$ 时，$Y_1=1$；$A>B$ 时，$Y_2=1$；$A=B$ 时，$Y_3=1$，除此以外，Y_1、Y_2、Y_3 均为 0 状态。

10-14 试设计一个检测电路，当 4 位二进制数为 0、2、4、6、8、10、12、14 时，检测电路输出为 1。

10-15 设计一个代码转换电路，将 BCD 代码的 8421 码转换成余 3 码。

10-16 用两片 8 线-3 线优先编码器实现 16 线-4 线优先编码器。

10-17 用 3 线-8 线译码器 74LS138 和与非门实现如下多输出函数。

$F_1(A,B,C)=AB+BC+AC$；

$F_2(A,B,C)=\sum m(2,4,5,7)$。

10-18 试用八选一数据选择器 74LS151 产生逻辑函数 $L=\overline{X}YZ+X\,\overline{Y}Z+XY$。

10-19 试用八选一数据选择器 74LS151 实现 4 个开关控制一个灯的逻辑电路，要求改变任何一个开关的状态都能控制灯的状态（由灭到亮，或反之）。

10-20 线译码器 74LS154 接成如题图 10-20 所示电路。图中 S_0、S_1 为选通输入端，芯片译码时，S_0、S_1 同时为 0，芯片才被选通，实现译码操作。芯片输出端为低电平有效。

(1) 写出电路的输出函数 $F_1(A,B,C,D)$ 和 $F_2(A,B,C,D)$ 的表达式，当 $ABCD$ 为何种取值时，函数 $F_1=F_2=1$；

(2) 若要用 74LS154 芯片实现两个 2 位二进制数 A_1A_0、B_1B_0 的大小比较电路，即 $A>B$ 时，$F_1=1$；$A<B$ 时，$F_2=1$。试画出其接线图。

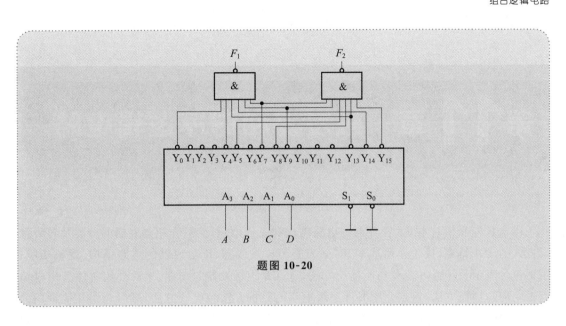

题图 10-20

第11章 触发器和时序逻辑电路

本章首先介绍基本 RS 锁存器的电路结构和工作原理,然后介绍触发器的分类及各种触发方式的动作特点,接着介绍基本 RS 触发器、JK 触发器、D 触发器的电路结构、逻辑功能、逻辑符号表示及特性方程和功能描述方法,重点介绍触发器的功能,然后介绍时序逻辑电路逻辑功能的描述方法,重点介绍时序逻辑电路的分析方法和设计方法,然后介绍几种常用的时序逻辑电路,重点介绍同步计数器、移位寄存器的逻辑功能,最后介绍同步时序逻辑电路的设计方法。

11.1 触发器

触发器是数字电路中极其重要的基本单元。触发器有两个稳定状态,在外界信号作用下,可以从一个稳态转变为另一个稳态;无外界信号作用时状态保持不变。因此,触发器可以作为二进制存储单元使用。触发器是有记忆功能的逻辑部件,输出状态不只与现时的输入有关,还与原来的输出状态有关。它具有"一触即发"的功能。在输入信号的作用下,它能够从一种状态(0 或 1)转变成另一种状态(1 或 0)。

触发器的逻辑功能可以用真值表、卡诺图、特性方程、状态图和波形图等 5 种方式来描述。触发器的特性方程是表示其逻辑功能的重要逻辑函数,在分析和设计时序电路时常用来作为判断电路状态转换的依据。同一种功能的触发器,可以用不同的电路结构形式来实现;反过来,同一种电路结构形式,可以构成具有不同功能的各种类型触发器。

触发器按功能可分为 RS 触发器、D 触发器、JK 触发器、T 触发器等;按触发方式可分为电平触发方式、主从触发方式和边沿触发方式。

◆ 11.1.1 基本 RS 触发器

1. 由与非门构成的基本 RS 触发器

电路结构:由两个门电路交叉连接而成,如图 11-1(a)所示,其逻辑符号如图 11-1(b)所示。

1) 工作原理

(1) $R=0$、$S=0$。

无论初态 Q^n 为 0 或 1,触发器的状态不变。

(2) $R=0$、$S=1$。

无论初态 Q^n 为 0 或 1,触发器的次态都为 1。信号消失后新的状态将被记忆下来。

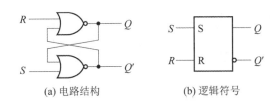

(a) 电路结构   (b) 逻辑符号

图 11-1 由与非门构成的基本 RS 触发器

（3）$R=1$、$S=0$。

无论初态 Q^n 为 0 或 1，触发器的次态都为 0。信号消失后新的状态将被记忆下来。

（4）$S=1$、$R=1$。

无论初态 Q^n 为 0 或 1，触发器的次态都为 0。

触发器的输出既不是 0，也不是 1。

注意：当 S、R 同时回到 0 时，由于两个与非门的延迟时间无法确定，使得触发器的最终稳定状态也不能确定。

根据工作原理可得其真值表如表 11-1 所示。

表 11-1 RS 触发器真值表

S	R	Q^n	Q^{n+1}
0	0	0	0
0	0	1	1
0	1	0	0
0	1	1	0
1	0	0	1
1	0	1	1
1	1	0	0^*
1	1	1	0^*

约束条件：$SR=0$。

2）动作特点

在任何时刻，输入都能直接改变输出的状态。

例 11-1   画出图 11-2 所示与非门构成的基本 RS 触发器的波形图。

解   波形图如图 11-3 所示。

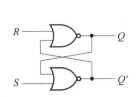

图 11-2 例 11-1 电路图

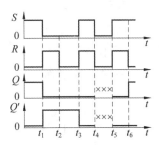

图 11-3 例 11-1 波形图

2. 由与非门组成的 SR 锁存器

由与非门组成的 SR 锁存器的电路结构及其逻辑符号如图 11-4 所示。其真值表如表 11-2 所示。

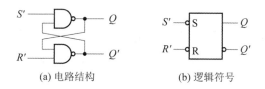

(a) 电路结构　　　　　(b) 逻辑符号

图 11-4　由与非门组成的 SR 锁存器

表 11-2　SR 锁存器真值表

S'	R'	Q^n	Q^{n+1}
1	1	1	1
1	1	0	0
1	0	1	0
1	0	0	0
0	1	1	1
0	1	0	1
0	0	1	1*
0	0	0	1*

R' 为置 0 输入端，S' 为置 1 输入端，低电平有效。正常工作时不应施加 $S'=R'=0$ 的输入信号。

基本 RS 触发器的特点总结如下：

(1) 触发器的次态不仅与输入信号状态有关，而且与触发器的现态有关。

(2) 电路具有两个稳定状态，在无外来触发信号作用时，电路将保持原状态不变。

(3) 在外加触发信号有效时，电路可以触发翻转，实现置 0 或置 1。

(4) 在稳定状态下两个输出端的状态和必须是互补关系，即有约束条件。

◆ 11.1.2　不同类型的集成触发器

触发器按触发方式可分为电平触发方式、主从触发方式和边沿触发方式。在数字系统中，如果要求某些触发器在同一时刻动作，就必须给这些触发器引入时间控制信号。时间控制信号也称同步信号，或时钟脉冲，简称时钟。只有 CP=1 时，输出端状态才能改变为时钟控制，在 CP=1 时，控制端 R、S 的电平（1 或 0）发生变化时，输出端状态才改变为电平触发方式。

1. 时钟电平触发的触发器

1）一般时钟电平触发的触发器

(1)电路结构与工作原理。

一般时钟电平触发的触发器其电路结构和逻辑符号如图 11-5 所示。其真值表如表 11-3所示。

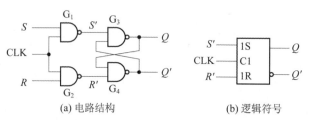

(a) 电路结构　　　　　　(b) 逻辑符号

图 11-5　一般时钟电平触发的触发器

表 11-3　一般时钟电平触发的触发器真值表

CLK	S	R	Q^n	Q^{n+1}
0	$\times$	$\times$	$\times$	Q
1	0	0	0	0
1	0	0	1	1
1	0	1	0	0
1	0	1	1	0
1	1	0	0	1
1	1	0	1	1
1	1	1	0	1*
1	1	1	1	1*

（2）动作特点。

只有触发信号 CLK 到达，输入 R 和 S 才起到作用，在 CLK 回到 0 或 S、R 同时回到 0 以后 Q^{n+1} 的状态不定。

2）带异步置 1、置 0 输入端的电平触发 SR 触发器

（1）电路结构和逻辑符号。

带异步置 1、置 0 输入端的电平触发 SR 触发器其电路结构和逻辑符号如图 11-6 所示。

（2）动作特点。

在 CLK＝1 的全部时间里，S 和 R 的变化都将引起输出状态的变化。

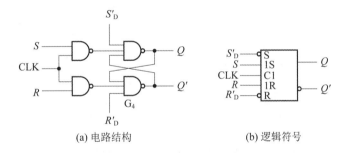

(a) 电路结构　　　　(b) 逻辑符号

图 11-6　带异步置 1、置 0 输入端的电平触发 SR 触发器

例 11-2　如图 11-7 所示，根据输入 R、S 画出输出波形图。

解　输出波形图如图 11-8 所示。

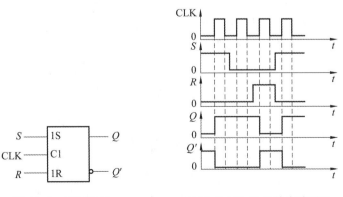

图 11-7　逻辑符号　　　图 11-8　例 11-2 输出波形图

在 CLK＝1 期间，Q 和 Q' 可能随 S、R 变化多次翻转。

2. 时钟脉冲触发的触发器

1）主从 SR 触发器

主从 SR 触发器的电路结构和逻辑符号如图 11-9 所示。其真值表如表 11-4 所示。

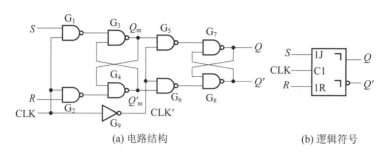

(a) 电路结构　　　　　　　　(b) 逻辑符号

图 11-9　主从 SR 触发器

CLK＝1 时，主触发器工作，接收 S、R 的输入信号，从触发器保持原状态。

CLK 回到低电平时，主触发器保持不变，从触发器状态翻转。

表 11-4　主从 SR 触发器真值表

CLK	S	R	Q^n	Q^{n+1}
×	×	×	×	Q
⊓	0	0	0	0
⊓	0	0	1	1
⊓	0	1	0	0
⊓	0	1	1	0
⊓	1	0	0	1
⊓	1	0	1	1
⊓	1	1	0	不定
⊓	1	1	1	不定

2）主从 JK 触发器

主从 JK 触发器的电路结构和逻辑符号如图 11-10 所示。其真值表如表 11-5 所示。为解除约束，即使出现 $S＝R＝1$ 的情况，次态 Q^{n+1} 也是确定的。

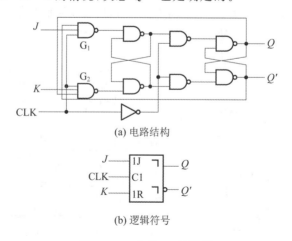

(a) 电路结构

(b) 逻辑符号

图 11-10　主从 JK 触发器

当 $Q＝0$、$Q'＝1$，即使 CLK＝1 期间 $J＝K＝1$，CLK↓ 后，触发器的次态为 $Q^{n+1}＝1$。

同理,若 $Q=1$、$Q'=0$,输入 $J=K=1$ 时,CLK $\downarrow$ 后,$Q^{n+1}=0$。

综合以上情况,可以表示为 $Q^{n+1}=Q'$。

表 11-5　主从 SR 触发器真值表

CLK	J	K	Q^n	Q^{n+1}
$\times$	$\times$	$\times$	$\times$	Q
⊓⌐	0	0	0	0
⊓⌐	0	0	1	1
⊓⌐	1	0	0	1
⊓⌐	1	0	1	1
⊓⌐	0	1	0	0
⊓⌐	0	1	1	0
⊓⌐	1	1	0	1
⊓⌐	1	1	1	0

脉冲触发方式的动作特点如下:

(1) 分两步动作:第一步 CLK=1 时,"主"接收信号,"从"保持;第二步 CLK $\downarrow$ 到达后,"从"按"主"状态翻转。

所以,输出状态只能改变一次。

(2) 主从 SR,"主"为同步 SR,CLK=1 时,输入信号对"主"都起控制作用,但主从 JK 在 CLK=1 期间,"主"只能翻转一次。

所以,CLK $\downarrow$ 期间输入发生变化时,要找出 CLK $\downarrow$ 前 Q 最后的状态,再决定 Q^{n+1}。

例 11-3　如图 11-11(a)所示,根据输入 J、K 画出输出波形图。

解　输出波形图如图 11-11(b)所示。

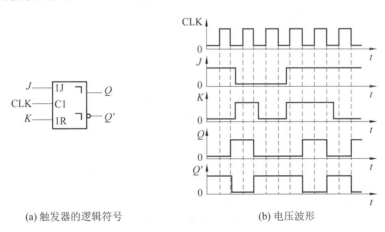

(a) 触发器的逻辑符号　　　　(b) 电压波形

图 11-11　例 11-3 图

3. 时钟边沿触发的触发器

为了提高可靠性,增强抗干扰能力,希望触发器的次态仅仅取决于时钟信号的上升沿或下降沿到达瞬间输入的状态。

1）电路结构和工作原理

时钟边沿触发的触发器其电路结构和逻辑符号如图 11-12 所示。

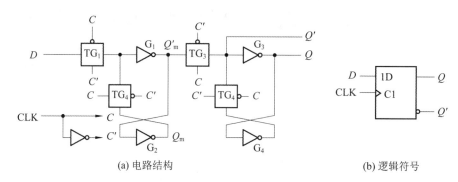

(a) 电路结构　　　　　　　　(b) 逻辑符号

图 11-12　时钟边沿触发的触发器

它的输入信号是在 D 端以单端形式给出的。

$$\text{CLK}=0 \text{ 时},\begin{cases}\text{TG}_1 \text{ 通},\text{TG}_2 \text{ 断}\rightarrow Q_m=D,Q_m \text{ 随着 } D \text{ 而变化}\\ \text{TG}_3 \text{ 断},\text{TG}_4 \text{ 通}\rightarrow Q \text{ 和 } Q' \text{ 的状态保持不变}\end{cases}$$

$$\text{CLK}\uparrow \text{ 后},\begin{cases}\text{TG}_1 \text{ 断},\text{TG}_2 \text{ 通}\rightarrow \text{CLK 上升沿到达瞬间 } D \text{ 状态保持}\\ \text{TG}_3 \text{ 通},\text{TG}_4 \text{ 断}\rightarrow Q'_m \text{ 送至输出端},\text{使 } Q=D\end{cases}$$

2）带异步置 1、置 0 输入端的边沿触发 D 触发器

带异步置 1、置 0 输入端的边沿触发 D 触发器其电路结构和逻辑符号如图 11-13 所示。

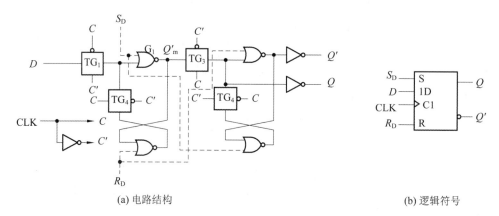

(a) 电路结构　　　　　　　　(b) 逻辑符号

图 11-13　D 触发器

如图 11-13(a) 中虚线所示，S_D、R_D 不受时钟控制，$S_D=1$ 或 $R_D=1$，触发器被置 1 和置 0。

边沿触发方式的触发器动作特点：输出状态的变化仅取决于时钟信号的上升沿（或下降沿）到达时刻输入的逻辑状态。

◆ 11.1.3　集成 JK、D、T 触发器逻辑功能的描述

时钟控制的触发器中，由于输入方式不同（单端、双端输入）、次态随输入变化的规则不同，可分为 SR 触发器、JK 触发器、D 触发器、T 触发器。

1. SR 触发器

凡在时钟信号作用下，具有如表 11-6 所示功能的触发器称为 SR 触发器。

表 11-6　SR 触发器真值表

S	R	Q^n	Q^{n+1}
0	0	0	0
0	0	1	1
1	0	0	1
1	0	1	1
0	1	0	0
0	1	1	0
1	1	0	1^*
1	1	1	1^*

（1）特性方程如下：

$$\begin{cases} Q^* = S'R'Q + SR'Q' + SR'Q = S'R'Q + SR' = S + R'Q \\ SR = 0 \end{cases} \tag{11-1}$$

（2）状态转换图如图 11-14 所示。

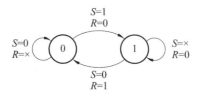

图 11-14　SR 触发器状态转换图

2. JK 触发器

凡在时钟信号作用下，具有如表 11-7 所示功能的触发器称为 JK 触发器。

表 11-7　JK 触发器真值表

J	K	Q^n	Q^{n+1}
0	0	0	0
0	0	1	1
1	0	0	1
1	0	1	1
0	1	0	0
0	1	1	0
1	1	0	1
1	1	1	0

（1）特性方程如下：

$$Q^* = JQ' + K'Q \tag{11-2}$$

（2）状态转换图如图 11-15 所示。

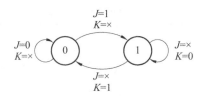

图 11-15　JK 触发器状态转换图

3. T 触发器

凡在时钟信号作用下,具有如表 11-8 所示功能的触发器称为 T 触发器。

表 11-8　T 触发器真值表

T	Q^n	Q^{n+1}
0	0	0
0	1	1
1	0	1
1	1	0

（1）特性方程如下:

$$Q^* = TQ' + T'Q$$

（2）状态转换图如图 11-16 所示。

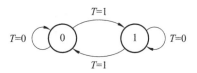

图 11-16　T 触发器状态转换图

4. D 触发器

凡在时钟信号作用下,具有如表 11-9 所示功能的触发器称为 D 触发器。

表 11-9　D 触发器真值表

D	Q^n	Q^{n+1}
0	0	0
0	1	0
1	0	1
1	1	1

（1）特性方程如下:

$$Q^* = D$$

（2）状态转换图如图 11-17 所示。

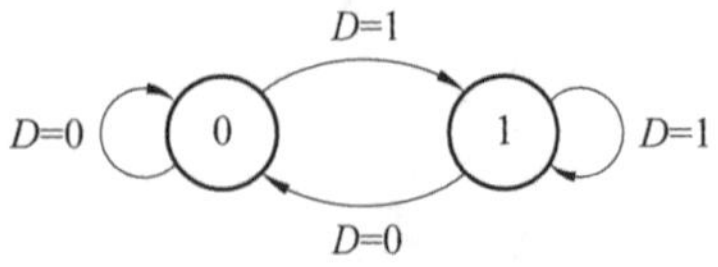

JK 触发器包含 SR 触发器和 T 触发器的功能。

$J = K = T$,则得到 T 触发器。其逻辑符号如图 11-18所示。

图 11-17　D 触发器状态转换图

$J = S$、$K = R$,在不出现 $S = R = 1$ 的情况下,得到 SR 触发器。其逻辑符号如图 11-19 所示。

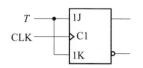

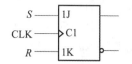

图 11-18　T 触发器逻辑符号　　　　图 11-19　SR 触发器逻辑符号

11.2　时序逻辑电路的基本概念

时序逻辑电路的工作特点是任意时刻的输出状态不仅与该当前的输入信号有关,而且与此前电路的状态有关。时序逻辑电路由组合逻辑电路和存储电路组成,电路中存在反馈,锁存器和触发器是构成时序逻辑电路的基本逻辑单元。

1. 时序逻辑电路的一般结构

时序逻辑电路的一般结构如图 11-20 所示,可以用三个方程组来描述。

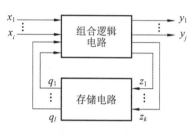

图 11-20　时序电路的一般结构

（1）输出方程:

$$\begin{cases} y_1 = f_1(x_1,x_2,\cdots,x_i,q_1,q_2,\cdots,q_l) \\ \vdots \\ y_j = f_j(x_1,x_2,\cdots,x_i,q_1,q_2,\cdots,q_l) \end{cases} \quad (11\text{-}3)$$

（2）驱动方程:

$$\begin{cases} z_1 = g_1(x_1,x_2,\cdots,x_i,q_1,q_2,\cdots,q_l) \\ \vdots \\ z_k = g_k(x_1,x_2,\cdots,x_i,q_1,q_2,\cdots,q_l) \end{cases} \quad (11\text{-}4)$$

（3）状态方程:

$$\begin{cases} q_1^* = h_1(z_1,z_2,\cdots,z_i,q_1,q_2,\cdots,q_l) \\ \vdots \\ q_l^* = h_l(z_1,z_2,\cdots,z_i,q_1,q_2,\cdots,q_l) \end{cases} \quad (11\text{-}5)$$

2. 时序逻辑电路的分类

1）同步时序电路与异步时序电路

所有触发器都是在同一时钟操作下,状态转换是同步发生的称为同步时序电路;不是所有的触发器都使用同一个时钟信号,因而在电路转换过程中触发器的翻转不是同步发生的称为异步时序电路。

2）Mealy 型和 Moore 型

Mealy 型: $Y = F(X,Q)$, 与 X、Q 有关。

Moore 型: $Y = F(Q)$, 仅取决于电路状态。

11.3　时序逻辑电路的分析与设计

◆　11.3.1　时序逻辑电路分析的一般步骤

找出给定时序电路的逻辑功能,即找出在输入和 CLK 作用下,电路的次态和输出。

时序逻辑电路分析的一般步骤：①根据给定的逻辑图写出存储电路中每个触发器输入端的逻辑函数式，得到电路的驱动方程；②将每个触发器的驱动方程代入它的特性方程，得到电路的状态方程；③按照逻辑图写出输出方程；④为了能更加直观地显示电路的逻辑功能，还可以从方程式求出电路的状态转换表，画出电路的状态转换图或时序图。

例 11-4　画出图 11-21 所示逻辑电路的状态转换图和时序图。

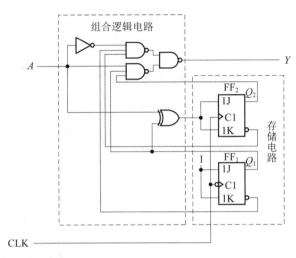

图 11-21　例 11-4 逻辑电路

解　（1）驱动方程：

$$\begin{cases} J_1 = K_1 = 1 \\ J_2 = K_2 = A \oplus Q_1 \end{cases} \tag{11-6}$$

（2）代入 JK 触发器特性方程，得出状态方程：

$$\begin{cases} Q_1^* = J_1 Q'_1 + K'_1 Q_1 = Q'_1 \\ Q_2^* = J_2 Q'_2 + K'_2 Q_2 = A \oplus Q_1 \oplus Q_2 \end{cases} \tag{11-7}$$

（3）输出方程：

$$Y = ((AQ_1Q_2)'(A'Q'_1Q'_2)')' = AQ_1Q_2 + A'Q'_1Q'_2$$

（4）状态转换表如表 11-10 所示。

表 11-10　例 11-4 状态转换表

$Q_2^* Q_1^* /Y$ 　A $Q_2 Q_3$	00	01	10	11
0	01/1	10/0	11/0	00/0
1	11/0	00/0	01/0	10/1

（5）状态转换图如图 11-22 所示。

（6）时序图如图 11-23 所示。

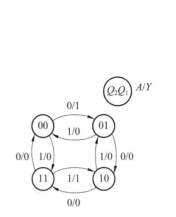

图 11-22　例 11-4 状态转换图

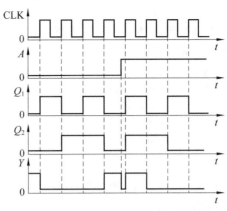

图 11-23　例 11-4 时序图

11.3.2　同步时序逻辑电路的分析与设计

简单同步时序逻辑电路的设计步骤如下：

（1）分析设计要求，找出电路应有的状态转换图或状态转换表。

确定输入/输出变量、电路状态数；定义输入/输出逻辑状态以及每个电路状态的含义，并将电路状态按顺序进行编号；按设计要求实现的逻辑功能画出电路的状态转换图或列出状态转换表。

（2）状态化简。

若两个电路状态在相同的输入下有相同的输出，并转向同一个次态，则称为等价状态；等价状态可以合并。

（3）状态编码。

确定触发器数目；给每个状态规定一个 n 位二进制代码（通常编码的取法、排列顺序都依照一定的规律）。

（4）从状态转换图或状态转换表求出电路的状态方程、驱动方程和输出方程。

（5）根据得到的驱动方程和输出方程画出逻辑图。

（6）检查所设计的电路能否自启动。

图 11-24 所示为同步时序逻辑电路的设计流程图。

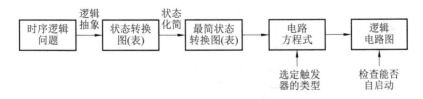

图 11-24　同步时序逻辑电路的设计流程图

例 11-5　设计一个串行数据检测电路。正常情况下串行的数据不应连续出现 3 个或 3 个以上的 1。当检测到连续 3 个或 3 个以上的 1 时，要求给出"错误"信号。

解　（1）建立电路的状态转换图，如图 11-25 所示。用 A（1 位）表示输入数据；用 Y（1 位）表示输出（检测结果）。

（2）状态化简。

化简后的状态转换图如图 11-26 所示。

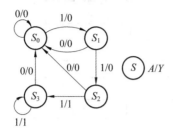
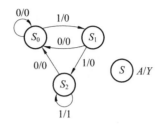

图 11-25　例 11-5 状态转换图　　　　图 11-26　例 11-5 化简后的状态转换图

（3）规定电路状态的编码。

电路的状态转换表示意图如图 11-27 所示。

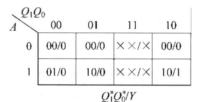

图 11-27　例 11-5 状态转换表示意图

取 $n=2$，取 Q_1Q_0 的 00、01、10 为 S_0、S_1、S_2，则：

$$Q_1^* = AQ_1 + AQ_0 \quad Q_0^* = AQ'_1Q'_0 \quad Y = AQ_1 \tag{11-8}$$

卡诺图如图 11-28 所示。

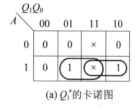
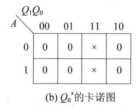
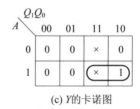

(a) Q_1^* 的卡诺图　　　　(b) Q_0^* 的卡诺图　　　　(c) Y 的卡诺图

图 11-28　例 11-5 卡诺图

（4）选用 JK 触发器，求方程组：

$$Q_1^* = AQ_1 + AQ_0(Q_1 + Q'_1) = (AQ_0)Q'_1 + AQ_1 \tag{11-9}$$

$$Q_0^* = (AQ'_1)Q'_0 + 1'Q_0 \tag{11-10}$$

（5）画逻辑图，如图 11-29 所示。

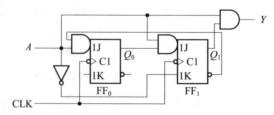

图 11-29　例 11-5 逻辑图

（6）检查电路能否自启动。

将无效状态 $Q_1Q_2=1$ 代入状态方程和输出方程计算，得到 $A=1$ 时次态转为 10、输出为 1；$A=0$ 时次态转为 00、输出为 0。所以能自启动。

11.4 中规模时序逻辑电路的分析

时序逻辑部件主要介绍计数器和移位寄存器。

◆ 11.4.1 计数器

计数器用于计数、分频、定时、产生节拍脉冲等,按时钟不同可分为同步计数器和异步计数器,按计数过程中数字的增减分为加、减计数器。

1. 同步计数器

1) 同步二进制计数器

(1) 同步二进制加法计数器逻辑电路如图 11-30 所示。

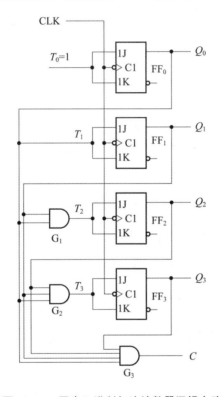

图 11-30　同步二进制加法计数器逻辑电路

原理:根据二进制加法运算规则可知,在多位二进制数末位加 1,若第 i 位以下皆为 1 时,则第 i 位应翻转。由此得出规律,若用 T 触发器构成计数器,则第 i 位触发器输入端 T_i 的逻辑式应为:T_0 始终等于 1,$T_i = Q_{i-1}Q_{i-2}\cdots Q_1 Q_0$。表 11-11 所示为同步二进制加法计数器真值表。

表 11-11　同步二进制加法计数器真值表

计 数 顺 序	电 路 状 态				进 位 输 出
	Q_1	Q_2	Q_3	Q_4	
0	0	0	0	0	0
1	0	0	0	1	0
2	0	0	1	0	0
3	0	0	1	1	0

计 数 顺 序	电 路 状 态				进 位 输 出
	Q_1	Q_2	Q_3	Q_4	
4	0	1	0	0	0
5	0	1	0	1	0
6	0	1	1	0	0
7	0	1	1	1	0
8	1	0	0	0	0
9	1	0	0	1	0
10	1	0	1	0	0
11	1	0	1	1	0
12	1	1	0	0	0
13	1	1	0	1	0
14	1	1	1	0	0
15	1	1	1	1	1
16	0	0	0	0	0

同步二进制加法计数器状态转换图和时序图如图 11-31 所示。

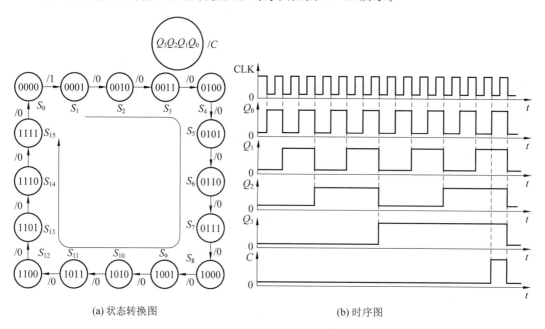

(a) 状态转换图 (b) 时序图

图 11-31 同步二进制加法计数器状态转换图和时序图

器件实例：SN74163（同步置 0），如图 11-32 所示，其功能表如表 11-12 所示。

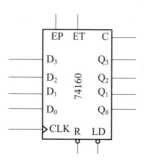

图 11-32 SN74163

表 11-12　SN74163 功能表

CLK	R'	LD$'$	EP	ET	工 作 模 式
↑	0	×	×	×	置 0
↑	1	0	×	×	预置数
×	1	1	0	1	保持
×	1	1	X	0	保持
↑	1	1	1	1	计数

只有 CLK 上升沿到达时 $R'=0$ 的信号才起作用。

（2）同步二进制减法计数器。

原理：根据二进制减法运算规则可知，在多位二进制数减 1 时，若第 i 位以下皆为 0 时，则第 i 位应当翻转，否则应保持不变。同步二进制减法计数器逻辑电路和状态转换图分别如图 11-33 和图 11-34 所示。

由此得出规律，若用 T 触发器构成计数器，则每一位触发器的驱动方程为：T_0 始终等于 1，$T_i = Q'_{i-1} Q'_{i-2} \cdots Q'_1 Q'_0$。

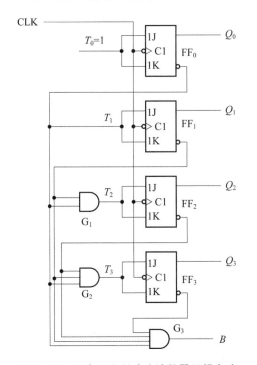

图 11-33　同步二进制减法计数器逻辑电路

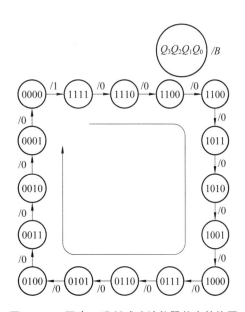

图 11-34　同步二进制减法计数器状态转换图

2）同步十进制计数器

（1）加法计数器。

基本原理：在同步十六进制计数器基础上修改，当计到 1001 时，则下一个 CLK 电路状态回到 0000。

$$T_0 = 1$$

$$T_1 = Q^0 \overline{Q^3}$$

$$T_2 = Q^0 Q^1$$

$$T_3 = Q^0 Q^1 Q^2 + Q^0 Q^3$$

同步十进制加法计数器逻辑电路和状态转换图分别如图 11-35 和图 11-36 所示。

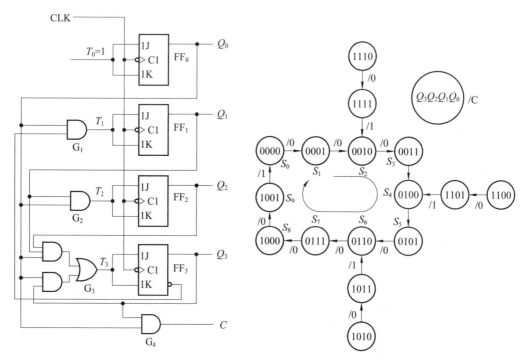

图 11-35 同步十进制加法计数器逻辑电路　　图 11-36 同步十进制加法计数器状态转换图

（2）器件实例：74SN160（异步置 0），如图 11-37 所示，其功能表如表 11-13 所示。

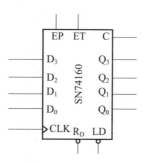

图 11-37 74SN160

表 11-13 74SN160 功能表

CLK	R'	LD'	EP	ET	工 作 模 式
×	0	×	×	×	置 0
↑	1	0	×	×	预置数
×	1	1	0	1	保持
×	1	1	×	0	保持
↑	1	1	1	1	计数

2. 异步计数器

1）异步二进制加法计数器

在末位＋1时，异步二进制加法计数器从低位到高位按逐位进位方式工作，其逻辑电路如图 11-38 所示。

原则：每 1 位从"1"变"0"时，向高位发出进位，使高位翻转。

电路的状态按照状态转换图（见图 11-39）循环工作。

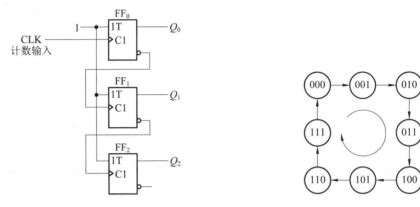

图 11-38　异步二进制加法计数器逻辑电路　　图 11-39　异步二进制加法计数器状态转换图

2）异步二进制减法计数器

在末位－1时，异步二进制减法计数器从低位到高位按逐位借位方式工作，其逻辑电路如图 11-40 所示。

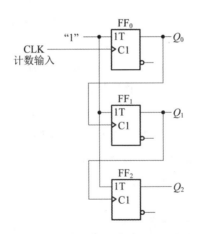

图 11-40　异步二进制减法计数器逻辑电路

原则：每 1 位从"0"变"1"时，向高位发出进位，使高位翻转。

3. 任意进制计数器的构成方法

用已有的 N 进制芯片，组成 M 进制计数器，是常用的方法。

1）$N>M$

原理：计数循环过程中设法跳过 $N-M$ 个状态。可采用置零法或置数法。

（1）同步置零法和异步置零法，其中同步置零法的状态转换图如图 11-41 所示。

（2）置数法，其状态转换图如图 11-42 所示。

同步预置数（如图 11-42 中实线箭头所示），进位输出信号 C 由 S_9 状态译出，所以反向后作为所需的低电平。

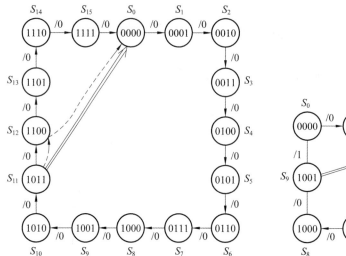

图 11-41　同步置零

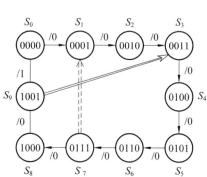

图 11-42　置数法的状态转换图

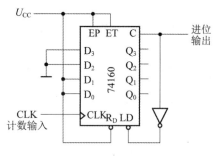

图 11-43　74160

例 11-6　将同步十进制计数器 74160（见图 11-43）接成七进制计数器。

解　过程略，请同学们自己思考。

2）$N < M$

（1）$M = N_1 \times N_2$。

先用前面的方法分别接成 N_1 和 N_2 两个计数器。

N_1 和 N_2 间的连接有两种方式：

① 并行进位方式：用同一个 CLK，低位片的进位输出作为高位片的计数控制信号（如 74160 的 EP 和 ET）。

② 串行进位方式：低位片的进位输出作为高位片的 CLK，两片始终同时处于计数状态。

例 11-7　用两片 74160 接成一百进制计数器。

解　① 并行进位法：如图 11-44 所示。

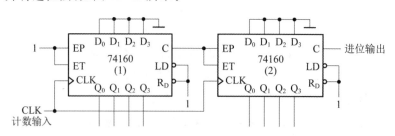

图 11-44　并行进位法

② 串行进位法：如图 11-45 所示。

（2）M 不可分解。

采用整体置零和整体置数法：先用两片接成 $M' > M$ 的计数器，然后再采用置零或置数的方法。

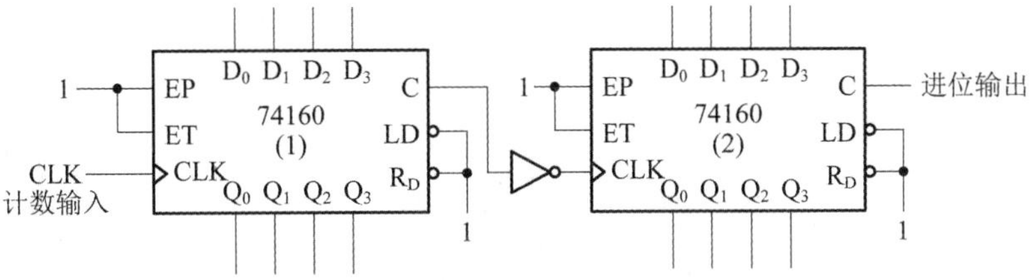

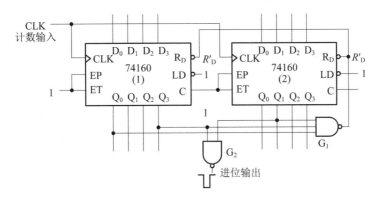

图 11-45 串行进位法

例 11-8 用 74160 接成二十九进制计数器。

解 ① 整体置零法(异步):如图 11-46 所示。

② 整体置数法(同步):如图 11-47 所示。

图 11-46 整体置零法

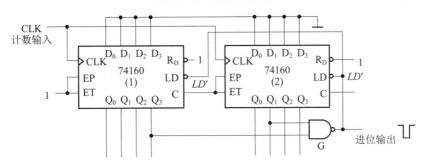

图 11-47 整体置数法

11.4.2 寄存器

1. 寄存器

寄存器逻辑电路如图 11-48 所示。

(1)用于存储二值信息代码,由 N 个触发器组成的寄存器能存储一组 N 位的二值代码。

(2)只要求其中每个触发器可置 1,置 0。

4 位单向移位寄存器数码移位情况如图 11-49 所示,其真值表如表 11-14 所示。

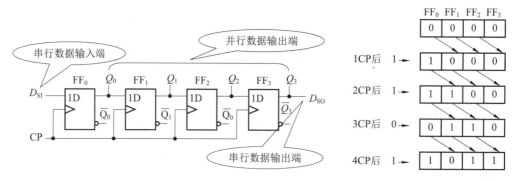

图 11-48　寄存器逻辑电路　　　　　图 11-49　寄存器数码移位情况

表 11-14　寄存器数码移位真值表

CP 脉冲顺序	串 行 输 入	Q_0	Q_1	Q_2	Q_3
0	0	0	0	0	0
1	D_0	D_3	0	0	0
2	D_1	D_2	D_3	0	0
3	D_2	D_1	D_2	D_3	0
4	D_3	D_0	D_1	D_2	D_3

例 11-9　若 $D_{SI}=11010000$，从高位开始输入，求 Q 的波形图。

解　波形图如图 11-50 所示。

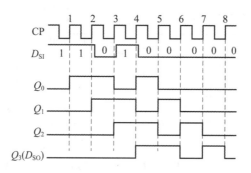

图 11-50　例 11-9 波形图

经过 7 个 CP 脉冲作用后，从 D_{SI} 端串行输入的数码就可以从 D_0 端串行输出。

例 11-10　如图 11-51 所示，用 74LS194A 实现左/右移、并行输入、保持、异步置零等功能。

解　（1）驱动方程

$$S = Y \quad R = Y'$$ (11-11)

（2）将驱动方程代入 SR 触发器的特性方程，得到状态方程

$$Q_1^* = S + R'Q_1 = Y$$

$$\because Y = S'_1 S'_0 \cdot Q_1 + S'_1 S_0 \cdot Q_0 + S_1 S'_0 Q_2 + S_1 S_0 D_1$$

$$\therefore Q_1^* = S'_1 S'_0 \cdot Q_1 + S'_1 S_0 \cdot Q_0 + S_1 S'_0 Q_2 + S_1 S_0 D_1$$ (11-12)

图 11-52 所示为 D_1 部分电路图。

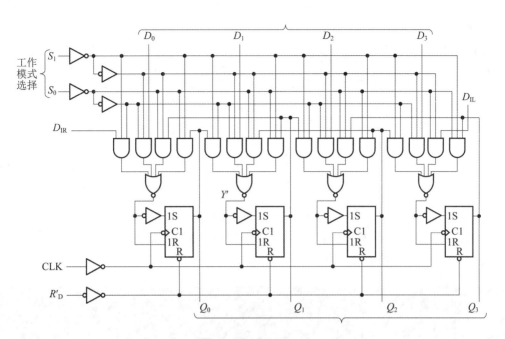

图 11-51   74LS194A

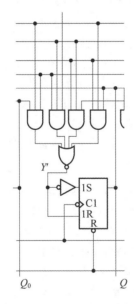

图 11-52 D_1 部分电路图

通过控制 $S_0 S_1$ 可以选择 74LS194A 的工作状态,如表 11-15 所示。

表 11-15   74LS194A 的功能表

R'_D	S_1	S_0	工 作 状 态
0	×	×	置0
1	0	0	保持
1	0	1	右移
1	1	0	左移
1	1	1	并行输入

2. 移位寄存器

移位寄存器具有存储和移位功能,如图 11-53 所示。

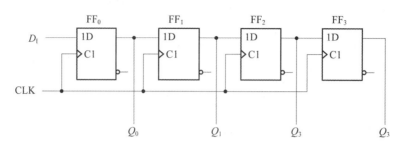

图 11-53 移位寄存器

所以,当 CLK 上升沿脉冲到达时,各触发器按前一级触发器原来的状态翻转,因为触发器有延迟时间,所以数据依次右移。

 本章小结

触发器有两个基本性质,在一定条件下,触发器可维持在两种稳定状态(0 或 1 状态)之一而保持不变,在一定的外加信号作用下,触发器可从一个稳定状态转变到另一个稳定状态。描写触发器逻辑功能的方法主要有特性表、特性方程、驱动表、状态转换图和波形图(又称时序图)等。按照结构不同,触发器可分为基本 RS 触发器、同步触发器、主从触发器、边沿触发器;根据逻辑功能的不同,触发器可分为 RS 触发器、JK 触发器、D 触发器、T 触发器。同一电路结构的触发器可以做成不同的逻辑功能;同一逻辑功能的触发器可以用不同的电路结构来实现。利用特性方程可实现不同功能触发器间逻辑功能的相互转换。本章重点介绍 SR 锁存器的电路结构和工作原理,分析了触发器按触发方式的分类及各种触发方式的动作特点,阐述了触发器按逻辑功能的分类及各种逻辑功能的特点,简述时序逻辑电路的概念、电路结构特点。

时序逻辑电路的工作特点是任意时刻的输出状态不仅与该当前的输入信号有关,而且与此前电路的状态有关。时序逻辑电路由组合逻辑电路和存储电路组成,且电路中存在反馈,锁存器和触发器是构成时序逻辑电路的基本逻辑单元。分析时序逻辑电路的一般步骤为:(1)由逻辑图写出下列各逻辑方程式:各触发器的时钟方程、时序电路的输出方程、各触发器的驱动方程。(2)将驱动方程代入相应触发器的特性方程,求得时序逻辑电路的状态方程。(3)根据状态方程和输出方程,列出该时序电路的状态表,画出状态图或时序图。(4)根据电路的状态表或状态图说明给定时序逻辑电路的逻辑功能。

构成电路的每块触发器的时钟脉冲来自同一个脉冲源,同时作用在每块触发器上为同步时序电路;构成电路的每块触发器的时钟脉冲来自不同的脉冲源,作用在每块触发器上的时间也不一定相同为异步时序电路。本章重点讲述时序逻辑电路逻辑功能的描述方法,介绍了时序逻辑电路的分析方法和设计方法,简述了几种常用的时序逻辑电路,包括同步计数器、移位寄存器,同步、异步、无效循环、自启动、寄存等概念,以及同步时序逻辑电路的设计方法。

本章习题

11-1 选择题

1.触发器由门电路组成,但它不同于门电路的功能,主要特点是( )。

A.和门电路功能一样 B.具有记忆功能 C.没有记忆功能

2.N 个触发器可以构成能寄存( )位十进制数码的寄存器。

A.$N-1$ B.N C.$N+1$ D.$2N$

3.对于 JK 触发器,若 $J=K$,则可完成( )触发器的逻辑功能。

A.RS B.D C.T D.T_1

4.仅具有"翻转"功能的触发器叫( )。

A.JK 触发器 B.T'触发器 C.D 触发器

5.下列触发器中,没有约束条件的是( )。

A.基本 RS 触发器 B.主从 RS 触发器 C.同步 RS 触发器 D.边沿 D 触发器

6.时序逻辑电路可由( )组成。

A.门电路 B.触发器或门电路 C.触发器或触发器和门电路的组合

7.时序电路输出状态的改变( )。

A.仅与该时刻输入信号的状态有关 B.仅与时序电路的原状态有关

C.与 A、B 都有关

8.通常计数器应具有( )功能。

A.清 0、置数、累计 CP 个数 B.存、取数码

C.两都皆有

9.全加器可以用两个半加器和一个( )门组成。

A.三态 B.或非 C.异或 D.或

10.( )是时序逻辑电路。

A.移位寄存器 B.译码器 C.加法器 D.数码显示器

11.欲寄存八位数据信号,需要几个触发器?( )。

A.八个 B.十六个 C.四个

12.串行寄存器有两个功能,它们是( )。

A.记忆和移位 B.传递和移位 C.记忆和运算

11-2 由与非门组成的基本 RS 触发器中输入如题图 11-2 所示$\bar{R}_D$和$\bar{S}_D$的电压波形,试画出输出端 Q 和 Q' 的电压波形。设触发器的初始状态为 $Q=0$。

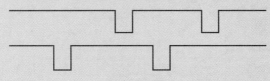

题图 11-2

11-3 画出题图 11-3 所示的 SR 锁存器输出端 Q、$\bar{Q}$ 的波形,输入端 S 与 R 的波形如题图 11-3 所示(设 Q 初始状态为 0)。

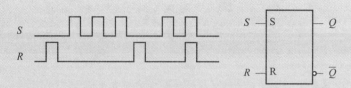

题图 11-3

11-4 JK 触发器及 CP、J、K、$\bar{R}_D$ 的波形分别如题图 11-4 所示，试画出 Q 端的波形（设 Q 的初态为"0"）。

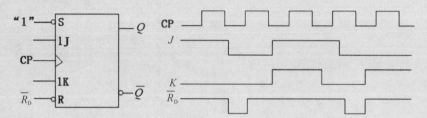

题图 11-4

11-5 画出题图 11-5 所示的脉冲 JK 触发器输出端 Q 的波形，输入端 J、K 与 CLK 的波形如题图 11-5 所示（设 Q 初始状态为 0）。

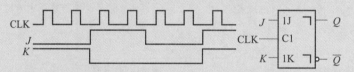

题图 11-5

11-6 TTL 边沿 JK 触发器、输入端 CP、J、K 的电压波形如题图 11-6 所示，试对应画出输出端 Q 和 Q' 的电压波形。设触发器的初始状态为 $Q=0$。

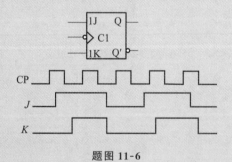

题图 11-6

11-7 D 触发器及输入信号 D、$\bar{R}_D$ 的波形分别如题图 11-7(a)、(b)所示，试画出 Q 端的波形（设 Q 的初态为"0"）。

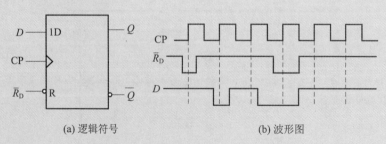

(a) 逻辑符号   (b) 波形图

题图 11-7

11-8 试画出题图 11-8 所示电路中触发器输出端 Q_1、Q_2 的波形,输入端 CLK 的波形如题图 11-8 所示(设 Q 初始状态为 0)。

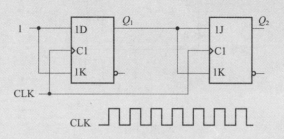

题图 11-8

11-9 试将 JK 触发器转换成 D 触发器。

11-10 分析题图 11-10 所示时序电路的逻辑功能。要求:

(1) 写出电路的驱动方程、状态方程和输出方程;

(2) 画出电路的状态转换图,并说明电路能否自启动。

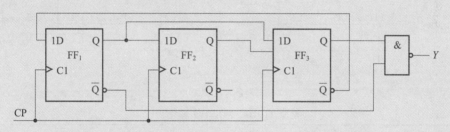

题图 11-10

11-11 试写出题图 11-11 所示电路的驱动方程、状态方程、输出方程及画出状态图,并按照所给波形画出输出端 Y 的波形。

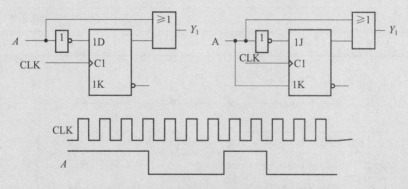

题图 11-11

11-12 试用上升沿 D 触发器构成异步 3 位二进制加法计数器,要求画出逻辑电路图,以及计数器输入时钟 CLK 与 D 触发器输出端 $Q_2 \sim Q_0$ 的波形图。

11-13 分析题图 11-13 所示的计数器电路,画出电路的状态转换图,说明这是多少进制的计数器。

11-14 试用两片 74LS160 组成六十进制计数器。

11-15 试用两片 74LS161 组成十二进制计数器,要求计数值为 1~12。

11-16 题图 11-16 是由两片同步十进制可逆计数器 74LS192 构成的电路,74LS192 的真值表如题表 11-16 所示。求:(1)指出该电路是几进制计数器;(2)列出电路状态转换表的最后一组有效状态。

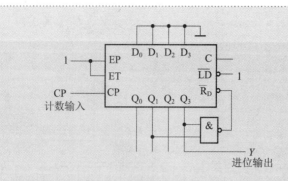

题图 11-13

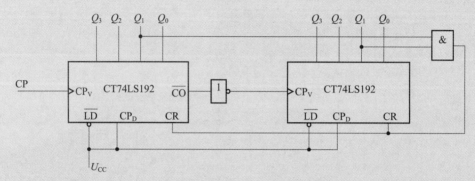

题图 11-16

题表 11-16　74LS192 真值表

CR	$\overline{LD}$	CP_V	CP_U	D_3	D_2	D_1	D_0	Q_3	Q_2	Q_1	Q_0
1	×	×	×	×	×	×	×	0	0	0	0
0	1	↑	1	×	×	×	×	递增计数			
0	1	1	↑	×	×	×	×	递减计数			
0	1	1	1	×	×	×	×	保持			

11-17　试分析题图 11-17 所示电路,说明它是几进制计数器。

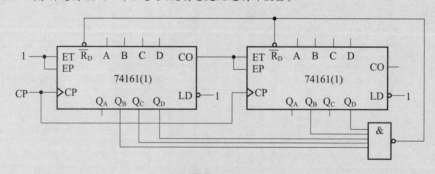

题图 11-17

第12章 数/模和模/数转换

在测控系统中,参与测量和控制的物理量,往往是连续变化的模拟量,例如温度、压力、流量、速度、电压、电流等,而计算机只能处理数字量的信息。外界的模拟量要输入计算机,首先要经过模/数转换器 ADC(analog-digital converter),将其转换成计算机所能接收的数字量,才能进行运算、加工处理。若计算机的控制对象是模拟量,也必须先把计算机输出的数字量经过数/模转换器 DAC(digital-analog converter),将其转换成模拟量形式的控制信号,才能去驱动有关的控制对象。本章首先介绍 D/A 转换器和近 A/D 转换器的有关概念;接着重点介绍权电阻网络 D/A 转换器和逐次渐近 A/D 转换器的工作原理,最后介绍集成 D/A 转换器和 A/D 转换器的技术指标及使用方法。

12.1 概述

随着计算机技术的迅猛发展,人类从事的许多工作,从工业生产的过程控制、生物工程到企业管理、办公自动化、家用电器等各行各业,几乎都要借助于数字计算机来完成。

在采用计算机对工业生产过程进行控制时,计算机只能接收和处理数字信号,也只能输出数字信号,因此在用计算机处理模拟量之前,必须要把这些模拟量(如工业过程中的温度、压力、流量等物理量)转换成数字量,才能由计算机系统处理,而计算机处理后的数字量也必须再还原成相应的模拟量,才能实现对模拟系统的控制,如图 12-1 所示。除了工业生产控制,ADC 和 DAC 还是数字通信和遥控遥测系统中不可缺少的组成部分;ADC 是所有数字测量仪器仪表的核心组成部分。

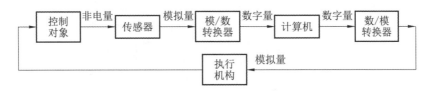

图 12-1 计算机控制系统框图

将模拟量转换为数字量的电路称为模数转换器,简称 A/D 转换器或 ADC;将数字量转换为模拟量的电路称为数模转换器,简称 D/A 转换器或 DAC。ADC 和 DAC 是沟通模拟电路和数字电路的桥梁,也可称之为两者之间的接口。其中转换精度和转换速度是衡量 ADC 和 DAC 转换性能的主要指标 。

12.2 D/A 转换器

将输入的每一位二进制代码按其权的大小转换成相应的模拟量,然后将代表各位的模拟量相加,所得的总模拟量就与数字量成正比,这样便实现了从数字量到模拟量的转换,如图 12-2 所示。

$$u_o = K_u(d_{n-1} \cdot 2^{n-1} + d_{n-2} \cdot 2^{n-2} + \cdots + d_1 \cdot 2^1 + d_0 \cdot 2^0) \tag{12-1}$$

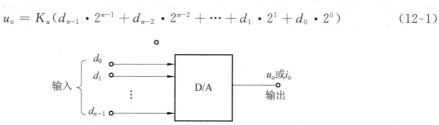

图 12-2 *n* 位 DAC 方框图及分类

D/A 转换器一般由数码缓冲寄存器、模拟电子开关、参考电压、解码网络和求和电路等组成。

数字量以串行或并行方式输入并存入锁存器中;锁存器输出的每位数码驱动对应数位上的电子开关,并通过电阻解码网络获得相应数位值;将各位权值送入求和电路相加,即得到与数字量成正比的模拟量。

按电阻解码网络的不同,常见的 DAC 可以分为有权电阻型 DAC、梯形(T 形)电阻网络 DAC、倒梯形(倒 T 形)电阻网络 DAC、权电流形 DAC 和具有双极性输出的 DAC;按模拟电子开关电路的不同,可以分为 CMOS 开关型(速度较慢)、双极型开关型(速度较快)。

◆ 12.2.1 典型 D/A 转换器的结构及工作原理

1. 权电阻网络型 D/A 转换器

图 12-3 是一个四位权电阻网络 D/A 转换器。它由权电阻网络电子模拟开关和放大器组成。该电阻网络的电阻值是按四位二进制数的位权大小来取值的,低位最高(23R),高位最低(20R),从低位到高位依次减半。

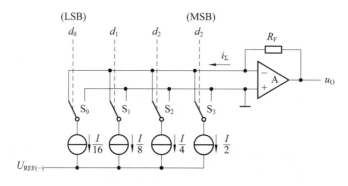

图 12-3 四位权电阻网络 D/A 转换器

S_0、S_1、S_2 和 S_3 为四个电子模拟开关,其状态分别受输入代码 d_0、d_1、d_2 和 d_3 四个数字信号控制。输入代码 d_i 为 1 时开关 S_i 连到 1 端,连接到参考电压 U_{REF} 上,此时有一支路电流 I_i 流向放大器的 A 节点。d_i 为 0 时开关 S_i 连到 0 端直接接地,运放反相端处无电流流

入。运算放大器为一反馈求和放大器,此处我们将它近似看作是理想运放。因此我们可得到流入的总电压为

$$u_i = i_{\Sigma} R_F = R_F \left(\frac{I}{2} d_3 + \frac{I}{2} d_2 + \frac{I}{2} d_1 + \frac{I}{2} d_0 \right)$$

$$= \frac{R_F I}{2^4} (d_3 2^3 + d_2 2^2 + d_1 2^1 + d_0 2^0) \tag{12-2}$$

可得结论:i_{Σ} 与输入的二进制数成正比,故而此网络可以实现从数字量到模拟量的转换。另一方面,对通过运放的输出电压,我们有同样的结论:运放输出为 $u_o = -i_{\Sigma} R_F$,u_o 正比于输入数字量。权电阻网络 D/A 转换器的优点是电路简单,电阻使用量少,转换原理容易掌握;缺点是所用电阻依次相差一半,当需要转换的位数越多,电阻差别就越大,在集成制造工艺上就越难以实现。为了克服这个缺点,通常采用 T 形或倒 T 形电阻网络 D/A 转换器。

2. 倒 T 形电阻网络型 D/A 转换器

电阻解码网络中,电阻只有 R 和 $2R$ 两种,并构成倒 T 形电阻网络。图 12-4 所示为倒 T 形电阻网络型 D/A 转换器。

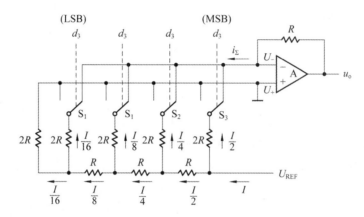

图 12-4 倒 T 形电阻网络型 D/A 转换器

当 $d_i = 1$ 时,相应的开关 S_i 接到求和点;当 $d_i = 0$ 时,相应的开关 S_i 接地。但由于虚短,求和点和地相连,所以不论开关如何转向,电阻 $2R$ 总是与地相连。这样,倒 T 形网络的各节点向上看和向右看的等效电阻都是 $2R$,整个网络的等效输入电阻为 R。

$$I = \frac{U_{REF}}{R} \tag{12-3}$$

$$i_{\Sigma} = \frac{I}{2^1} d_3 + \frac{I}{2^2} d_2 + \frac{I}{2^3} d_1 + \frac{I}{2^4} d_0 = \frac{U_{REF}}{2^4 R} (d_3 \times 2^3 + d_2 \times 2^2 + d_1 \times 2^1 + d_0 \times 2^0)$$

$$\tag{12-4}$$

$$u_o = -i_{\Sigma} R = -\frac{U_{REF}}{2^4} (2^3 \times d_3 + 2^2 \times d_2 + 2^1 \times d_1 + 2^0 \times d_0) \tag{12-5}$$

$$u_o = -\frac{U_{REF}}{2^n} (2^{n-1} \times d_{n-1} + 2^{n-2} \times d_{n-2} + \cdots\cdots + 2^1 \times d_1 + 2^0 \times d_0) \tag{12-6}$$

$$u_o = -K D_N \tag{12-7}$$

◆ ### 12.2.2 D/A 转换器的主要技术指标

DAC 的主要性能指标包含转换精度和转换速度。

1. 转换精度

转换精度主要由分辨率和转换误差进行衡量,分辨率表示 DAC 对输入微小量变化的敏感程度,转换误差表示实际的 D/A 转换特性和理想的转换特性之间的最大偏差。

1) 分辨率

(1) 用输入二进制数的有效位数表示。

例:分辨率为 n 位的 D/A 转换器,输出电压能区分从 $00\cdots0$ 到 $11\cdots1$ 全部 2^n 个不同的输入二进制代码状态,能给出 2^n 个不同等级的输出模拟电压。

(2) 用 D/A 转换器的最小输出电压与最大输出电压的比值来表示。

最小输出电压:LSB=1,其余位全为 0;

最大输出电压:各位均为 1。

$$分辨率 = \frac{1}{2^n - 1}$$

式中:n 表示输入数字量的位数。可见,分辨率与 D/A 转换器的位数有关,位数 n 越大,能够分辨的最小输出电压变化量就越小,即分辨最小输出电压的能力也就越强。

例:8 位 D/A 转换器的分辨率为

$$\frac{1}{2^8 - 1} \approx 0.0039$$

2) 转换误差

转换精度是指 D/A 转换器实际输出的模拟电压值与理论输出模拟电压值之间的最大误差。显然,这个差值越小,电路的转换精度越高。转换误差由各种因素引起:U_{REF} 波动——比例系数误差 ΔU_{01};运放零点漂移——漂移误差 ΔU_{02};模拟开关导通内阻和导通压降不为 0——非线性误差 ΔU_{03};电阻、三极管等不对称——非线性误差 ΔU_{04}。

$$\Delta U_0 = \Delta U_{01} + \Delta U_{02} + \Delta U_{03} + \Delta U_{04} \tag{12-8}$$

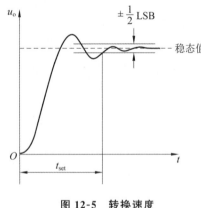

图 12-5 转换速度

为了获得高精度的 D/A 转换器,单纯依靠选用高分辨率的 DAC 器件是不够的,还必须有高稳定度的参考电压 U_{REF} 和低漂移的运算放大器与之配合使用,才能获得较高的转换精度。一般情况下要求 D/A 转换器的误差小于 $U_{LSB}/2$。

2. 转换速度

如图 12-5 所示,转换速度用输出建立时间 t_{set} 表示。从输入数字量发生突变起,到输出电压或电流进入与稳态值相差 $\pm 1/2$LSB 范围以内所需要的时间,称为输出建立时间。

◆ **12.2.3 D/A 转换器的应用**

DAC0832 是用 CMOS 工艺制成的 20 只脚双列直插式单片八位 D/A 转换器。它由八位输入寄存器、八位 DAC 寄存器和八位 D/A 转换器三大部分组成。它有两个分别控制的数据寄存器,可以实现两次缓冲,所以使用时有较大的灵活性,可根据需要接成不同的工作方式。

DAC0832 的逻辑功能框图和引脚图如图 12-6 所示。

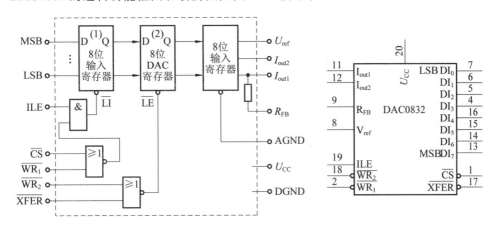

图 12-6 DAC0832 的逻辑功能框图和引脚图

1. 引脚功能说明

CS：片选信号，输入低电平有效。

ILE：输入锁存允许信号，输入高电平有效。

WR_1：输入寄存器写信号，输入低电平有效。

WR_2：DAC 寄存器写信号，输入低电平有效。

$\overline{XFER}$：数据传送控制信号，输入低电平有效。

$DI_0 \sim DI_7$：8 位数据输入端，DI_0 为最低位，DI_7 为最高位。

I_{OUT1}：DAC 电流输出 1。此输出信号一般作为运算放大器的一个差分输入信号（通常接反相端）。

I_{OUT2}：DAC 电流输出 2，$I_{OUT1} + I_{OUT2} =$ 常数。

R_{FB}：反馈电阻。

U_{ref}：参考电压输入，可在 +10 V～−10 V 之间选择。

U_{CC}：数字部分的电源输入端，可在 +5 V～+15 V 范围内选取，+15 V 时为最佳工作状态。

AGND：模拟地。

DGND：数字地。

2. 工作方式

1）双缓冲方式

DAC0832 包含输入寄存器和 DAC 寄存器两个数字寄存器，因此称为双缓冲 D/A 转换器。即数据在进入倒 T 形电阻网络之前，必须经过两个独立控制的寄存器。这对使用者是非常有利的：首先，在一个系统中，任何一个 DAC 都可以同时保留两组数据，其次，双缓冲允许在系统中使用任何数目的 DAC。

2）单缓冲与直通方式

在不需要双缓冲的场合，为了提高数据通过率，可采用这两种方式。例如，当 $CS = WR_2 = XRER = 0$，$ILE = 1$ 时，这时的 DAC 寄存器就处于"透明"状态，即直通工作方式。当 $WR_1 = 1$ 时，数据锁存，模拟输出不变，当 $WR_1 = 0$ 时，模拟输出更新。这被称为单缓冲工作方式。又假如 $CS = WR_2 = XRER = WR_1 = 1$，此时两个寄存器都处于直通状态，模拟输出能够快速反映输入数码的变化。

12.3 A/D 转换器

A/D 功能就是将模拟电压成正比地转换成对应的数字量。A/D 转换器分为直接 ADC 和间接 ADC 两大类。直接 ADC 把输入的模拟电压直接转换为输出的数字量,而不需要经过中间变量,包含并联比较型 ADC 和反馈比较型 ADC 两大类,反馈比较型 ADC 又可分为计数型 ADC 和逐次渐近型 ADC(逐次比较型)。间接 ADC 先把输入的模拟电压转换为某中间变量,然后再转换为数字量,可分为 U-T 型(双积分型)和 U-F 型两大类。

◆ 12.3.1 A/D 转换的一般步骤

A/D 转换器要将时间上连续,幅值也连续的模拟量转换为时间上离散,幅值也离散的数字信号,它一般要包括采样、保持、量化及编码四个过程。

1. 采样保持电路

采样保持电路中的采样就是将一个在时间上连续变化的模拟信号按一定的时间间隔和顺序进行采集,形成在时间上离散的模拟信号,如图 12-7 所示。

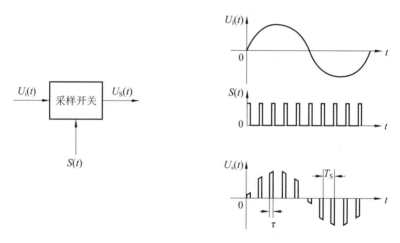

图 12-7 离散的模拟信号

为了不失真地用采样后的输出信号 u_o 来表示输入模拟信号 u_i,采样频率 f_s 必须满足下列条件:采样频率应不小于输入模拟信号最高频率分量的两倍,即 $f_s \geqslant 2f_{max}$(此式就是广泛使用的采样定理)。其中,$2f_{max}$ 为输入信号 u_i 的上限频率(即最高次谐波分量的频率)。

模拟信号经采样后,得到一系列样值脉冲。采样脉冲宽度 τ 一般是很短暂的,在下一个采样脉冲到来之前,应暂时保持所取得的样值脉冲幅度,以便进行转换。因此,在采样电路之后须加保持电路。图 12-8 所示为采样保持电路及输出波形图。

2. 量化编码电路

输入的模拟信号经采样保持电路后,得到的是阶梯形模拟信号,它们是连续模拟信号在给定时刻上的瞬时值,但仍然不是数字信号。必须进一步将阶梯形模拟信号的幅度等分成 n 级,并给每级规定一个基准电平值,然后将阶梯电平分别归并到最邻近的基准电平上。当用数字来表示采样保持电路输出的模拟信号时,必须把它化为这个最小数量单位的整数倍,这个转化过程叫量化,而所规定的最小数量单位叫作量化单位,用 S 表示,它是数字信号最低

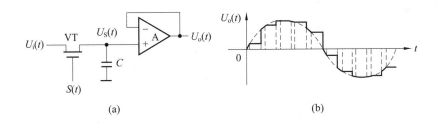

图 12-8　采样保持电路及输出波形图

位为"1",而其他位都为"0"时所对应的模拟量,即 1LSB。

量化的方法一般有两种:只舍不入法和有舍有入法。

1)只舍不入法

当 U_o 的尾数<Δ 时,舍尾取整。这种方法 ε 总为正值,$\varepsilon_{max}=\Delta$ 。

2)有舍有入法

当 U_o 的尾数<$\Delta/2$ 时,舍尾取整;当 U_o 的尾数≥$\Delta/2$ 时,舍尾入整。这种方法 ε 可正可负,但是 $|\varepsilon_{max}|=\Delta/2$。可见,它的误差相对小一些。

将量化的离散量用相应的二进制代码表示,称为编码。这个二进制代码便是 A/D 转换器的输出信号。

12.3.2　典型 A/D 转换器的介绍

1. 逐次比较型 A/D 转换器

1)工作原理

逐次比较型 A/D 转换器工作原理如图 12-9 所示。

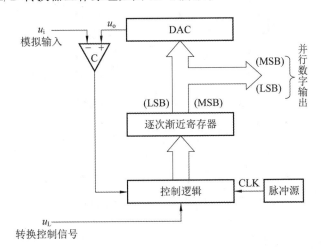

图 12-9　逐次比较型 A/D 转换器工作原理

转换开始前先将所有寄存器清零。开始转换以后,时钟脉冲首先将寄存器最高位置成 1,使输出数字为 100…0。

这个数码被 DAC 转换成相应的模拟电压 u_o,与 u_i 进行比较。若 $u_i < u_o$,说明数字过大,故将 1 清除,换为 0;若 $u_i > u_o$,说明数字不够大,将 1 保留。

然后,再将次高位置成 1,并经过比较确定这个 1 是否应该保留。这样逐位比较下去,一直到最低位为止。最后寄存器中的状态就是所要求的数字量输出。

2）转换器实例

图 12-10 所示为转换器实例。

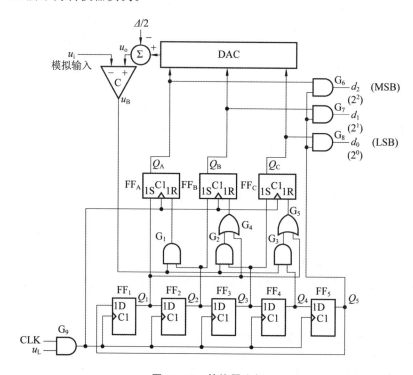

图 12-10　转换器实例

数码寄存器中 FFA～FFC 的转换过程如图 12-11 所示。

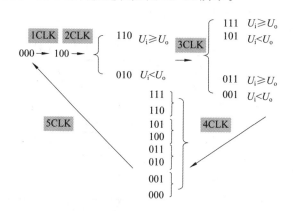

图 12-11　FFA～FFC 的转换过程

转换时间：$(n+2)T_{\rm C}$。

2. 双积分 A/D 转换器

1）转换原理

先将 U 转换成与之成正比的时间宽度信号，然后在这个时间内用固定频率脉冲计数，计数的结果即为正比于输入模拟电压的数字信号。

2）转换过程

转换过程如图 12-12 所示。转换前，$u_{\rm L}=0$，先将计数器清零，接通开关 S_0，电容 C 完全放电。

$u_{\rm L}=1$ 开始转换：S_0 断开，S_1 合到 $u_{\rm i}$ 一侧，积分器对 $u_{\rm i}$ 进行固定时间 T_1 的积分：$u_{\rm o}=$

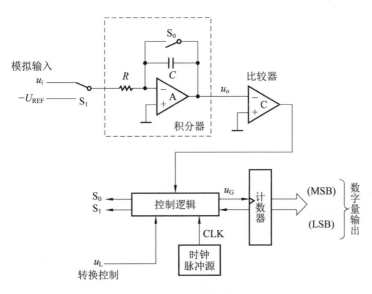

图 12-12　转换过程

$$\frac{1}{C}\int_0^{T_1} -\frac{U_i}{R}\mathrm{d}t = -\frac{T_1}{RC}u_i$$

S_1 合到 U_{REF} 一侧,积分器反向积分,直到 $u_o = 0$,积分时间为 T_2,T_2 所包含的时钟个数即为输出数字量,如图 12-13 所示。

$$u_o = \frac{1}{C}\int_0^{T_2} \frac{U_{REF}}{R}\mathrm{d}t + u_o\,|_{t=0}$$

$$= \frac{1}{C}\int_0^{T_2} \frac{U_{REF}}{R}\mathrm{d}t - \frac{T_1}{RC}u_i = 0 \tag{12-9}$$

$$\therefore D = \frac{T_2}{T_C} = \frac{T_1}{T_C U_{REF}}u_i \tag{12-10}$$

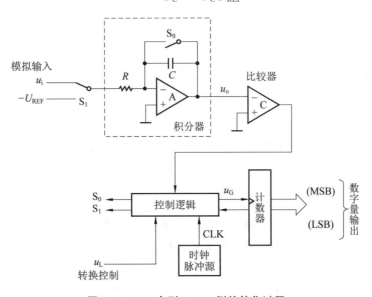

图 12-13　S_1 合到 U_{REF} 一侧的转化过程

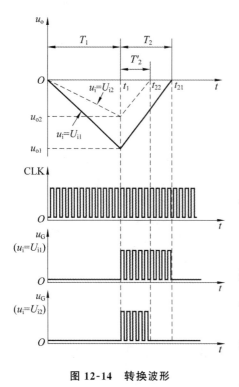

图 12-14 转换波形

3）转换波形

转换波形如图 12-14 所示。

$$D = \frac{T_1}{T_C U_{REF}} U_i \qquad (12\text{-}11)$$

$$若\ T_1 = N T_C \Rightarrow D = \frac{N}{U_{REF}} U_i \qquad (12\text{-}12)$$

4）双积分型 A/D 转换器的优缺点

优点：

（1）由于转换结果与积分时间常数 RC 无关，从而消除了积分非线性带来的误差，且性能稳定。

$$D = \frac{2^n}{U_{REF}} u_i$$

（2）由于双积分 A/D 转换器在 T_1 时间内获得的是输入电压的平均值（输入端有积分器），因此具有很强的抗工频干扰的能力。

（3）不需要稳定的时钟源，只要时钟源在一个转换周期时间 $T_1 + T_2$ 内保持稳定即可。

缺点：转换速度慢，每完成一次转换时间应取在 $2T_1 = 2^{n+1} T_C$ 以上。

◆ **12.3.3 A/D 转换器的主要技术指标**

1. 转换精度

A/D 转换器的转换精度是用分辨率和转换误差来描述的。

1）分辨率

分辨率用来说明 A/D 转换器对输入信号的分辨能力。通常以输出二进制（或十进制）数的位数表示。

2）转换误差

转换误差表示 A/D 转换器实际输出的数字量和理论上的输出数字量之间的差别。通常以输出误差的最大值形式给出，常用最低有效位的倍数表示。

例：一 ADC 的转换误差小于 $\pm\frac{1}{2}$LSB，表明实际输出的数字量和理论上应得到的数字量之间的误差小于最低有效位的半个字。

2. 转换时间

转换时间指 A/D 转换器从转换控制信号到来开始，到输出端得到稳定的数字信号所经过的时间。A/D 转换器的转换时间与转换电路的类型有关。表 12-1 所示为不同类型 A/D 转换器的转换时间。

表 12-1 不同类型 A/D 转换器的转换时间

转换器类型	转换时间
并联比较型 A/D 转换器（8 位）	<50 ns
逐次比较型 A/D 转换器	$10\sim100\ \mu s$
间接 A/D 转换器	10 ms$\sim$1000 ms

并行比较 A/D 转换器的转换速度最高(称为快闪 ADC,即 Flash ADC);逐次比较型 A/D 转换器次之;间接 A/D 转换器(如双积分 A/D)的转换速度最慢。

12.3.4　典型 A/D 转换器的介绍

ADC0809 是一种逐次比较型 ADC。它是采用 CMOS 工艺制成的 8 位 8 通道 A/D 转换器,采用 28 只引脚的双列直插封装,其原理图和引脚图如图 12-15 所示。

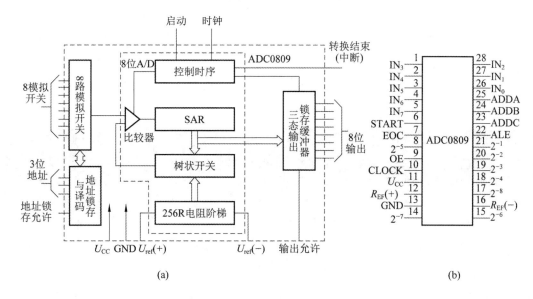

图 12-15　ADC0809 原理图和引脚图

ADC0809 有三个主要组成部分:256 个电阻组成的电阻阶梯及树状开关、逐次比较寄存器 SAR 和比较器。电阻阶梯和树状开关是 ADC0809 的一个特点。另一个特点是,它含有一个 8 通道单端信号模拟开关和一个地址译码器。地址译码器选择 8 个模拟信号之一送入 ADC 进行 A/D 转换,因此适用于数据采集系统。表 12-2 为通道选择表。

表 12-2　通道选择表

地　址　输　入			选 中 通 道
ADDC	ADDB	ADDA	
0	0	0	IN_0
0	0	1	IN_1
0	1	0	IN_2
0	1	1	IN_3
1	0	0	IN_4
1	0	1	IN_5
1	1	0	IN_6
1	1	1	IN_7

图 12-15(b)为其引脚图。各引脚功能如下:

(1) $IN_0 \sim IN_7$ 是 8 路模拟信号输入端。

(2) ADDA、ADDB、ADDC 为地址选择端。

（3）$2^{-1}\sim 2^{-8}$为变换后的数据输出端。

（4）START(6脚)是启动输入端。

（5）ALE(22脚)是通道地址锁存输入端。当ALE上升沿到来时,地址锁存器可对ADDA、ADDB、ADDC锁定。下一个ALE上升沿允许通道地址更新。实际使用中,要求ADC开始转换之前地址就应锁存,所以通常将ALE和TART连在一起,使用同一个脉冲信号,上升沿锁存地址,下降沿则启动转换。

（6）OE(9脚)为输出允许端,它控制ADC内部三态输出缓冲器。

（7）EOC(7脚)是转换结束信号,由ADC内部控制逻辑电路产生。当EOC＝0时表示转换正在进行,当EOC＝1表示转换已经结束。因此EOC可作为微机的中断请求信号或查询信号。显然只有当EOC＝1以后,才可以让OE为高电平,这时读出的数据才是正确的转换结果。

 本章小结

在采用计算机对工业生产过程进行控制时,计算机只能接收和处理数字信号,也只能输出数字信号,因此在用计算机处理模拟量之前,必须要把这些模拟量(如工业过程中的温度、压力、流量等物理量)转换成数字量,才能由计算机系统处理,而计算机处理后的数字量也必须再还原成相应的模拟量,才能实现对模拟系统的控制。

在测控系统中,参与测量和控制的物理量,往往是连续变化的模拟量,例如温度、压力、流量、速度、电压、电流等,而计算机只能处理数字量的信息。外界的模拟量要输入计算机,首先要经过模/数转换器ADC,将其转换成计算机所能接收的数字量,才能进行运算、加工处理。若计算机的控制对象是模拟量,也必须先把计算机输出的数字量经过数/模转换器DAC,将其转换成模拟量形式的控制信号,才能去驱动有关的控制对象。

D/A转换器是计算机或其他数字系统与模拟量控制对象之间联系的桥梁,它的任务是将离散的数字信号转换为连续变化的模拟信号。D/A转换器的主要技术参数是分辨率和精度。分辨率是指D/A转换器所能产生的最小模拟量增量,通常用输入数字量的最低有效位(LSB)对应的输出模拟电压值来表示。D/A转换器位数越多,输出模拟电压的阶跃变化越小,分辨率越高。精度用于衡量D/A转换器在将数字量转换成模拟量时,所得模拟量的精确程度。DAC0832内有两个数据缓冲寄存器:8位输入寄存器和8位DAC寄存器。

实现A/D转换的方法比较多,常见的有计数器式、逐次逼近式、双积分式和并行式等,其中应用最为广泛的是逐次逼近式的A/D转换器。A/D转换器的主要技术参数是分辨率、精度、转换时间。分辨率是指A/D转换器响应输入电压微小变化的能力。通常用数字输出的最低位(LSB)所对应的模拟输入的电平值表示。由于分辨率与转换器的位数n直接有关,所以常用位数来表示分辨率。绝对精度是指输出端产生给定的数字代码,实际需要的模拟输入值与理论上要求的模拟输入值之差的最大值。相对精度是指在零点满量程校准后,任意数字输出所对应模拟输入量的实际值与理论值之差,用模拟电压满量程百分比表示。转换时间是指A/D转换器完成一次转换所需的时间,即从启动信号开始到转换结束并得到稳定的数字输出量所需的时间,它反映ADC的转换速度,不同的ADC转换时间差别很大。ADC0809有8路模拟开关,可选通8个模拟通道,允许8路模拟量分时输入,共用一个A/D转换器进行转换。

本章习题

12-1 单项选择题。

1.一个无符号 8 位数字量输入的 DAC,其分辨率为(   )位。

A. 1   B. 3   C. 4   D. 8

2.4 位倒 T 形电阻网络 DAC 的电阻取值有(   )种。

A. 1   B. 2   C. 4   D. 8

3.用二进制码表示指定离散电平的过程称为(   )。

A. 采样   B. 量化   C. 保持   D. 编码

4.将幅值上、时间上离散的阶梯电平统一归并到最邻近的指定电平的过程称为(   )。

A. 采样   B. 量化   C. 保持   D. 编码

5.以下四种转换器,(   )是 A/D 转换器且转换速度最高。

A. 并联比较型   B. 逐次逼近型

C. 双积分型   D. 施密特触发器

12-2 A/D 转换器的采样频率与输入信号频率之间应该满足什么关系?

12-3 采样保持电路的作用是什么?

12-4 什么是 D/A 转换器的偏移误差?偏移误差可以消除吗?

12-5 对于 8 位、12 位、16 位 A/D 转换器,当满刻度输入电压为 5 V 时,其分辨率各为多少?

12-6 如何采用一个 A/D 转换器实现多路模拟量转换?

12-7 DAC0832 芯片内部逻辑上由哪几部分组成?有哪几种工作方式?

12-8 逐次逼近型 A/D 转换器的输出扩展到 10 位,取时钟信号频率为 1 MHz,试计算完成一次转换操作所需要的时间。在双积分型 A/D 转换器中,若计数器为 10 位二进制,时钟信号频率为 1 MHz,试计算转换器的最大转换时间。

12-9 题图 12-9 所示电路是用 CB7520 组成的双极性输出 D/A 转换器。倒 T 形电阻网络中的电阻 $R = 10 \ k\Omega$。为了得到 $\pm 5 \ V$ 的最大输出模拟电压,在选定 $R_B = 20 \ k\Omega$ 的条件下,U_{REF}、U_B 应各取何值?

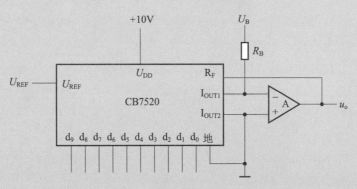

题图 12-9

12-10 A/D 转换器 0809 的输入电压与输出数字之间,具有什么关系?

12-11 在题图 12-11 给出的 D/A 转换器中,试求:

(1) 1LSB 产生的输出电压增量是多少?

(2) 输入为 $d_9 \sim d_0 = 1000000000$ 时的输出电压是多少?

（3）若输入以二进制补码给出,则最大的正数和绝对值最大的负数各为多少? 它们对应的输出电压各为多少?

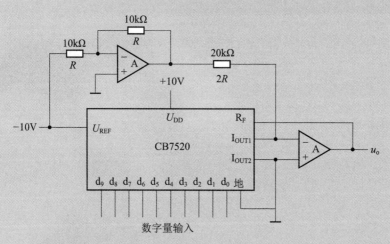

题图 12-11

12-12　如果 D/A 转换器 0832 的输入数字为 AF(16),参考电压为 5 V,其输出电流 I_{OUT1} 是多少?

12-13　试用 D/A 转换器 0832 与计数器 74LS161 组成 10 个台阶的阶梯电压发生器,要求画出完整的原理图(从 0 V 不断升高,每次升高一个台阶,在最高电压处返回 0 V 后,再重复升高过程的电压波形就是阶梯电压)。

参考文献

[1]卢元元,王晖.电路理论基础[M].2版.西安:西安电子科技大学出版社,2013.

[2]李裕能,夏长征.电路(上)[M].2版.武汉:武汉大学出版社,2014.

[3]李裕能,夏长征.电路(下)[M].2版.武汉:武汉大学出版社,2015.

[4]肖海霞,李裕能,陈晓霞.电路(下)[M].武汉:武汉大学出版社,2021.

[5]郝晓丽.电路与电子技术基础[M].北京:人民邮电出版社,2014.

[6]秦伟,王海文,葛敏娜.电路理论与电子技术基础[M].武汉:华中科技大学出版社,2017.

[7]秦工,王中明,祝颐荣.电工电子技术简明教程[M].武汉:华中科技大学出版社,2019.

[8]吴建强,张继红.电路与电子技术[M].2版.北京:高等教育出版社,2018.

[9]康华光.电子技术基础[M].5版.北京:高等教育出版社,2006.

[10]童诗白.模拟电子技术[M].2版.北京:高等教育出版社,1988.

[11]华成英.电子技术[M].北京:北京中央广播电视大学出版社,1996.

[12]杨素行.模拟电子电路[M].北京:北京中央广播电视大学出版社,1994.

[13]王汝君,钱秀珍.模拟集成电子电路(上)(下)[M].南京:东南大学出版社,1993.

[14]吴建强,张继红.电路与电子技术[M].2版.北京:高等教育出版社,2018.

[15]郝晓丽.电路与电子技术基础[M].北京:人民邮电出版社,2014.

[16]韦建英,陈振云.数字电子技术[M].武汉:华中科技大学出版社,2013.

[17]侯建军.数字电子技术基础[M].2版.北京:高等教育出版社,2007.

[18]康华光.电子技术基础[M].5版.北京:高等教育出版社,2006.

[19]阎石.数字电子技术[M].北京:清华大学出版社,2007.

[20]阎石.数字电子技术[M].4版.北京:高等教育出版社,1998.

[21]欧阳星明.数字逻辑[M].3版.武汉:华中科技大学出版社,2008.

[22]杨颂华.数字电子技术基础[M].2版.西安:西安电子科技大学出版社,2009.

[23]沈任元.数字电子技术基础[M].北京:机械工业出版社,2010.

[24]姜书艳.数字逻辑设计及应用习题册(中文版)[M].北京:电子工业出版社,2014.

[25]刘宝琴,数字电路与系统[M].2版.北京:清华大学出版社,2007.

[26]卢元元,王晖.电路理论基础[M].2版.西安:西安电子科技大学出版社,2013.

[27]李裕能,夏长征.电路(上)[M].2版.武汉:武汉大学出版社,2014.

[28]李裕能,夏长征.电路(下)[M].2版.武汉:武汉大学出版社,2015.

[29]肖海霞,李裕能,陈晓霞.电路(下)[M].武汉:武汉大学出版社,2021.